高等学校
烹饪与教育专业应用型本科规划教材

西方饮食文化

（第二版）

XIFANG YINSHI WENHUA

杜　莉 / 主编

杜　莉　高海薇　李　想
孙俊秀　李云云　　　 / 编写

中国轻工业出版社

图书在版编目（CIP）数据

西方饮食文化 / 杜莉主编. —2版. —北京：中国轻工业出版
社，2023.8

ISBN 978-7-5184-3268-4

Ⅰ．①西⋯ Ⅱ．①杜⋯ Ⅲ．①饮食–文化–西方国家
Ⅳ.①TS971.201

中国版本图书馆CIP数据核字（2020）第226146号

责任编辑：高惠京　王晓琛　　责任终审：李建华
整体设计：锋尚设计　　　　责任校对：晋　洁　责任监印：张京华

出版发行：中国轻工业出版社（北京东长安街6号，邮编：100740）
印　　刷：北京君升印刷有限公司
经　　销：各地新华书店
版　　次：2023年8月第2版第3次印刷
开　　本：787×1092　1/16　印张：13.5
字　　数：300千字
书　　号：ISBN 978-7-5184-3268-4　定价：38.00元
邮购电话：010-65241695
发行电话：010-85119835　传真：85113293
网　　址：http://www.chlip.com.cn
Email：club@chlip.com.cn
如发现图书残缺请与我社邮购联系调换
230963J1C203ZBW

前言

在人类的发展过程中，必不可少的、首要的物质基础就是饮食。由于社会的发展演变，加上地理环境、气候、物产等多种因素的影响和制约，人类的饮食由最初大致相同的"茹毛饮血"不断进步、分化，出现了枝繁叶茂、争奇斗艳的饮食文化之林。其中，生长着三棵参天大树，那就是世界上最著名、最有影响力的三大主要流派：一是以法国、意大利等国为主的西方饮食文化，二是以阿拉伯国家为主的清真饮食文化，三是以中国及其周边国家为主的东方饮食文化，它们各自都有鲜明的个性特征。随着人类社会的相互交流不断加深，这三大流派又相互交流、借鉴，取长补短，共同促进着人类饮食文化的健康发展。

中国作为东方饮食文化的中心，在历史上创造了灿烂辉煌的中国饮食文化，并且通过丝绸之路与其他国家和地区饮食文化进行交流，但是，到清朝时因闭关锁国等原因，造成了对外来饮食文化尤其是西方饮食文化的漠视和被动接受局面。因此，在很长时间之内，介绍、论述西方饮食文化的著述十分少见。20世纪80年代以后，随着中国改革开放的不断深入，中西经济、文化交流日益频繁，西方饮食文化源源不断地进入中国，不仅占据了中国餐饮市场的一部分，而且对中国人的饮食消费产生了多方面的影响，许多消费者和从事烹饪、旅游、酒店管理等专业的相关人员迫切需要在微观基础上更加宏观、系统地了解西方饮食文化的内涵。有鉴于此，我们组建"西方饮食文化研究"从2000年开始进行专题系统研究。经过5年的不懈努力，在进行了大量的资料收集翻译、实地考察、分析研究等工作之后，将研究成果编写成《西方饮食文化》一书。其中，杜莉制订全书大纲，撰写第一、二、三、四章并负责全书的统稿工作，高海薇撰写第五章第一、二节，李想撰写第五章第三节，孙俊秀撰写第六章，李云云撰写第七章。在整个研究和编写过程中，得到了学校领导的大力支持，还得到了中国著名饮食文化专家熊四智先生的指导，得到了英国饮食文化学者扶霞女士以及美国的李雷雷女士等友人的帮助，并且参考吸收了国内外一些学者的相关论述和研究成果。为此，我们深表感谢。本书在

2006年出版后，受到有关专家学者、师生和饮食文化爱好者的好评，许多高等院校采用它作为烹饪食品和旅游相关专业的教材。

进入21世纪10年代中期以来，中国与世界各国的文化交流、人员交流更加频繁，西方饮食更多地进入中国、在中国餐饮市场的占比逐渐增大，中国人不再满足于吃饱，更加追求吃得好，吃得健康，吃得有文化、有品位，并且对西方饮食文化的接受度和喜爱度不断提高，因此，越来越多的高等院校开设西餐专业和烹饪、酒店管理、旅游等相关专业，开设"西方饮食文化"课程作为其专业基础课、选修课或通识课。随着时间的推移，有关专家、广大师生和饮食文化爱好者在使用《西方饮食文化》作为教材的过程中提出了许多反馈意见。为此，我们以时代需求和当前高等教育教学改革需要为导向，结合10余年的教学实践、研究成果与信息反馈，主要从两个方面进行了较大修订与完善：一是内容上的更新、补充与删减、调整。如在第五章、第六章对西方馔肴及饮品制作和鉴赏进行适当调整，并对较为庞杂的内容删繁就简，使之更加清晰明了。在第七章删除了纯理论的第一节"艺术设计的美学原理"，但将其内容融入"西方美食环境"与"西方美饮环境"之中，将理论知识与实践更紧密地结合。此外，还针对全书章节进行了陈旧、过时内容的删除，并更新和补充新的内容。二是编撰模块上的丰富、完善。强调以学生为本位，每章开头设置学习目标、学习内容和重点及难点、本章导读，每章结尾设置本章特别提示、本章检测、拓展学习和教学参考建议等，环环相扣，尤其在拓展学习环节精选了内容相关又进一步延展的著作，丰富西方饮食文化内涵和信息量，有助于教师讲授和学生对知识的学习、理解运用并将知识转化为能力。

《西方饮食文化（第二版）》主要作为高等院校烹饪食品类、酒店管理、旅游管理等相关专业的教材，注重学术性与普及性、创新性相结合。经过此次修订，内容得到进一步完善，论述更加清晰，能更好地展示西方饮食文化的丰富内涵，提升相关专业学生的专业综合素质与文化修养。同时，该书也适用于广大读者了解西方饮食文化、增加饮食科学知识、提高美食鉴赏能力，为中西饮食文化及中西文化交流与发展做出贡献。由此，我们衷心希望广大师生、读者继续提出宝贵意见和建议，以便今后进一步修订完善。

编　者
2021年1月

目　录

第一章

绪论

🎯 **学习目标**

1. 了解饮食、烹饪与文化、饮食文化涉及
   的关键词。
2. 掌握烹饪的含义、特性、类别与饮食文
   化的含义、西方与西方饮食文化的含义
   及特点。

☆ **学习内容和重点及难点**

1. 本章的教学内容主要包括三组关键词的
   内涵与特点等，即饮食与烹饪、文化与
   饮食文化、西方与西方饮食文化。
2. 学习重点及难点是饮食、烹饪、文化的
   含义及关系，烹饪的特性与类别，手工
   烹饪与机器烹饪的关系，西方饮食文化
   的含义及特点。

饮食，是人类生存和提高身体素质的首要物质基础，也是社会发展的前提。人类在早期的野蛮时代，与其他动物一样将饮与食作为自己的本能。但是，当人类开始用火熟食、进入文明时代，尤其是用陶器开始真正烹饪的时候，饮食品就已成为人类自身智慧和技艺的创造，人类的饮食便与动物的饮食有了本质区别，具有了文化属性。由此，人类饮食的历史成为人类适应自然、征服与改造自然以求得自身生存和发展的历史，而在这个历史过程中便逐渐形成了人类的饮食文化。西方饮食文化是人类饮食文化的一部分，也是西方文化的一部分，源远流长，丰富多彩。在系统研究、论述西方饮食文化之前，必须大致了解与其相关的概念、特点等。

第一节　烹饪与饮食文化

一、饮食与烹饪

饮食与烹饪，本来是两件不同的事情，各自有自己的特点；但是，饮食和烹饪又是密不可分的，正是因为有了烹饪，人类的食物才从本质上区别于其他动物的食物，饮食才有了文化的属性，才创造出灿烂与辉煌。

（一）饮食

"饮食"一词，在法语中，作为名词，写作"nourriture"，有哺乳、食物、膳食、（精神）食粮等含义；作为动词，写作"nourrir"，有供给养料、供给食物、喂养、赡养、抚养、培养等含义。在英语中，"饮食"一词则常常写作"diet"，作为名词，有饮食品、食物、规定的饮食等含义；作为动词，有进食、节食等含义。由此看出，"饮食"既可以作名词，通常指各种饮品和食物，也可以作动词，主要指喝什么、怎么喝以及吃什么、怎么吃。

综观人类的饮食历史，不管有多么漫长，却大致分为两个阶段：一是自然饮食状态，二是调制饮食状态。前者即"茹毛饮血"的原始饮食，直接食用生冷的食物原料；后者则是指用火以后的烹饪饮食，先将食物原料加工制熟后再食用。

（二）烹饪

1．烹饪的含义

"烹饪"一词，在法语中，作为名词，写作"cuisine"，有厨房、烹调、菜肴等含义；作为动词，写作"cuisiner"，有做菜、烧煮等含义。在英语中，"烹饪"一词，一是直接受法语影响写作"cuisine"，作为名词，意思是烹饪、烹饪法；二是写作"cook"或"cookery"，"cook"作为名词，有厨师之义，作为动词则有烹调、做菜、烧煮等含义，而"cookery"则通常只作为名词，意思是烹饪学、烹饪术。由此看出，"烹饪"作为动词时，它的通俗含义就是"煮熟食物"或"做饭做菜"。因为有了烹饪，人类的食物才从本质上区别于其他动物的食物，饮食才具有了文化属性。随着时代的高速发展、社会的日益进步，烹饪的内涵和外延都在不断扩大，应当有一个比较严密而完整的定义。如今，"烹饪"的含义是：人类为了满足生理需要和心理需要，把可食原料用适当方法加工成为具有安全、营养和美感等基本要求的食用成品的活动。烹饪水平是人类文明的标志之一。

2．烹饪的形式

烹饪作为食品加工活动，由于烹饪工具、能源和加工方式等的不同，主要分为两种形式，即手工烹饪和机器烹饪。

手工烹饪，又称为传统烹饪，是以事厨者的手工制作为主的食品加工活动。它至少具有三个突出的特点：一是手工化。在整个食品加工过程中，无论是家庭还是餐厅、酒楼，无论规模大小、档次高低，即使有一些机器作为辅助工具，仍然是以家庭主妇和专业厨师等事厨者的手工劳动为主。二是多样化。由于地理、物产和人们的饮食习俗、口味爱好等因素的不同，事厨者选择当地多种多样的特产原料，进行多种多样的切割、搭配，采用相同或不同的烹饪方法和调味方法，必然制作出丰富多彩的饮食品种。三是个性化。食品的手工制作虽然有一定的格局与规范，有一定的模式和要求，但是在实际加工制作过程中往往受到事厨者各自的文化、科学、艺术等综合素质与制作技能高低的影响和制约，表现出明显的个性特征、个人风格，有时甚至不可避免地带有较大的随意性。正是这些特点，使手工烹饪能够对人们不断变化的食品需要做出迅速而灵活的反映，能够向人们提供成千上万的菜点，最大限度地满足人们的生理和心理需要。

机器烹饪，又称为现代烹饪，是与传统烹饪相对的、以机器制作为主的食品加工活动，习惯上也常常称为工业烹饪、烹饪工业或食品工业。机器烹饪是随着生产力和生产技术的发展，逐渐出现食品生产作坊和工厂，用机器生产食品而产生的。就其本质而言，机器是手工的延伸，作坊、工厂的食品生产也是食品加工活动，而且是从手工烹饪脱胎而来的，与手工烹饪没有根本性区别。但是，机器烹饪与手工烹饪又有许多明显的差异，具有一些显著的特点：一是机械化。在整个食品加工过程中，机器烹饪的食品加工方式是使用各种半机械、机械甚至自动化、智能化的机器和设备进行生产，同时加工场所大多是拥有各种机器、设备的车间、工厂。二是规模化。在整个食品加工过程中，由于使用的是各种机器，生产加工出来的食品数量必然而且应当是大规模、大批量的，只有生产加工出数以千万、成批的食品，才能确保机器烹饪的持续高效。三是标准化。用机器进行大规模生产，其突出特点和首要条件是必须设计和制定出一定的标准，并且严格按照标准进行生产加工，用机器进行大规模的食品生产也毫不例外。正是这些特点，使机器烹饪不仅极大地减轻了事厨者繁重的体力劳动，确保了大批量的食品品质更加稳定，而且能够提供方便快捷、安全营养的食品，满足人们在快节奏生活条件下的新需要，尤其是生理需要。

可以肯定地说，随着时间的推移和社会的发展，机器烹饪将会得到极大的发展，在整个烹饪中占据越来越重要的地位，但是它不可能在短时间内取代手工烹饪，相反，会长期与手工烹饪并存下去。

二、文化与饮食文化

（一）文化

1．文化的含义

"文化"一词的含义广泛而复杂，全世界的学者给它下了100至数百种定义。从字源上看，作为人们通常使用的词语，英语和法语的"文化"一词都是culture，来源于拉丁文的cultura。拉丁文的cultura有耕种、居住、练习、注意和敬神等多种含义；英语和法语的culture最初都表示物质性的栽培、种植等，后来逐渐引申出神明祭拜等含义，中世纪以后才逐渐转化为对人性情的陶冶、品德的教养等。到19世纪后期时，"文化"已经作为一个内涵丰富、外延广泛的多维概念被大量研究，出现了许多定义。美国人类学家克鲁伯（A.L.Kroeber）和克罗孔（Clyde Kluckhohn）在合著的书籍《文化，关于概念和定义的检讨》（*Culture, a Critical Review of Concepts and Definitions*）中，罗列了1871—1951年80年间关于文化的定义至少有164种。有的学者将这些定义按照内容的类型概括、归纳出六组类型，即记述的定义、历史的定义、规范性的定义、心理的定义、结构的定义、发生的定义等，显得有些繁杂。有的学者则按照内涵大小和层次进行概括、归纳，比较简洁、清晰，指出人们对文化的理解主要有三个层次：第一层次，认为文化是指人类所创造的一切物质财富和精神财富的总和。美国人类学家穆勒来埃尔指出，"文化是包括知识、能力、习惯、生活以及物质上与精神上的种种进步与成绩。换句话说，就是人类入世以来所有的努力与结果"。中国近代著名学者梁漱溟先生在《中国文化要义》中则说："文化之本义，应在经济、政治，乃至一切无所不包。"《苏联大百科全书》言，文化"是社会和人在历史上一定的发展水平，它表现为人们进行生活和活动的种种类型和形式，以及人们所创造的物质和精神财富"。这种对文化的理解是基于人类与一般动物、人类社会与自然界有本质区别而言的，文化的内涵非常宽泛，常被称作"广义文化"。第二层次，认为文化是指人类在精神方面的创造及成果，主要包括文学、艺术、宗教等意识形态领域的精神财富。英国人类学家泰勒（Tylor）先后给文化下了两个经典性的定义："文化是一个复杂的总体，包括知识、艺术、宗教、神话、法律、风俗，以及其他社会现象。"文化"是一种复杂丛结之全体。这种复杂丛结的全体包括知识、信仰、艺术、法律、道德、风俗以及任何其他人所获得的才能和习惯"。美国社会学家丹尼尔·贝尔则在《后工业社会的来临》中说："我想文化应定义为有知觉的人对人类面临的一些有关存在意识的根本问题所作的各种回答。"这种对文化的理解是排除了物质财富而专指精神财富的，文化的内涵已经缩小，常被称作"狭义文化"。第三层次，认为文化仅仅是以文学、艺术、音乐、戏剧等为主的艺术文化，是人类"更高雅、更令人心旷神怡的那一部分生活方式"。这种对文化的理解是沿袭了生活中人们对文化的直观理解，大大地缩小了文化的范围，不能涵盖文化的主要内容。

总的来说，不论人们对文化的论述有怎样的不同，其基本意义却大致统一，即文化是由人所创造、为人所特有的东西，是人类在适应和改造自然的过程中发挥主观能动性创造出的财富和成果，有广义和狭义之分。广义的文化，是指人类社会历史实践过程中所创造的物质财富和精神财富的总和。狭义的文化是指社会的意识形态以及相适应的制度和组织机构。本书则主要按照广义的文化内涵进行阐述。

2．文化的分类及与饮食、烹饪的关系

文化，尤其是广义的文化有着十分丰富的内涵，形成了包含多层次、多方面内容的完整体系，全世界的学者在进行文化研究中对它做出了多种多样的分类。其中，主要的分类方式是：以时间顺序为标准，分为史前文化、古代文化、近现代文化、当代文化等。以地域或国家为标准，分为世界文化、东方文化、西方文化、中国文化、法国文化、美国文化等。以存在形式为标准，分为物质文化、精神文化、制度文化、行为文化、心态文化等。以具体事物为标准，分为饮食文化、服饰文化、民居文化、器物文化等。以强弱态势为标准，分为强势（主流）文化、弱势（非主流）文化、亚文化等。此外，还有从其他角度来区分的，如宗教文化与世俗文化，本土文化与外来文化，城市文化与乡土文化，先进文化与落后文化，等等。

饮食、烹饪都是人类创造的物质财富和精神财富之一，而且是人类生存和发展必不可少的，必然是人类文化的一个重要组成部分，同时不仅拥有物质文化内涵，也拥有精神文化内涵。中国近代著名学者梁启超在其《中国文化史目录》一书中列有28篇，几乎涉及中国人生活的全部内容，其中就包括独立的"饮食篇"。对此，西方人也有相同或相似的认识。

（二）饮食文化

饮食文化作为人类文化的一个重要组成部分，其含义也有狭义和广义之分。狭义的饮食文化，是基于饮食与烹饪各有相同而言的，与烹饪文化相对应。一般来说，烹饪文化是指人们在长期的饮食品的生产加工过程中创造和积累的物质财富和精神财富的总和，是关于人类食物做什么、怎么做、为什么做的学问，涉及食物原料、烹饪工具、烹饪工艺等。狭义的饮食文化，则是指人们在长期的饮食品的消费过程中创造和积累的物质财富和精神财富的总和，是关于人类吃什么、怎么吃、为什么吃的学问，涉及饮食品种、饮食器具、饮食习俗、饮食服务等。简言之，烹饪文化是在生产加工饮食品的过程中产生的，是一种生产文化；而狭义的饮食文化是在消费饮食品的过程中产生的，是一种消费文化。但是，饮食品的生产和消费是紧密相连的，没有烹饪生产，就没有饮食消费，饮食与烹饪密切相关，烹饪和烹饪文化是饮食与饮食文化的前提，饮食文化是由烹饪文化派生而来，因此，将饮食品的生产和消费联系起来，人们在习惯上常常用广义的饮食文化加以概括和阐述。具体而言，广义的饮食文化，包含烹饪文化和狭义的饮食文化的内容，是指人们在长期的饮食品的生产与消费实践过程中，所创造并积累的物质财富和精神财富的总和。本书采用的就是广义的饮食文化概念。

第二节　西方与西方饮食文化

一、西方与西方文化

（一）西方

西方，作为一个方位名词出现在日常语言中，是有特定意义的，通常指太阳落山的地方，与太阳出来的地方即"东方"相对应。但是，当"西方"作为一个概念运用在关于民族、文化等方面时，却有不同理解，具有多重含义和不确定性。

首先，"西方"作为一个地理概念，是与"东方"相对而言的，它的含义通常是指西半球或欧洲。德国人马勒·茨克在《跨文化交流》（*Interkulturelle Kommunikation*）中指出："很久以来，人们形成了一种不成文的一致观念，认为欧洲就是西方，而东方则是指与之相连接的位于东边的地区。"英国谚语说："极东便是西。"西方，在英语中也写作"occidental"，与"orient（东方）"相对，可直译为"西洋"。但是，对于中国人而言，不同时期的"西洋"即"西方"在地理上也有不同的含义。明末清初以后，则仅仅把大西洋两岸的国家称为"西洋"。

其次，"西方"也常常作为一个文化概念，同样与"东方"相对，但它的含义则是不能够完全确定的。姜守明等在《西方文化史》中指出，西方本身是一个发展的概念，它既有时空上的变化含义，又有文化史上的指向意义，就历史学上的即文化意义而言，"古代的西方是指以希腊、罗马文化所代表的文明区域；中世纪的西方是指基督教信仰所及地区，所谓的'基督教大世界'；近代以来，西方特指天主教势力和新教势力直接统治下的欧美地区。在现代国际政治中，'西方'概念更偏重于历史文化含义，主要指工业发达国家，不但包括欧洲和北美的工业发达国家，也可以包括大洋洲的澳大利亚、新西兰、亚洲的日本、新加坡等国"。本书则从文化的角度，采用通常意义上的含义，"西方"主要指欧洲和北美国家。

（二）西方文化

1．西方文化的含义

所谓西方文化，是指西方人在其社会历史实践过程中所创造的物质财富和精神财富的总和。从地域上看，它主要包括有着同种文化渊源的欧洲文化和18世纪以后的北美文化。从内容上看，它主要包括古代希腊罗马文化、中世纪基督教文化、近代文艺复兴文化和启蒙文化、现代人文主义和科学主义文化。其中，古希腊罗马文化是西方文化之源。

2．西方文化的形成

英国著名历史学家汤因比在《历史研究》一书中，解释世界各民族文化的产生、发展及特点时，提出了"挑战与回应"理论。他认为，每个民族的文化就是该民族对其所生存的环境所作挑战的一种回应，即每个民族的生存环境对其文化的产生与发展有着重大的影响。西方文化主要包括欧洲文化和18世纪以后的北美文化，而后者源于前者，可以说西方文化产生于欧洲。它也是深受自然地理环境和社会、经济、生产方式等人文地理环境影响而形成的。

欧洲位于欧亚大陆的西部，西临大西洋，南接地中海，东南有黑海、里海，北临波罗的海、北冰洋，东部以乌拉尔山、乌拉尔河、高加索山脉、博斯普鲁斯海峡等与亚洲相邻。在欧洲，土地面积狭小，平原少，山地、丘陵多，许多地方土质贫瘠，使得其农业生产条件较差，人们曾长时间过着畜牧狩猎生活；但是，欧洲有着漫长而曲折的海岸线，拥有众多的天然优良港湾，非常适宜于发展海洋贸易、海洋运输，古代欧洲人很早就开始了海洋贸易、海洋运输等商品经济。因此，在古代的欧洲，商品生产与交换是其经济的主要特色。恩格斯曾经指出，简单的商品经济是天然的平等派。商品经济不仅有着与生俱来的开放性、外向性、竞争性特征，也具有平等性、民主性。于是，在这种经济基础上产生的欧洲文化也就具有了开放性、外向性、竞争性、平等性、民主性等特征。古代欧洲人在向外部世界寻求贸易、运输等活动时，必须要客观、真实、清晰地了解和认识外部世界，对寻求过程和结果进行知性计算、逻辑分析，这样就产生了自然科学，而欧洲文化也便有了自然科学性。

3．西方文化的特点

关于西方文化的基本精神与特点，国内外学者有许多研究，而且常常是把西方文化置于人类文化的大系统中进行研究，尤其关注西方文化和中国文化之间的差异，因为这两种文化是从根源上截然不同、各有特点。而在进行中西方文化比较时，大多是将中国封建文化与西方近代文化相比，也有的是从中西方文化的民族差异进行比较。

首先，在哲学思想方面，西方文化崇尚"天人相分"。认为宇宙是实体的宇宙，构成宇宙的实体与虚空是相互对立的，因此，在人与自然的关系上认为人与自然也是对立、分离的，主张"天人相分"或"主客二分"。

其次，在思维模式方面，提倡分析思维、逻辑思维以及外向思维。所谓分析思维，是在探讨客观对象时，常常将对象分解为各个组成部分，然后对各个部分进行细致入微的精确研究，注重定量分析，力求获得逻辑严密、数据精确的结论。

再次，在行为方式方面，注重个体利益、对立斗争和法治等。对个体利益的看重是分析思维的必然结果。因为分析思维将对象分解为各个部分加以研究，突出了部分、个体并把它们置于首要地位，体现在对待人的价值上则必然是重视个人价值、个人利益和权利，注重自我设计、发展与超越，张扬个性。西方辩证法的奠基人赫拉克利特认为，统一是由斗争产生出来的。他特别强调对立和斗争的意义，指出："战争是万物之父，也是万物之王。它使一些人成为神，使一些人成为人，使一些人成为奴隶，使一些人成为自由人"，"战争是普遍的，正义就是斗争，一切都是通过斗争和必然性产生的"（转引自《欧洲哲学史资料简编》，北京大学自编教材 6~7 页）。对法治的崇尚早在古希腊就已开始。亚里士多德在其《政治学》中认为，法治是同民主的或多数人的政治分不开的，"法治高于人治"，"由法律遂行其统治，这就有如说，唯独神和理智可以行使统治。"到近代，"法律面前人人平等"成为资产阶级法治的基本原则。

对于西方文化的形成与特点，德国人马勒·茨克在《跨文化交流》中引用 O.Weggl 撰写的 *Die Asiaten* 一书也做过概括性的描述："'西方的基本价值'受到了四种文化遗产的影响，即希腊的思想、罗马的法的观念、日耳曼的社会观念以及基督教的信仰，这些基本价值经历了文艺复兴、宗教改革、启蒙运动，而发展成为现代的、具有科学性的价值。特别是在与亚洲相比时，西方的特别之处在于：强调个性、把握今生今世、注重理性、社会契约思想、以法律为准绳、注重成效。让亚洲人最感到陌生的是西方人的个性，这种个性最初起源于基督教的信仰前提，即人与上帝的个人联系以及人应根据自己的良知独立地做出决定，后来这种个性又经历了文艺复兴、人文主义以及启蒙运动的认知理论的发展而在西方深深地扎下根来。"同时还说："在将'西方的'和'东方的'思想进行的长期比较中，人们总结出了以下一些典型特征：西方是分析性、逻辑性和唯物的，东方是综合的、强调精神的；西方是客观、积极和动感的，东方是主观、被动和静观的；西方是重理智的，东方是重情感的。"

二、西方饮食文化

（一）西方饮食文化的含义

所谓西方饮食文化，是指西方人在长期的饮食品的生产与消费实践过程中，所创造并积累的物质财富和精神财富的总和。

（二）西方饮食文化的特点

西方历史悠久，在其发展过程中创造出独具特色的饮食文化，在世界范围内享有极高的声誉，其主要特点大致有以下六个方面。

1．系统的饮食典籍

饮食典籍，也可称为烹饪典籍，主要指专门记载和论述饮食烹饪之事的著作。由于西方厨师有较高的社会地位和一定的文化修养，同时西方人注重分析思维和逻辑思维，因此，西方饮食典籍在作者上是厨师与其他职业者并重，在内容上是技术与具体经验的总结叙述和科学与概括性理论的分析论述并重，比较系统而丰富。它主要包括四大类，即烹饪技术类、烹饪文化与艺术类、烹饪科学类和综合类。其中，烹饪技术类又有技术实践、技术理论等众多典籍；烹饪文化与艺术类又包括烹饪历史、烹饪美学与哲学、烹饪艺术等众多典籍；烹饪科学类包括烹饪营养学、烹饪化学、烹饪卫生、食品微生物学等方面的不少典籍；综合类中内容较为广泛、影响较大的是百科全书式的烹饪书和部分叙事著作。

2．独特的饮食科学

饮食科学是以人们加工制作馔肴的技术实践为主要研究对象，揭示饮食烹饪发展客观规律的知识体系和社会活动。西方的饮食科学内容十分丰富，但它的核心主要是独特的饮食思想和科学技术与管理。在饮食思想上，由于西方哲学讲究实体与虚空的分离与对立，在文化精神和思维模式上形成了天人分离、强调形式结构、注重明晰等特色，使得西方人在饮食科学上产生了独特的观念，即天人相分的生态观、合理均衡的营养观、个性突出的美食观，强调人的饮食选择只需适合人作为独立体的需要，按照人体各部分对各种营养素的需要来均衡、恰当地搭配食物的种类和数量，并且通过对食物原料的烹饪加工，突显各种原料特有的美味，重在满足人的生理需要。在饮食科学技术与管理上，最有突出意义、最值得称道的特点是西方烹饪的标准化与产业化。它非常强调在食物加工生产过程中系统、精确和理性，严格按照一系列标准，利用先进机械加工、制作质量稳定的食物，并进行有效的大规模经营。正是由于食物制作的标准化、产品质量稳定，广泛地利用机器实现工业化生产，再加上规模化经营，使西方烹饪有了惊天动地的变化与发展。

3．起伏的饮食历史

西方的饮食历史是非常独特的。在西方国家，政治上的长期分裂，经济、文化中心的不断迁移，在很大程度上导致了西方饮食烹饪历史呈现出板块移动式、不平衡的发展格局，各主要国家的饮食烹饪在各个重要历史阶段的发展极不平衡。在古代，西方饮食发展中最杰出的是意大利菜。意大利菜直接源于古希腊和古罗马，是西餐中历史最悠久的风味流派，也可以说是西餐的鼻祖。直到16世纪末以前，意大利菜都十分兴盛，并且凭借着自身古朴的风格成为古代西餐中当之无愧的领导者。在近代，西方饮食发展中取得辉煌成就、举世瞩目的是法国菜。它深受意大利烹饪的影响，但在极大地吸收意大利烹饪特色的基础上结合自己的优势发展壮大，最终形成了有别于意大利的法国特色，并青出于蓝而胜于蓝，成为17世纪到19世纪西餐的绝对统治者，可以称作西餐的国王。在现代，虽然意大利菜、法国菜仍然兴盛、繁荣，但让人耳目一新、感受到强烈震撼的却是英国菜和美国菜。它们或多或少地受到意大利菜和法国菜的影响，但最终与当地的固有特点有机结合，并且运用现代科学技术和思想，使传统的烹饪方式、烹饪工具发生质的变化，拥有了自己的烹饪风格，因此成为现代西方饮食最重要的代表之一。其中，美国菜更是在20世纪中叶时逐渐与意大利菜和法国菜抗衡而部分地成为西餐潮流的领导者，可以说是真正的新贵。

4．精湛的饮食制作技艺

西方人在饮食品的制作上十分注重精益求精、追求完美，无论是馔肴还是茶酒的制作，都表现出了精湛的技艺。仅以馔肴制作技艺为例，在原料使用上非常精细，常常根据原料的不同部位、品质特点选择使用不同的烹制方法。在刀工上，十分简洁，多用基本刀法，少用混合刀法（"花刀"），原料的基本形态较简单，主菜形状多为大块、厚片。在制熟上，烹饪方法独特，常用以空气和固体为传热介质的烹饪方法，如烤、铁板、铁扒等。在调味上，别具一格，强调在加热之后的浇味，常常单独制作少司来调味，也多用香料、酒、乳制品来调味。在馔肴的造型与美化方面，强调图案美，装盘讲究简约、实用，不仅简洁大方，而且自然、随意，盘中之物绝大多数是可以食用的，集装饰与食用于一身，很少为装饰而装饰，同时也重视美食与美名、美食与美器、美食与美境的结合。

5．众多的饮食品种

西方是一个多国家、多民族的区域，历史悠久，西方人尤其是职业厨师和家庭主妇在漫长的时间里创造出了成千上万的各种馔肴和饮品。在馔肴方面，许多菜点是在不同社会背景中孕育出来的，如果从馔肴的产生历史和饮食对象等角度进行梳理、划分，可以分为民间菜、宫廷菜、民族菜、市肆菜等不同类别的菜；如果从地域来看，由于自然条件、物产、人们生活习惯、经济文化发展状况的不同，西方各国又形成了众多的风味流派。其中，最著名和最具代表性的有意大利菜、法国菜、英国菜、美国菜、德国菜、俄罗斯菜等。这些著名的风味菜大都有各自独特的发展历史、精湛的烹饪技艺，甚至还有种种优美动人的传说或典故。而在各个国家中，不同的地区、不同的历史阶段也有不同的地方风味菜，并且大多具有浓郁的地方特色和不同的烹饪艺术风格。在饮品方面，主要有酒和咖啡。仅以酒为例，西方的酒品类众多，可以按照生产工艺、生产原料分，也可按产地、颜色、含糖量、状态、饮用方式进行不同的分类，如果按照生产工艺则分为酿造酒、蒸馏酒、混配酒等。其中，酿造酒的著名品种有葡萄酒、啤酒等，蒸馏酒的著名品种有白兰地、朗姆酒、威士忌、金酒、伏特加等，混配酒的著名品种有开胃酒、甜食酒、利口酒等。此外，鸡尾酒也是突显西方特色的酒品。

6. 多彩的饮食民俗

饮食民俗，即民间饮食风俗，是广大民众从古至今在饮食品的生产与消费过程中形成的行为传承和风尚，又简称为食俗，可以分为日常食俗、节日食俗、生婚寿丧食俗、社交食俗、民族食俗、宗教食俗等。在西方，各个国家、民族虽然大多有同源的文化传统，但也有各自的独特之处，因此西方的民俗包括饮食民俗也是比较丰富多彩的。其中，在日常食俗方面，西方人主要以肉食为主、素食为辅，饮品主要是咖啡和酒，在进餐方式上主要是分餐，即每人只吃自己的那一份菜点，具有独立、卫生等特点。在节日食俗方面，西方的宗教色彩浓厚；在人生礼俗方面，受独特思想观念和价值取向即幸福观的直接影响，西方人一生大多以宗教成礼，祝愿健康快乐。在社交礼俗方面，受独特的文化传统、社会风尚、道德心理等因素的影响，西方社交礼俗最主要的特点是在行为准则上非常推崇"女士优先"，尊重妇女，同时偏重于自律。

最后，需要对《西方饮食文化（第二版）》的编写体例略作说明。文化是一个有机的整体，对于人的意义和价值的规定有多个方面和不同层次，写再厚的书也会有遗漏。饮食文化也是如此。西方饮食文化如同中国饮食文化一样博大精深，除涉及与饮食生活直接相关的内容外，还涉及各个时代政治、经济、文化、思想、信仰等社会生活的方方面面，有共性，也有个性。正如易丹在《触摸欧洲》中所言，"如果用望远镜来看欧洲，那么欧洲的色彩就显得相对统一"，但是，"如果我们再进一步使用放大镜甚至显微镜来观察欧洲，我们就会发现，这幅巨大的拼贴画中间包含了无数千差万别的细节"。因此，本书在阐述西方饮食文化时并不追求非常的全面、系统，而是力图抓住能够反映其主要方面特征和与中国饮食文化相比突显其个性的东西，即采用广义的文化与饮食文化概念和点面结合的研究方法，在西方饮食发展的各个主要方面，选取最有代表性的国家意大利、法国、英国、美国等作为主要对象进行研究，发现它们的个性和共性，并以此为基础，归纳、总结出西方饮食文化在各主要方面的独特之处，从而展示其无穷的魅力。

💡 本章特别提示

本章主要叙述了西方饮食文化涉及的三组关键词的内涵与特点等，不仅重点阐述了饮食、烹饪、文化的含义及关系和烹饪的特性与类别，还概括性地阐述了西方文化及其饮食文化的含义和特点，使学生和读者了解烹饪的要义和目的、西方饮食文化的独特之处，为从事餐饮业、制作满足人民美好生活需要的饮食品奠定思想基础。

📝 本章检测

1. 饮食、烹饪、文化的含义及关系是什么？
2. 手工烹饪与机器烹饪的特点及关系是什么？
3. 西方文化的含义及特点是什么？

🔗 拓展学习

1. （德）马勒·茨克. 跨文化交流［M］. 译. 北京：北京大学出版社，2001.
2. 启良. 西方文化概论［M］. 广州：花城出版社，2000.
3. 彭兆荣. 饮食人类学［M］. 北京：北京大学出版社，2013.

📖 教学参考建议

一、本章教学要求

通过本章的教学，要求学生深刻领会烹饪的含义、特性，正确认识饮食、烹饪、文化的关系和手工烹饪与机器烹饪的关系，把握西方饮食文化的特点，以便在从事餐饮业工作中回归初心，根据西方饮食文化特点和消费者的需求，制作出安全、营养、美味的饮食品。

二、课时分配与教学方式

本章共2学时，采取理论讲授的教学方式。

第二章 西方饮食文化遗产

🎯 学习目标

1. 了解烹饪典籍、饮食文献、饮馔语言的含义与类别。

2. 掌握西方烹饪典籍、饮食文献的特点及成因、主要内容，熟悉行业性饮馔语言。

3. 运用西方饮馔语言的相关知识进行西式菜点及饮品名称的创意设计。

☆ 学习内容和重点及难点

1. 本章的教学内容主要包括三个方面，即西方烹饪典籍、西方饮食文献、西方饮馔语言。

2. 学习重点和难点是西方重要烹饪典籍、饮食文献的特点、成因以及西方行业性饮馔语言的运用。

人类在长期历史实践过程中创造、积累并遗留下来了大量的文化遗产。饮食文化遗产就是人类文化遗产的重要组成部分。它是人类在饮食品的生产和消费过程中创造、积累并遗留下来的宝贵财富，其内容丰富多彩，不仅包括专门记载和论述饮食烹饪之事的烹饪典籍，涉及饮食烹饪之事的有关文献，还包括用饮食烹饪之事来表达某种事物、现象和进行社会交往的口头与书面的饮馔语言，反映饮食烹饪之事的出土文物，以及饮食思想与哲理和饮食民俗等。本章仅从烹饪典籍、饮食文献、饮馔语言等方面进行阐述。

第一节　西方烹饪典籍

烹饪典籍，也可称为饮食典籍，主要指专门记载和论述饮食烹饪之事的著作。由于烹饪是人类为满足生理与心理需要，把可食原料用适当方法加工成食用成品的活动，成品必须具有安全、营养、美感的特性，因而人类在创造食用成品的时候不仅需要运用技术，而且需要运用社会科学和自然科学知识，把这些技术和科学知识总结记载下来并进行一定的论述，于是出现了内容丰富的烹饪典籍。大致而言，烹饪典籍可以分为四大类，即烹饪技术类、烹饪文化与艺术类、烹饪科学类和综合类。

一、西方烹饪典籍的特点及成因

从古至今，西方各国都积累了内容丰富多彩的烹饪典籍，其数量众多、很难准确统计，也难以逐一阅读和研究，并且随着时代发展和频繁交流，世界上许多国家的烹饪典籍在记载和论述范围等方面也越来越趋于相同或相似。但是，如果从各种烹饪典籍最早出现的时间、作者以及内容构成等方面来看，仍然可以发现西方烹饪典籍至少具有以下两个特点。

（一）早期烹饪典籍的作者多数是厨师

就各种烹饪典籍最早出现的时间和作者而言，西方烹饪典籍大致出于厨师、学者和其他职业者之手。其中，厨师撰写的、具有重要意义的烹饪典籍比较众多，这主要是由西方厨师的社会地位和文化修养决定的。

在西方国家，人们不轻视技术，相比之下，也不轻视美食的制作者，厨师有一定的社会地位。从最早的希腊、罗马开始到后来的意大利、法国、英国，许多宫廷和贵族之家都曾用重金礼聘本国或外国的、技艺高超的面包师、烹调师，并使他们受到一定尊敬。如古罗马的全盛时期，贵族们以高贵精美的酒食和标新立异的烹调术为荣，一位名叫卢古鲁斯的统帅每年用10余万塞斯特齐（古罗马银币）聘请厨师，名厨安东尼还因烹饪技艺高超而得到一座城市的赏赐。在近现代的法国，名厨常家喻户晓、深受尊敬。法国国家烹调艺术委员会主席由名厨阿兰·桑德朗担任；名厨保尔·鲍居斯被称为法国烹调的"教皇"，成为第一批国家级和国际级明星之一，获得总统授予的勋章。此外，许多厨师也与其他的普通人一样，受过或多或少的教育，能够读书写字，而一些著名的厨师为更好地制作精美的菜点，还拥有比较高的文化艺术修养。早在14世纪末，法国国王查理五世的首席厨师泰勒文（Taillevent）口授了一本《食品》（Le Viandier）的烹饪书籍。英王查理二世时期的特级厨师们于1390年编写了记载古代英国烹饪的《烹饪技术要素》一书，此后更出现了许多由厨师撰写的食谱。至今，法国几乎所有名厨都出版过一本或更多的食谱。

（二）烹饪典籍的内容是技术实践与理论并重

就各种烹饪典籍的内容构成而言，西方烹饪典籍不仅有较多的技术与具体经验的记载、总结叙述，也有一定数量的科学与系统理论的分析、论述，二者相互兼顾，在比例上没有太大的差距，即技术实践经验与理论并重。这主要是由西方的文化传统、思维方式和治学原则等因素造成的。

在西方国家，由古希腊罗马文化发展而来的西方文化注重分析思维。这种思维方式强调以理性为主，在探讨事物和现象时常常将它们分解为许多组成部分，并对每个组成部分进行细致入微的研究和严密的逻辑思考，从而推导出规律，讲究精确分析和逻辑推理。受此影响，西方饮食烹饪虽然在总体上取得的成就不如中国那么巨大、辉煌，技艺水平不似中国那么高超，但讲究知其然、也知其所以然，建立起了众多的相关学科，如烹饪营养学、烹饪化学、烹饪卫生学等。另外，西方文化注重创造、发明，人们以自立学说或创造、发明为最高的治学原则，有一种大无畏的精神，正如恩格斯在《反杜林论》中所说："他们不承认任何外界的权威，不管这种权威是什么样的。……一切都必须在理性的法庭面前为自己的存在做辩护或者放弃存在的权利。"对于饮食烹饪，人们不但注重对烹饪技术与制作经验的直接记录、归纳、整理，而且注重提炼、升华到理论高度，进行科学而系统的分析、论述。因此，西方国家的一些烹饪典籍，不仅记载了菜点的制法，而且论述了烹饪技术要领或规律，成为各国饮食烹饪历史发展重要阶段的标志。如在法国，17世纪拉瓦伦（Francois De La Varenne）的《法国厨师》（Le Cuisinier

Francois）等书的相继出版，使法国烹饪从实践走上理论，并标志着法国烹饪与意大利烹饪彻底分道扬镳。

二、西方主要的烹饪典籍

（一）烹饪技术类

西方的烹饪技术典籍包括两个方面，即技术实践类和技术理论类。在这类典籍中，有大量的厨师之作，也有其他人的著作，尤其是女性作家占了较大比例。而且很早就出现了关于烹饪技术理论的论述。

1．烹饪技术实践类

西方的烹饪技术实践类典籍主要包括食谱、酒谱及饮料谱等。仅以食谱而言，厨师是重要的写作者。早在 14 世纪末，法国国王查理五世的首席厨师泰勒文（Taillevent）就口授了名为《食品》（*Le Viandier*）的烹饪书籍。书中介绍了中世纪的许多菜肴和面包制法，是法国中世纪烹调的结晶，也是中世纪最好的一本烹调书。到了 16 世纪至 17 世纪，英国也出现了第一位写食谱的职业厨师，名叫罗伯特·梅（Robert May）。他于 1660 年撰写、出版了烹饪书籍《手艺精湛的厨师》（*The Accomplist Cook*）。他一生都生活在贵族圈中，也深受外国烹饪的影响，因此在书中大量写的是他热心制作的富有寓意的"精品"菜肴制作方法，只少量地介绍了英国简单的菜肴制法。18 世纪，英国的职业厨师依·史密斯（E.Smith）夫人十分重视英国自身的口味和菜肴，在 1727 年撰写了一本名为《精通烹饪的家庭主妇》（*The Compleat Housewife*）的菜谱，不仅记载了具有王室风格的配方，而且简化了一些菜肴的制作方法，在英国烹饪史上赢得一席之地。伦敦酒家的厨师约翰·法利（John Farley）也于 1783 年写下《伦敦烹饪术》（*The London Art of Cookery*）一书。这是一本记载 18 世纪伦敦菜点风貌的综合性食谱，尽管其中大多数菜肴的制作方法是从其他作者的书中摘抄而来。19 世纪以后，厨师写作的食谱日益增多，令人目不暇接，最引人注目的是法国著名烹饪大师卡莱姆、埃斯科菲耶、蒙塔内、于德、弗郎卡特利、索耶尔等纷纷写作、出版菜谱，并为职业厨师提供对法国古典和新式烹饪进行详细说明的烹饪书籍。其中，安东尼·卡莱姆（Antonin Careme，公元 1783—1833 年），厨艺高超，也勇于创新、勤于笔耕，一生中写作、出版了《别出心裁的糕饼师傅》《法国大饭店老板》《巴黎皇家糕饼师傅》《十九世纪法国菜的烹饪艺术》等多部烹饪著作，仅在《十九世纪法国菜的烹饪艺术》一书中就记载了法国的 186 种菜肴和其他国家的菜肴 103 种。同时，他所设计的高高耸立的白色厨师帽檐用至今。埃斯科菲耶（Auguste Escoffier，公元 1847—1935 年）是泰勒文（Taillevent）和卡莱姆（Careme）的真正继承者，同时又善于开拓创新，几乎开创了 19 世纪末至 20 世纪初法国烹饪的一个新时代。1903 年，他与基贝（Gilbert）、费图（Fetu）合作撰写《烹饪指南》（*Guide Culinaire*）一书，较多地整理、记录了至今仍然广泛应用的古典菜肴，很快成为当时各国职业厨师书架上的必备之书。此外，他还撰写出版了《伊壁鸠鲁的记事本》《食谱》《鳕鱼》《我的料理》等著作。蒙塔内（Prosper Montagn，公元 1864—1948 年），一生撰写的烹饪著作有《料理全书》《地中海美食宝藏，奥克的盛宴》等，与戈特沙尔克博士（Cottschalk）合作编辑了《美食百科全书》（*Larousse Gastronomique*）成为继埃斯科菲耶《烹饪指南》之后的又一部经典的法国烹饪重要参考书。

除了厨师（包括女性厨师），普通妇女尤其是女性作家在食谱的写作中占有重要的地位。如在英国，1747 年，汉纳·格拉斯（Hannah Glasse）女士写作出版了《简易菜肴烹饪法》（*The Art of Cookery, Made Plain and Easy*），主要介绍大众菜肴的制法，成为第一本畅销的烹饪书，并且几乎畅销了 100 年。到 19 世纪，英国的郎德尔（Rundell）夫人又撰写出版了一本优秀的烹饪畅销书《家庭烹饪的新方法》（*A New System of Domestic Cookery*），主要针对广大的普通百姓写成，实用性极强，深受人们喜爱。在美国，1796 年，爱米拉·西蒙（Amelia Simmons）女士写作出版了第一本美国烹饪书——《美国的烹饪》（*American Cookery*）。这是一本专门为美国读者编写的烹饪书，虽然书中的一些内容是从英国烹饪书上摘抄而来，但是，它第一次大量地记载了美国生产的原料、美国惯用的烹饪方法，介绍了当时美国常用的菜点制法。因此，它在美国烹饪史上占有特殊的地位，甚至被人称作是"第二个美国独立宣言"。这本书不断被重印，逐渐使美国人为自己编写的烹饪书占领了市场，而不再像以前一样由英国烹饪书垄断市场。到 1824 年，玛丽·伦道夫（Mary Randolph）女士则撰写、出版了名为《弗吉尼亚家庭主妇》（*The Virginia Housewife*）的书籍。这是美国第一本地区性的烹饪书，为随后的许多烹饪书开启了一种模式。可以说，到 19 世纪中期，绝大多数的美国烹饪书都是由女性撰写的。这种趋势或多或少地延续至今。

此外，还有包括学者、律师等在内的许多人也写出了极有影响的食谱。如在英国，1615 年，格维斯·马卡姆（Gervase Markham）出版了《英国家庭主妇》（*The English Housewife*）一书，在鼓励和发展英国的民族烹饪传统上做出了重大贡献。1843 年，一位名叫威廉（William Hughes）的律师，对鱼有着狂热的嗜好，便以皮斯卡特（Piscator）为笔名撰写出版了《鱼：怎样选择，怎样装饰》（*Fish: How to Choose and How to Dress*）。这是英国出版的第一本专门讲述如何做鱼的烹饪书。它所有的素材都来自第一手资料，编写过程中充满热情，几乎可以看作是讲述肉类及野味烹调等烹饪书籍的范本。而另一种编写烹饪书籍的方式是由肯尼·赫伯特（Kenney Herbert）上校开始的。19 世纪 90 年代，他撰写了一套系列烹饪丛书，以《50 顿早餐》（*Fifty Breakfasts*）开始，以《50 顿晚餐》（*Fifty Dinners*）结束。

到近现代尤其是现代，西方的食谱不仅品类异常繁多，而且数量不胜枚举。如在美国，由于19世纪末、20世纪初巨大的移民浪潮，使得世界上各种流派的烹饪汇集在这里，一些烹饪书引用美国的配方，用新移民者的本国语言介绍美国食物的烹饪方法；另外一些烹饪书则引用古老国家的配方，用英语介绍新移民原来国家的食物及其制作方法，并做适当改动以满足美国人的口味需要。到1920年，美国厨师能够很容易地找到记载了世界上大多数国家菜肴制法的各种书籍，每年都有上千种烹饪书籍出版。在这些众多的烹饪典籍中，常常按不同的标准进行分类介绍：有综合介绍西方菜点制法的，如英国杰妮·赖特等的《西餐技艺》丛书，共分6册，即《鱼类和贝类》《馅饼、蛋糕、饼干》《肉类》《蔬菜和沙拉》《水果和甜点》《家禽和蛋》；有单独介绍一类食品的，如英国西尔维娅·考沃德的《结婚蛋糕制作》、美国阿曼德拉的《面包师手册》等；有按国家介绍其名菜点的，如法国斯托科姐妹的《法国菜点之苑》等；还有按年龄分类的食谱，如法国勃郎弟·玛尔伽台的《幼儿食谱》等。

2. 烹饪技术理论类

西方的烹饪技术理论典籍通常是实践与理论相结合的，并且出现较早。在1390年，英王查理二世时期的特级厨师们就写下《烹饪技术要素》一书，既介绍了古代英国菜点的制法也总结出一些烹饪的规律。1651年，法国人拉瓦伦（Francois De La Varenne）出版《法国厨师》（Le Cuisinier Francois）一书。拉瓦伦曾在法国国王亨利四世的厨房里接受培训，逐渐成为国王的御厨和法国最伟大的厨师之一。他撰写的这本书介绍了各种调味料的使用方法，强调用原料本身的原汁调味，流露出在烹调上使用更现代方法的迹象，为法国菜带来了新面貌，从而使法国烹饪开始从实践走上理论，并逐渐形成有法国特色的正统的烹饪，成为法国烹饪与意大利烹饪彻底分道扬镳的标志。在美国，凯瑟琳·毕切尔于1846年便出版《烹饪配方》一书，论述菜肴的配搭方法和烹饪技巧，开创了美国烹饪的新篇章。随后不久，美国开始了烹饪技术的学校教育，1874年，朱莉特·可森（Juliet Corson）女士创立纽约烹饪学校；1879年，赫伯（Herber）女士创立波士顿烹饪学校，其讲授内容既有烹饪技术实践也有理论，于是在1896年，由范妮·法姆（Fannie Farmer）女士撰写的《波士顿烹饪学校烹饪手册》（Boston Cooking School Cook Book）一书出版。它内容简洁明了、配方科学合理，是烹饪实践与理论相结合的优秀图书，被翻译成多种文字，进行了多次修改、重印，成为美国销量最好、最有影响力的烹饪书。

20世纪以后，西方烹饪技术理论书籍也不断增加，各国都有专门介绍和论述本国烹饪的书籍。如英国人莉齐·博里德的《英国烹饪》，介绍了英国基本的烹调方法及各类菜点的制法；法国罗吉奥·普依莱的《法国基础料理教本》也是法国的烹饪技术实践与理论结合的书籍；而美国人弗里兰·格雷夫斯的《美国烹饪》则从科学与食品、食品的制备、食品保藏、食品控制等更广阔的范畴介绍食品制备的基本原理和方法。美国烹饪学院（The Culinary Institute of America）还组织编写了系列烹饪书籍《专业烹饪》《专业酒水》《专业烘焙》《宴会设计实务》《特色餐饮服务》等，详细阐述了西方菜肴、点心、酒水、宴会及其服务的相关理论和实际操作方法，不仅具有很高的理论价值，而且有很强的实际指导作用。意大利同样有自己的烹饪技术实践与理论相结合的书籍。此外，美国阿尔滨等的《菜单设计与制作》、美国路易舍蒂·贝沙勒的《掌握法国烹饪艺术》，以及《意大利面食制作要诀》《蔬菜要诀》《烧烤要诀》等都是具有较强实践性与理论性的烹饪书籍。

（二）饮食文化与艺术类

相对而言，西方的饮食文化不如中国那么兴旺发达，但西方的饮食文化典籍却较为系统，内容涉及较广，且有自己的特点。

1．烹饪历史类

西方人常常从不同的角度对西方烹饪历史的多个方面进行总结、研究，其中具有突出特色的烹饪历史类典籍包括三个方面：第一，以各个国家烹饪为主的历史。西方各国无论历史是否悠久，都有叙述本国烹饪历史的书籍，如在仅有数百年历史的美国，有人便撰写了一本《美国烹饪历史》，把不到300年的美国烹饪历史分为十个时期，从形成原因、饮食风情、菜点制作等多个方面详细地加以叙述。意大利、法国、英国则更有厚厚的烹饪历史书籍。第二，以原料的选择、烹饪为主的历史。如美国人马克·科尔兰斯基（Mark Kurlansky）撰写了《盐》和《鳕鱼》（*A Biography of the Fish That Changed the World*）等书。《鳕鱼》一书介绍了有关鳕鱼的传奇故事、各种人物和鳕鱼战争，记述了鳕鱼的营养价值和在各个历史时期制作的佳肴，指出鳕鱼在世界历史的发展中占有不为人知的一席之地。英国人休·约翰逊（Hugh Johnson）是英国著名的葡萄酒评论家，撰写了《酒的故事》（*Story of Wine*）一书，通过大量的数据和文献资料、轶闻掌故以及精美的图片，追溯了葡萄酒曲折复杂而又妙趣横生的历史，从中可以了解古代西方的酒宴、14世纪欧洲葡萄酒的海运路线以及橡木酒桶、香槟的发明与使用等。英国国际葡萄酒大师学会葡萄酒大师、英国《观察家》专栏作家蒂姆·阿特金评价说："《酒的故事》是休·约翰逊的杰作，将他作为作家、品酒家和历史学家的多重天才融会贯通，臻于卓越境界。……举凡葡萄酒的方方面面，从干红葡萄酒的诞生，到新世界葡萄酒的崛起，巨细无遗，都有启人心智的章节进行专述。"此外，英国人希维尔布希（Wolfgang Schivelbusch）撰写出版了《味觉乐园——看香料、咖啡、烟草、酒如何创造人间的私密天堂》（*Das Paradies, der Geschmack und die Vernunft*）一书，介绍香料、咖啡、烟草、酒在西方国家是如何被使用和看重的，也探讨了这些"享乐物品"是如何影响近现代人类历史的。第三，以菜单或厨师为主的历史。这也是西方烹饪历史中最有特色且引人注目的一个方面。法国人菲利普（Philippe Mordacq）编撰出版了插图本的菜单历史书《菜单》（*Le Menu*）。在书中，他收录了在西方各国博物馆等处珍藏的 18—20 世纪的各种菜单，并且进行了详细的分析与论述，从中可以看到丰富多彩的菜单内容和形式，也可以了解西方人很早就重视菜单的设计与制作。法国人罗伯逊（Robuchon）撰写出版了《烹饪与厨师历史》（*Histoire de la Cuisine et des Cuisiniers*）一书。在这本书中，他记载了西方从公元前至 20 世纪末各个阶段的贡献突出而又著名的厨师，并且大部分名厨都有长短不同的传记，是十分珍贵、具有重要意义的烹饪历史典籍，从中可见西方人对美食创造者的重视。

2．烹饪美学与哲学类

西方烹饪典籍常常极为深刻地分析和论述了烹饪美学与哲学问题。如 1825 年，法国人布里亚·萨瓦兰（Brillat Savarin）写作出版了《味觉的生理学》（*Physiologie du goût*，中译本《厨房里的哲学家》）一书。在书中，他阐述了饮食美感产生的原因等问题，并且指出美食不仅是一种感官享受，更隐含了人类一切知识的泉源与省思。因此，"美食餐会"所带来的喜悦与满足，是一种沉思的喜悦与满足，不但要求化学般严格的烹调步骤，还需要足够敏感的心灵以选择吃饭的地点、对象，才能享受最极致的喜悦。这本书及其思想观点产生了较大的影响，使得他被誉为法国美食主义的奠基人。又如，当今美国人卡罗琳·考斯梅尔（Carolyn Korsmeyer）撰写、出版的《味觉》（*Making Sense of Taste*）一书，副标题为"食物与哲学"。在这本书中，作者从感官等级出发，逐一介绍了趣味哲学、味觉科学、味觉的文化意义、味觉与视觉的关系，以及味觉在文学艺术中的种种表现，从生理学、心理学、哲学等角度探讨了味觉与趣味即食物与文化的关系，指出饮食作为一种活动对于人们的意义远远不止是带来快感，也不只是提供人们必需的营养，还是待人接物、节日庆典、宗教仪式及公民活动的重要组成部分。

3．烹饪艺术类

西方人不仅重视烹饪艺术的创造，而且注重对烹饪艺术的鉴赏和传播，因此西方的烹饪艺术类典籍主要包括两个方面：第一，关于烹饪艺术创造的典籍。美食需要美好的环境配合、烘托，美食是通过烹饪加工创造的，而美的环境则是通过器皿、餐桌装饰和室内进餐环境的设计、装饰创造的。美国人克里斯·乔丹（Chris Jordan）撰写、出版的《餐巾折叠法》（*Simply Elegant Napkin Folding*），具体地介绍了餐巾折叠的诀窍和基本的折叠方法，意在使餐桌更富有艺术性和美感，给每一个就餐者增添几分温馨与愉悦。美国人马丁·佩格勒则撰写、出版了《主题餐厅设计》《咖啡厅设计》《娱乐餐饮空间设计》等书，详细介绍了餐厅、咖啡厅、酒吧等餐饮场所的设计方法、原则，并记载和分析了许多具备强烈艺术气息的餐饮环境实例，具有很高的操作性和实用性。第二，关于烹饪艺术鉴赏与传播的典籍。如法国许多著名酿酒师公认的葡萄酒权威米歇尔·爱德华兹（Michael Edwards）撰写了《红葡萄酒鉴赏手册》（*The Wine Companion*）。它不仅介绍了红葡萄酒的历史，介绍了红葡萄酒复杂的酿造过程和顶级红葡萄酒的生产过程，还介绍了不同地域的葡萄品种、所有重要而著名的葡萄酒品种，尤其是介绍世界著名的葡萄酒品种时每一篇都有专业试酒点评以及作者对各种款型和年份的个人意见，是一本红葡萄酒的综合鉴赏指南。与这本书一起作为《鉴赏与品味系列》丛书出版的还有许多，其中，与饮食有关的包括《白葡萄酒鉴赏手册》《香槟鉴赏手册》《威士忌鉴赏手册》《干邑鉴赏手册》《啤酒鉴赏手册》《巧克力鉴赏手册》《干酪鉴赏手册》《咖啡鉴赏手册》《茶鉴赏手册》《雪茄鉴赏手册》等。这些书的作者都是相应的专家，分别在各自的书中记载和阐述了白葡萄酒、香槟、威士忌、干邑、啤酒、巧克力、干酪、咖啡、茶和雪茄的历史、品种、酿造、品质、品评方法，使人们能够从不同角度鉴别和欣赏它们。在法国，有一类特殊的典籍叫美食指南。这类书籍不仅向人们介绍美馔佳肴，而且鉴赏、评价菜点的优劣，具有监督饮食制作、指导食客品评的作用。其中，影响最大、最权威的是法国知名轮胎制造商米其林公司编撰出版的《米其林美食指南》。它最初诞生于1900年，主要介绍全法国餐馆，并根据菜肴质量、餐馆服务等情况授予1～3星级，为美食爱好者指出了方向和方法，"是所有喜爱把美食和旅行结合在一起的人的圣经"。《米其林美食指南》自创始起至今已100余年，其星级评定和编撰出版已扩大至许多国家的城市，如美国纽约和中国香港、澳门、北京等，一直遵循五项原则和承诺，即匿名造访、独立客观、精挑细选、每年更新、标准一致。这五项也正是该美食指南的核心价值。此外，西方人也利用现代传媒手段摄制了较多的饮食类影片，其中最著名的是由克劳德·茨迪（Claude Zidi）执导、路易·德·菲耐斯（Louis de Funès）等主演的《美食家》。

（三）烹饪科学类

西方的烹饪科学典籍非常繁多，而最集中的是营养学方面的典籍。

1. 烹饪营养类

仅以营养学而言，它是一门研究食物与人体健康关系的综合性学科，与饮食、烹饪紧密相关，其目的是通过合理膳食增强人们体质，提高其对各种疾病和内外有害因素的抵抗力，延长寿命。因此从诞生之初，西方人就开始微观、具体、深入地分析、研究食物中存在的各种营养成分及其含量、对人体的作用等问题，写下众多的营养学著作，逐渐建立起内容丰富的学科体系。它既包括研究人体营养需要的理论部分，如基础营养学、实验营养学、营养生理学等；也包括实践性极强的应用部分，如公共营养学、临床病人营养学、儿童营养学、老人营养学、运动营养学和烹饪营养学等。烹饪营养学则主要是运用营养学的基础理论、基本原理和基本实验技能研究饮食烹饪过程中的营养问题以及对人体健康的影响，并研究如何通过合理的烹饪手段提供平衡膳食来满足人体的生理需要。西方各国都有关于营养学与烹饪营养学的书籍，有的注重全面阐述理论，有的重在普及、运用。如法国有《营养学日历》。英国人托马斯（Thomas Tryon）在1691年编写、出版《健康之路》（The Ways to Health）一书，探讨了饮食与人体营养健康的关系，告诫人们要注意"肉、酒、空气、锻炼"。美国有关饮食与营养、健康的书籍更多，有南希·牛金特的《食品与营养》、里切西尔的《加工食品的营养价值手册》、艾尔·敏德尔的《营养补品圣典》以及阿德勒·戴维斯的《吃的营养科学观》，还有詹姆斯·约瑟夫的《有色食物吃出健康》、安德鲁·韦尔的《怎样吃才健康》、巴里·西尔斯的《食无禁忌》、威斯顿（Waston）的《哲学家的食谱——如何减轻体重改变世界》。其中，《吃的营养科学观》以通俗易懂的语言介绍了现代营养学新的知识和观念，告诫人们注重日常饮食中的合理营养以确保健康，因此成为营养学领域的经典著作和畅销许多国家的食物营养与健康指南。

2．其他类

除了烹饪营养学之外，西方在烹饪卫生学、烹饪化学、食品微生物学等方面也有不少典籍，如法国人费兰多的《食品中的有害物质》、英国人赖利的《食品的金属污染》，属于烹饪卫生学方面的书籍；而美国惠斯特勒的《淀粉的化学与工艺学》、法国卑诺的《葡萄酒科学与工艺》等，则与烹饪化学、食品微生物学密切相关。但是，西方国家的烹饪科学典籍中极少有专门的烹饪原料学典籍，而有关烹饪原料特性、用法等的介绍常常包含在烹饪技术类书籍之中。如今，美国的阿兰·赫希（Alan Hirsch）还撰写了《吃食品定性格》（What Flavor is Your Personality？）一书，在对白领人群食品情调的调查基础上，探讨了嗅觉、味觉与人的性格之间的关系，指出喜好不同食物的人具有不同的性格，主张"对食物的选择能提供我们认识自身个性的见识"。

（四）综合类

以目前所知而言，西方国家属于综合类的烹饪典籍为数相对不多。其中，内容较为广泛、影响较大的是百科全书式的烹饪书和部分叙事著作。如19世纪时，英国人马萨尔（Marshall）撰写、出版了《实用烹饪术百科全书：一部所有有志于烹饪艺术和餐桌服务者的完全字典》（The Encyclopaedia Of Practical Cookery: A Complete Dictionary of All Pertaining to the Art of Cookery and Table Service），全书分为24个部分，记载和论述了烹饪方法、菜点品种等多个方面的内容。法国人蒙塔内（Prosper Montagn）与戈特沙尔克博士（Cottschalk）合作编辑的《美食百科全书》，也是一部经典的法国烹饪重要参考书。到20世纪以后，英国人阿兰·大卫德森（Alan Davidson）编写了更加全面的《牛津食物指南》（The Oxford Companion to Food）。该书以词条的形式，比较全面而简明地记载和叙述了世界各国的饮食风貌、历史、部分名人，介绍了各种常见和特色原料的性质、烹饪方法、食用历史，还介绍了世界各地著名菜点、饮料等的制作方法以及相关的营养、卫生等，可以说是一本以辞典形式出现的烹饪百科全书。英国人蒂利娅·史密斯（Delia Smith）的《英国食物》（*Food in England*）则全面记载和叙述了英国的食物原料、烹饪方法、菜肴品种、饮食历史、进餐方式等，是了解和研究英国饮食烹饪技术、文化与科学总体状况的重要典籍。美国也有类似的全面记载和叙述本国饮食烹饪技术、文化与科学的典籍。

除了百科全书式的烹饪书外，还有部分具有综合意义的叙事著作。如 19 世纪时，英国人赫伯特（Herbert）上校编写、出版了《马德拉斯厨房略记》（*Culinary Jottings for Madras*）。书中记载了他所喜欢的食谱以及相关的历史资料、字源解释、传说轶事，并且叙述了选择这些食谱的原因以及如何选择原料、如何烹饪等。沃特斯（W.G.Waters）夫人编撰、出版了《厨师十日谈》（*The Cook's Decameron*），以类似日记体的格式记叙了 19 世纪欧洲上流社会人士对烹饪的探讨与实践，同时记载了 200 多道意大利菜肴及其制法，它是了解 19 世纪西方饮食文化的重要参考资料，被列为 19 世纪八大经典烹饪书之一。

第二节　西方饮食文献

饮食文献是指涉及饮食烹饪之事的所有文献与资料。西方饮食文献广泛存在于西方国家自然科学、社会科学各方面的相关文献之中，数量巨大，内容丰富，难以全面、细致地论述。这里仅按照饮食文献所涉及的内容，主要分为哲学宗教、文学艺术、道德法规等类别进行阐述。

一、西方哲学宗教类

（一）哲学宗教类饮食文献的特点及成因

综观西方哲学与宗教的主要典籍可以大致看出，其涉及饮食烹饪之事的文献相对较少，论述的内容较为单一却很细致。这个特点的出现，最主要的原因是与西方哲学、宗教总体特点和思想观念一脉相承的。

首先，从哲学来看，长期以来西方的哲学在总体上具有较强的宗教性和科学性。张世英先生在《中国大百科全书·哲学卷》中指出：西方哲学是"与科学息息相关、与宗教相互渗透而又相互对立的"。西方哲学从古希腊开始便与自然科学结下了不解之缘，当时的哲学家同时也是科学家，他们往往从宏观上观察自然界以对自然普遍原理的求索开始，正如古希腊哲学家亚里士多德所说，哲学是从对自然万物的惊讶而发生的，希腊人探索哲理"只是为想脱出愚蠢。显然，他们为求知而从事学术"（亚里士多德《形而上学》）。中世纪时，基督教神学占据了思想领域的统治地位，哲学几乎完全受基督教教会的支配，充当着宗教神学的奴婢，科学也遭受同样的命运，但是在中世纪占主导地位的经院哲学仍然运用形式逻辑的方法分析问题、推论事实，在一定程度上维护着理性和思维的作用。到 16 世纪文艺复兴以后，哲学逐渐摆脱了基督教神学的支配，继续与自然科学保持着紧密的联系，并且运用自然科学的方法即以实验和观察为基础的归纳法和数学演绎法解决哲学问题，注重对自然界进行分门别类的研究，注重对各种事物和现象进行详细的解剖、分析和论证，可以说近代哲学对科学的方法进行了概括，也接受了科学方法的洗礼，既讲究形式逻辑，同时又联系科学所提供的事实，十分重视分析、体系以及论据、论证。因此，西方哲学中极少涉及饮食烹饪之事，但是，就是在这为数不多、内容较为单一的饮食文献中却又非常细致地分析、阐述了有关饮食的某一个或几个方面的问题。

其次，从宗教来看，西方的宗教以基督教为主。基督教主张日常饮食应当以有利于肉体的存在、荣耀上帝为目的，不能以满足自身的欲望为目的。罗伯特·马库斯曾经指出："真正的基督教信念经常表现为采取某种形式的禁欲生活。独身、乐贫和克己一直受到人们的崇尚，教会团体的领导人和宗教上层人士靠拥有这些优良的品质把自己与社会上的大多数人区别开来，而修道团体则靠忠实恪守修道律规确立了它们的地位"（约翰·麦克曼勒斯主编《牛津基督教史》）。基督教把绝大多数注意力集中在人的心理与精神上，提倡禁欲主义生活态度，对饮食的要求是简约且不损害身体，在各种文献中必然只有数量较少、内容单一的论述。

（二）涉及饮食的主要哲学著作

在西方哲学中，涉及饮食的文献主要有法国傅立叶的《傅立叶全集》、维克多·孔西得朗的《社会命运》、英国托马斯·莫尔的《乌托邦》、威廉·汤普逊的《最能促进人类幸福的财富分配原理的研究》、意大利康帕内拉的《太阳城》，以及美国凡勃伦的《有闲阶级论》等。它们涉及饮食的内容主要有以下两方面。

1．提出了不同的饮食观

在这些哲学著作中，不同国家的哲学家提出一些不同的饮食观点。如法国思想家傅立叶在其著作《经济的新世界或符合本性的协作的行为方式》中提出了美食与美食学的观点，认为美食嗜好是人的原动力之一，在协作制度下是智慧、知识、社会协调问题的根源，应该倡导美食。他在该著作的第四编"引力的结构与和谐"中用两章的篇幅论证这个观点，同时还阐述了美食学的有关问题。他指出，"嗜食美味对无论什么年龄的人都不会失去支配力：这是一种长久不变的情欲，是唯一的从摇篮时期直到生命终止时都占支配地位的情欲"，指导生产的基本原理即是普及美食嗜好，因为"通过消费者对食品、衣着、家具和娱乐普遍的严格要求和讲究，便会使生产达到普遍完善的境界"，如果在美食这个产生劳动引力的方面没有热烈嗜好，人们便不能生机勃勃地热爱农业工作，也不会热烈地竭尽全力来为农业争做贡献。他还指出，"味觉是一部四轮车，这四个轮子是美食、烹调、腌制、农作物""美食只有在下面两个条件下才是值得赞美的：一是它能直接应用于生产，与耕种和烹调食物衔接、配合，并吸收美食家参加农业和炊事；二是它能促进工人大众的幸福，并使平民具有文明制度下的游手好闲者所擅长的讲究美食的嗜好"。他通过仔细观察后发现，"对于饮食最有自制力的人是厨师。他们是严格的鉴赏家，最善于品评菜肴，而又不陷于贪馋无度。他们是能随意摄取美食的人中最有节制的一种人"，因此提出，"不管是对儿童还是对父辈，防止餐桌上暴饮暴食最好是采取这样一种办法，这就是要使大家都成为烹调家和讲究美食的人，从而把美食与烹调、腌制和农业这三种活动联系起来，并且与按照人的气质序列逐级调整的保健联系起来。"傅立叶的这些饮食观点是很有见地的，尤其是将美食与烹调、腌制、农业等生产结合看待，倡导有意义的美食则更加独到。

但是，英国思想家威廉·汤普逊对饮食又有另一种较为对立的观点，认为人体健康是幸福的首要条件，也是食物的最高目的，应该提供有助于永久健康的食物，而放弃对美味的追求。他在《最能促进人类幸福的财富分配原理的研究》中论证指出，"食物的一切功用——满足口味，解决饥饿，增加力气，使人们丰满而美丽，有助于智力和精神的发挥，促进某一特殊感官的享受——没有一项不应该完全服从于永久健康的保持"，食物的最主要功用和目的是增进健康，其次才是满足口味，这是因为增进健康就可以获得各种幸福和最大的享受，"如果牺牲健康来满足食物的任何这些次要的目的，你就不仅为了其中的一项而牺牲了其他一切快乐，而且将会发现由于缺少一般的健康而甚至丧失了对于你所追求的那一项的享受能力，并且同时养成了一种败坏了的食欲，消灭了一切自制力和更新身体组织的力量"。这样一来，"永久的健康既然是要食物所达到的最高目的，次要的败坏了的富人的或穷人的口腹之欲等目的就必须同样被放弃"。

2. 设计出西方的饮食理想国

正因为有不同的饮食观点，在理想社会中便有了不同的饮食生活状况。在傅立叶所描绘的理想社会中，人们在追求健康食品的同时也追求美味食品。威廉·汤普逊所描绘的理想社会则放弃美味，只提供"最有助于永久健康的那一类食物"。英国的托马斯·莫尔在《乌托邦》中描绘的理想社会则介于二者之间，人们"把健康看成最大的快乐，看成所有快乐的基础和根本""饮食可口，以及诸如此类的享受，他们喜欢，然而只是为了促进健康"，他们特别注重饮食的养生健身作用，为此做了不懈努力。

但是，无论如何，哲学家们都详细设计和描绘了理想社会的饮食生活蓝图。法国人埃蒂耶纳·卡贝的《伊加利亚旅行记》中描述说，在理想国，"一切有关食品的问题无不由法律明文加以规定，法律准许或禁止人们食用某种食品"，国中设有专门的食品委员会，在全体公民的协助下，负责把食品编列成表，注明各个食品的好坏、营养的高低，并且在良好食品中标明哪些是必需的、有益的或味美可口的，然后汇编成册，发给每户人家，全面普及营养知识。国家则按照必需、有益、味美可口的顺序组织食品生产，并平均分给全体公民。食品委员会还提出每种食品最适宜、最方便的烹调法，汇编成《烹调指南》，发给每个家庭。并且"经过仔细的讨论，规定出每日用餐的次数、开饭钟点、用餐时间长短、菜肴的样数、菜谱和上菜的次序""食谱则不仅按季节和月份有所不同，而且每天都变换花样，做到一个星期里没有一顿食谱是重复的"。为了充分地实行理想国的食品制度，也为了节约食物资源、减轻家务劳动、增加人与人之间的友谊，使人们吃得健康、吃得快乐，理想国采取了家庭个别进餐和食堂或餐厅共同进餐相结合的饮食方式。通常而言，每日的主要饭食——早餐和午餐在公共食堂或餐厅制作并食用，只有晨点和晚餐或夜宵在家庭制作并食用。在公共食堂或餐厅，人们对食物的选择和菜单设计都是由医生完成。医生根据医学要求来鉴别食物对人体健康的作用，然后按季节选择最有益健康的食物，并负责设计出菜单，吩咐厨师给老幼、年轻人和病人做各种不同的膳食。厨师制作饭菜则较为轻松，原因有二：一是所有的食物原料都由各大型食品仓库负责配送，而对这些原料的最起码要求是非常清洁卫生，厨师得到原料后可以直接烹调成菜。二是许多食品已采用工业化、规模化生产。如一个大型面包厂有五六幢并排的大厂房，分别用来放面粉、和面与做面包坯、置烤炉、贮燃料、存面包。面粉和燃料一旦运进厂里就全部由机器操作，一些大导管专门把面粉倒进和面机，另一些导管根据需要加水，接着机器和面、切块、制成面包坯并送入烤炉，另一些机器加燃料，最后由机器把烤好的面包送进储存房。这样，厨房里的手工劳动大大减少，烹饪变得更有乐趣，厨师则在轻松愉快的气氛中精心制作丰盛的美食。可以说，在理想国，从制定饮食法律、编制营养食谱、营养师配膳，到净菜加工配送、工业化烹饪、个别与共同进餐结合等，整个设计非常全面而细致。这是西方的一些哲学家尤其是空想社会主义者用较大的精力对社会进行超前性探索的成果。值得注意的是，西方哲学家们所描绘的部分食品制作场景，如大型食品配送仓库、食品机械生产等，在当今社会已极为普遍。

（三）涉及饮食的主要宗教著作

在西方宗教中，涉及饮食的文献主要有《圣经》，包括《旧约》和《新约》。《圣经》对饮食提出了两个方面的观点：第一，提出了较少的饮食禁忌，主要是禁食动物血和勒死的牲畜等。第二，通过一些事例和语言告诫人们不应为了满足自身的欲望而追求美食、美酒。《旧约·创世记》中记载了人类始祖亚当、夏娃偷食禁果而犯罪、被逐出伊甸园的故事，告诫人们不能受自己欲望的诱惑去追求美食。《新约·马可福音》记载，基督教先驱约翰在旷野施洗传道时，"穿骆驼毛的衣服，腰束皮带，吃的是蝗虫野蜜"，过着清苦的日子。

二、西方文学艺术类

（一）文学艺术类饮食文献的特点及成因

在西方国家，涉及饮食的文学作品较为零星，并且正面歌咏、纯粹赞美饮食的相对较少，大多另含寓意，很少有就饮食论饮食者；但是，艺术作品却较多地涉及饮食。究其原因，主要是西方人的文化传统和文艺美学观点共同造成的。

首先，就文化传统而言，西方人深受古希腊文化和基督教文化的双重影响。在早期，西方人主要受古希腊文化的巨大影响，而古希腊文化的一大特点是关注自然、注重现实人生，热衷世俗生活。邹广文在《人类文化的流变与整合》中指出："希腊的文明，是建立在自由、乐观主义、世俗主义和理性主义的理想之上的，它既尊重肉体也尊重心灵，对个体的发展与完善也给予了高度的重视。"饮食作为世俗生活的一部分、关系到人体的健康与发展，必然也受到极大的重视。到了中世纪，基督教成为西方人精神生活的主导。基督教宣称人类始祖亚当、夏娃经不起诱惑、偷吃禁果而使人类永远负有原罪，"把人类始祖所犯的'原罪'当作整个宗教神学的出发点，并使这种'原罪'意识深深地植根于人的主观世界中，成为信仰的一种痛苦的心理保证"（赵林《西方宗教文化》），从而使人们认为饮食是物质的诱惑、堕落的象征，与精神的救赎格格不入，人们最应该关注和思考的是个人怎样通过信仰上帝来得救，绝不能注重饮食。但是，即使在基督教处于统治地位的中世纪，也没有让人们完全放弃古希腊文化，实际上中世纪后期的基督教始终处于对亚里士多德哲学的妥协与抨击之间摇摆不定。许多西方学者指出，中世纪存在着两个教皇，一个是罗马天主教皇，凭借庞大的教会组织及教义统辖着社会和人们的习俗、信仰；另一个是文化与科学的教皇——亚里士多德，以巨大的智力功绩从思想上统摄着整个人文世界，尤其是人的理智追求处在其难以摆脱的辐射之中。文艺复兴以后，古希腊文化和基督教文化则进一步在西方国家不同程度地影响着人们的思想和行为。因此，西方各国的人对待饮食的态度各有不同：意大利、法国人大多受希腊文化影响较重，比较重视饮食，并在一定程度上追求和赞扬美食；英国人和美国人大多受基督教影响较重，比较忽视饮食，很少追求和赞扬美食。有人形象地指出：法国人认为活着是为了吃，英国人认为吃是为了活着。林语堂在《吾国吾民·饮食》中更形象地描绘道："在欧洲，法国人和英国人各自代表了一种不同的饮食观。法国人是放开肚皮大吃，英国人则是心中略有几分愧意地吃。"对此，丹麦著名导演加布里埃尔·阿克塞尔（Gabriel Axel）1987年执导的电影《巴贝特的盛宴》（*Babettes gæstebud*，又译名 *Babette's Feast*）更进行了生动形象地展示。

其次，就文艺美学观而言，西方的文学艺术主张"诗画有别"，从古希腊的亚里士多德、文艺复兴时的达·芬奇，到启蒙运动时的莱辛以及后来的黑格尔，都认为诗主要是表现人的精神观念的，画主要是表现感性现实和外在形象的，二者有明显的区别。达·芬奇曾将诗与画进行对比后指出，诗的重要特征是伦理精神，画的重要特征是自然科学，"诗在诗人心中或想象中产生"，而画是自然的镜子，必须通过模仿、再现自然和社会生活才能产生，强调画家的心应当像一面镜子，"如实摄进摆在面前所有物体的形象"（《达·芬奇论绘画》）；同时指出"在表现言词上，诗胜画；在表现事实上，画胜诗"（汪流等编《艺术特征论》）。黑格尔从艺术史的角度对诗与画的特点进行考察，指出画在提供明确的外在形象上有优势，在表现精神生活上有缺陷；而诗既能表现主体的精神生活，又能表现客观世界的具体事物和社会生活，并且不像绘画那样受时间、空间、情节等局限，能够表现"所写对象的深度以及时间上发展的广度"并"统摄许多本质定型于一个统一体""诗的原则一般是精神生活的原则"（黑格尔《美学》第三卷下册）。他认为艺术越来越向人的精神领域延伸，诗便是艺术的最高形式，胜于画，而画是以"感性现实和外在定型"为主旨的，与表现人的精神（心灵）观念的诗有明显的区别。因此，在西方，饮食作为社会生活的组成部分，属于现实的和不被许多人重视的，便很少出现在以诗歌为代表的注重表现精神观念的文学作品里，虽然在小说中有所描写，但也少有赞美之词尤其是纯粹的对饮食本身的赞美；相反，饮食则较多地出现在以绘画为代表的注重再现自然现实的艺术作品中，尤其是动植物原料、餐饮器具、饮食风貌等更是绘画常常描绘的对象。

（二）涉及饮食的主要文学作品

在西方文学作品中，涉及饮食的诗歌和小说数量不多，并且在写饮食时常常另有寓意，正面歌咏、纯粹赞美饮食的相对较少，但是却因为饮食活动及饮食品产生了新的文学形式和流派。

1. 诗歌与小说

最早涉及饮食烹饪的文学作品要数古希腊的荷马史诗《伊利亚特》《奥德赛》。荷马史诗中不仅用优美的语言描述和赞美了希腊英雄和凡人的食物原料、美酒佳肴，而且还详细地描绘了他们制作美食、宴饮聚会的全过程等。如《伊利亚特》描述道，当英雄俄底修斯一行抵达阿喀琉斯的营棚时，主人阿喀琉斯让帕特罗克洛斯用美酒和烧烤的羊肉、猪肉等佳肴来款待，"帕特罗克洛斯得令而去，遵从亲爱的伴友，搬起一大块木段，扔进燃烧的柴火，铺上一头绵羊的和一头肥山羊的脊背，外搭一条肥猪的脊肉，挂着厚厚的油膘。奥忒墨冬抓住生肉，由卓越的阿喀琉斯动刀肢解，仔细地切成小块，挑上叉尖"，当肉块烤熟后脱叉、放入盘中，"帕特罗克洛斯拿出面包，就着精美的条篮，放在桌面上；与此同时，阿喀琉斯分放着烤肉。随后，他在对面的墙边坐下，朝着神一样的俄底修斯，嘱告帕特罗克洛斯，他的伙伴，献肉祭神，后者把头刀割下的肉扔进火里。祭毕，他们伸手抓起眼前的佳肴"，宾主开始大吃大喝起来。从荷马史诗的描述中可以看出，当时的英雄们常常喝美酒、吃烤肉和面包等，他们似乎没有专职的厨师，而是与伴从等人一起烹制食物。此外，荷马史诗虽然没有提到具体的蔬菜，却列举了葡萄、梨、苹果、无花果和石榴等水果。可以说，以荷马史诗为先河，西方各国先后出现了一些涉及饮食烹饪的文学作品。

在英国，14世纪人文主义作家乔叟的《坎特伯雷故事集》生动地描写了当时英国不同地区人们的不同饮食生活，将富人的山珍海味与穷人的粗茶淡饭进行了鲜明的对比。但是，英国最著名的文学家莎士比亚的作品却罕见关于饮食的描述，其名著《哈姆雷特》中关于吃仅有三句问话。在意大利，著名诗人但丁的长诗《神曲》把吃视为一种罪过，在《地狱篇》的"饕餮者"和《炼狱篇》的"兴高采烈的节制食欲者"中都涉及饮食，但地狱里的食者因贪吃而获罪，他们形同畜生，吃得狰狞恐怖，受风吹雨打之苦，作者以此颂扬节制食欲、反对贪吃。人文主义著名作家薄伽丘的《十日谈》也涉及饮食，但并非就饮食论饮食，如"白鹤的故事"详细描绘了厨师以高超技艺烹饪白鹤给富人食用的情形，但核心却在表现和赞美厨师巧妙应对的聪明才智。在美国，海明威的《老人与海》多次写到吃，但这里的饮食仅仅是作为道具，旨在点明人与自然、人与自我无望抗争的生存本能，"饿了，便吃一条小鱼，生吃，为了获得足够的热量"。约翰·斯坦贝克的《愤怒的葡萄》也涉及饮食，但那是为了描述美国流民的困苦生活、揭露现代工业社会的非人性本质，小说写道："咖啡在船上当燃料烧，玉米被人烧来取暖，把土豆大量地抛到河里，岸上还派人看守着，不让饥饿的人来打捞。……愤怒的葡萄充塞着人们的心灵，在那里成长，结得沉甸甸的，准备着收获期的来临"。

与西方其他国家相比，法国涉及饮食的文学作品是最多的，但主要集中在小说中，有巴尔扎克的《人间喜剧》、左拉的《小酒店》、莫泊桑的《漂亮朋友》、拉伯雷的《巨人传》、普鲁斯特的《追忆逝水年华》、桑德拉的《朗姆酒》等，它们有的以大量篇幅描绘和赞美饮食，有的还借助饮食表达更丰富的内涵。如现实主义作家巴尔扎克就是一个地道的乡土风味美食的爱好者，他不断提到："尽管在乡下我们无法吃到如巴黎般豪华的料理，但是，我们却可以真正品尝到丰盛而地道的家乡料理。经过日积月累的沉思与研究，使得每一道菜都是一道哲理。"他在系列小说《人间喜剧》中多次描述地方美食，尤其是他出生之地图尔的熟肉酱、奥克尔的红酒洋葱烧野味等。如果说巴尔扎克和左拉用小说真实、客观地描绘法国当时的饮食生活，那么拉伯雷的《巨人传》则主要是借助对饮食的极端需要表达更丰富的内涵。《巨人传》的主人公名叫庞大固埃，他宣称饮食既是需要也是享受，"大口大口地吃面包、火腿。肉真香，酒真美，吃了一块又一块，喝了一杯又一杯。生活离不开美食，离不开美酒。吃是一种需要，更是一种享乐"。他每餐要喝4600头母牛的奶，吃数量巨大的食物，而这夸张的食量和猛烈的吃喝，其实象征着文艺复兴时期人们对知识的极端渴求和摄入；他的名字也体现着这层意义，庞大固埃在希腊语中意为"十分干渴"、在法语中意为"大食量、好胃口"。

2．戏剧及其他

在西方文学中有一个特殊的现象，那就是因一个饮食活动或饮食品种产生了一种文学形式或文学流派。最典型的如由古希腊酒神祭上的歌舞表演而产生了戏剧这一文学形式。据《中国大百科全书·戏剧卷》载，大约在公元前6世纪，希腊各地便开始在每年的冬春两季举行酒神祭祀大典。在春季祭典上，有人化装成酒神的伴侣——牧羊人萨提洛斯，与众人一起歌舞，赞颂酒神的功绩，这种赞歌称为"酒神颂"；在冬季祭典上，人们化装成鸟兽，载歌载舞，狂欢游行，这时的歌叫作"komos"（意即狂欢队伍之歌）。后来，阿里翁在表演酒神颂时临时编唱诗句来回答歌队长的问题，旨在叙述酒神的事迹。到公元前534年，雅典创办"大酒神节"，泰斯庇斯首先在酒神颂的歌舞中加进一个演员，轮流扮演几个人物，并与歌队长对话。接着，埃斯库罗斯加进第二个演员，有了正式的对话以表现冲突和人物性格，悲剧由此诞生，而埃斯库罗斯则被称为悲剧的创始人。亚里士多德指出："悲剧是从酒神颂的临时口占发展出来的。"这里的悲剧在希腊语中意为"山羊之歌"，着意在"严肃"而不在悲伤、悲痛。而"狂欢队伍之歌"在希腊的墨加拉则发展成为滑稽戏，可算作原始的喜剧。喜剧在希腊语中意为"狂欢歌舞剧"，人物比悲剧多，歌队的作用较小。在随后的雅典酒神节活动中开始举行戏剧表演比赛，优胜者将获得一定奖励，并受到尊敬和祝贺。可以说，酒神祭祀不仅创造了希腊和欧洲的戏剧，而且有力地促进了它的发展与兴盛。

此外，由一杯茶、一块点心而出现了意识流这一文学流派，其代表是法国普鲁斯特《追忆逝水年华》中最核心、最精彩的片段"茶与点心引出的天地"。而深受普鲁斯特影响的法国作家菲利普·德莱姆虽然没有归入意识流派作家，但是却按照意识流派作家注重细节与情感结合的写作手法，在短文集《第一口啤酒》中细致入微地描写了法国饮食风貌及其感受，让人感到清新美好、赏心悦目。

（三）涉及饮食的主要艺术作品

在西方艺术中涉及饮食的作品主要是绘画作品，其数量较多，内容也较为丰富，并且大多集中在静物画、风俗画等种类的绘画之中。

1．静物画

所谓静物画是指以日常生活中无生命的物体为题材的绘画，最早只是作为宗教画或肖像画背景上的点缀，从16世纪开始在欧洲发展成为独立的画种。静物画的对象多为菜肴点心、蔬菜水果、炊餐器具、厨房设施以及花卉、书籍、乐器、灯具、死去的动物或动物标本等，因此在西方的静物画中大量描绘了与饮食有关的内容。早期的静物画常常具有各种宗教寓意或其他象征意义，如描绘面包、酒水，是隐喻耶稣受难；描绘水果、蔬菜、花卉等，则象征时令变化、四季转换等。后来的静物画还成为训练观察能力、造型能力和色彩表现能力的重要手段。17世纪时，画家海姆所描绘的各种水果质感强烈、色彩瑰丽。18世纪时，法国画家夏尔丹将题材范围扩大到不常为人描绘的朴实、简单的厨房用具和食物上，把非常普通的对象变成了富于美感的艺术品。此后，涉及饮食的静物画十分众多，著名的如加拉华乔的《水果篮》、舍赞的《苹果静物写生》、凡·高的《餐堂内部》、毕加索的《桌子上的面包和水果盘》、玛莉·贝莉的《最佳甜点》、帕特里沙·鲁萨达的《极品巧克力》等。

2．风俗画及其他

所谓风俗画是指以社会生活风貌为题材的绘画，16世纪时在欧洲发展为独立的画种。在西方的风俗画中大量描绘了饮食风貌、宴饮场面、餐饮场所等与饮食有关的内容。其著名的作品有许多，如雷诺阿的《煎饼磨坊》《船上的午餐》《草地上的野餐》，德加的《喝苦艾酒的女人》，马奈的《草地上的午餐》，毕加索的《草地上的午餐》《盲人用餐》《吃土豆的人们》，凡·高的《夜间咖啡屋》《夜间的露天咖啡座》《铃鼓咖啡屋的女人》等。其中，雷诺阿的《煎饼磨坊》以巨大的尺幅、庞杂的构图，生动描绘出热闹欢乐的气氛，而德加的《喝苦艾酒的女人》则以怪异的歪斜构图与灰暗色调透露出都市人的苦闷与疏离感。

除此之外，宗教画、历史画、风景画等也涉及与饮食有关的许多内容。最著名的作品要数达·芬奇的《最后的晚餐》。以基督被捕前和门徒最后会餐诀别的题材作画于修道院饭厅是教会的惯例，但是达·芬奇在构图上却有非常独到之处：他一反传统的人物平列于餐桌的形式，以激烈的手势动作把12门徒连成4组，基督独立于中央，集中表现基督说出"你们中有一人要出卖我"这句话引起的骚动，除叛徒犹大外的11人各依性格而表露惊恐、愤怒、怀疑、剖白等神态，通过手势、眼神和倾身而起以显示对基督的忠诚和关怀，只有犹大颓然后仰、神色慌张。人物的典型性格与画题主旨密切结合，使它成为最完美的艺术杰作。另外，提香的《酒神祭》《酒神与阿丽亚德尼公主》，米开朗基罗、卡·拉瓦乔的《酒神巴库斯》，雷尼《饮酒的婴儿酒神》《少年酒神》，鲁本斯《酒神节的狂欢》，利文斯《筵席上的以斯帖》，伦勃朗的《伯沙撒王的盛筵》，凡·高的《盛开的桃树》《红色葡萄园》等，也涉及饮食的许多方面。

三、西方道德法规类

（一）道德法规类饮食文献的特点及成因

长期以来，在西方国家，涉及饮食烹饪的法律法规众多，而涉及饮食烹饪的道德类文献相对较少。究其原因，主要是由于西方的文化传统和思想观念造成的。

在西方国家，在相当长的历史时期内，由希腊文化和基督教文化发展而来的文化传统主张人性恶，形成了较强的法律意识，在治国形式上倡导"法治"。西方的许多思想家都认为人的本性是恶、是自私自利的。英国著名思想家霍布斯指出人的本性是自私的，人与人之间是狼与狼的关系；美国的莱因霍尔德·尼布尔指出"人既是天使又是野兽"（《自然界和人的命运》第一卷）。而基督教经典《圣经》指出，人类因其始祖偷吃禁果、违戒犯罪而负有原罪，人类有着罪恶的本性。美国查尔斯·坎默在《基督教伦理学》中详细阐述说："罪恶的存在意味着，我们所有人都有可能采取最野蛮、最无人性的行为，我们的任何行为也都摆脱不了邪恶的、自私自利的腐蚀和玷污。基督教认为，罪恶是人类行为和人类组织中必不可少的一部分"，"我们永远不能成为天使，我们永远到达不了理想的完美境界。可是，生活可以改善，社会可以建设得更好，在某些情况下，我们可以体验到其他人的爱，体验到社会组织的公正，但是我们必须要提醒自己，在我们尽力行善的所有努力中，'要始终保持自己的生活符合人性'，我们必须要经常规划我们的行为和社会组织，以便能够控制客观存在着的罪恶的影响"。正是由于人的本性是恶，人生来就是自私的、排他的，人与人之间必然发生激烈的冲突和纠纷，于是西方人认为，要解决激烈的冲突和纠纷，仅靠温和的道德教育就很不够，必须依靠严厉的法律法规来规范人们的行为和组织，以法律处理问题、治理天下，正如古希腊著名思想家亚里士多德在《政治学》中所说的那样："法治高于一人之治"，"法律是最优良的统治者"。与此相应，古罗马法典和《圣经》中提出的《摩西十诫》等则是西方国家法律法规和伦理道德的基础，从而使西方国家逐渐走上了法制轨道，对社会生活的各个方面都制定出许多细致而全面的法律法规，而饮食烹饪作为社会生活的组成部分也逐渐有了许多相应的法律法规。

（二）涉及饮食的主要法规

在西方国家，不仅有许多法律法规涉及饮食烹饪，而且有专门的、根据实际情况而变化的饮食烹饪法律或法规。如在美国，1902年，维利先生专门组织一个小组，对食品的储存和染色进行研究，成为第一个推动建立联邦食品法规者；到1906年，美国民众就强烈呼吁国会通过了肉类检验法、纯净肉类和药品法规，使肉类和奶制品检验获得成功。1958年，美国食品与药物管理局根据美国市场上食品添加剂猛涨至2800多种的新情况，对原有的食品添加剂法案进行了修正、补充，列举出700种添加剂是安全的，并规定以后新出现的添加剂必须经该管理局认可才行。又如在法国，19世纪末20世纪初葡萄的根瘤蚜虫引起的世纪大灾难催生出了有关葡萄酒的制度和法律法规。这次灾难使欧洲的葡萄园大量被毁，造成葡萄酒供应短缺、价格飞涨，不法酒商便以假冒伪劣酒品牟取暴利，为维护名酒声誉和利益，法国政府制定和加强了葡萄酒来源的分级制度以及保护法令，规定瓶中酒必须与瓶外标签的文字记载一致，还制定法律严惩私造和贩卖假酒。到1936年，法国便率先建立AOC法定产区管理系统，既管制葡萄酒的品质，也详细规定各种生产条件、实际的品尝，以维护和保持各产区酒的传统特色。完善的品质管理与分级系统，使法国葡萄酒获得品质上的有力保证而成为顶级佳酿的代名词，也使法国成为西方葡萄酒生产王国之一。随后，意大利、德国、西班牙等国也纷纷建立起类似的分级制度和法律法规，都为保护各国葡萄酒的品质做出了极大贡献。

此外，西方也有一些涉及饮食的道德类文献，主要集中在饮食礼仪方面。如15世纪中叶，普拉蒂纳就用拉丁文撰写出版了《关于尽情享受和身体健康》一书，除了记载部分食谱外，还探讨了恰当的用餐举止、餐桌礼仪、餐桌摆设等。这本书改变了当时还用手进餐的富人对于用餐及其举止的思维方式，被翻译成意大利语、法语、英语等多种文字，影响十分深远。17世纪时，英国人约翰·坎伯雷恩则编写出版了《喝咖啡、茶和吃巧克力应注意的礼仪》。20世纪以后，美国人索菲亚·约翰逊撰写出版的《礼仪手册》，详细介绍了西方现代餐桌礼仪以及宴会与聚会等方面的礼仪。

第三节　西方饮馔语言

饮馔语言，是指用饮食烹饪之事来表达某种事物、现象和进行社会交往的口头语言与书面语言。由于饮食烹饪既涉及人类社会中每个人、每个家庭、每个国家和地区，却又在社会上形成了一个专门的行业，因此，与饮食烹饪紧密相连的饮馔语言就有了两种类型：一类是社会性饮馔语言，另一类是行业性饮馔语言。

一、西方社会性饮馔语言

社会性的饮馔语言，主要是指涉及全社会的饮馔语言，适用于整个社会，其含义除了直接与饮食烹饪相关联，还引申扩展到其他方面、更加丰富多彩。西方的社会性饮馔语言包括饮食格言、饮食谚语、饮食俗语、饮食歇后语等。这里主要介绍部分有特色的饮食格言和饮食谚语，由此也可以了解西方人的一些饮食思想、观念、习俗以及生活状况、经验等。

（一）饮食格言

所谓格言，是有一定形制、组织且言简意赅的语句。西方有许多饮食格言，内容比较广泛，其中最有特色的饮食格言至少有三种类型。

1．重视饮食

The world is nothing without life, and all that lives takes nourishment.

（世界上没有生命，便没有一切，而所有的生命都需要营养。）

Animals feed, man eats, only the man of intellect knows how to eat.

（动物要喂食，人类要吃饭，而只有智者才懂得怎样吃。）

The fate of nations depends on the way they eat.

（一个民族的命运决定于他们的饮食方式。）

Tell me what you eat; I will tell you what you are.

（告诉我：你吃什么；我会告诉你：你是什么！）

The discovery of a new dish does more for the happiness of mankind than the discovery of a star.

（对于人类幸福而言，发现一种新的烹饪方法，更胜于发现一颗星球。）

Dessert without cheese is like a pretty woman with only one eye.

（没有奶酪的甜品犹如只有一只眼睛的美丽姑娘。）

2．品评饮食

Gourmandism is an act of judgement, by which we give preference to things which are agreeable to our taste over those which are not.

（美食主义是一种判断，我们通过美食主义来选择可口的食物。）

A man's palate can be saturated, and after the third glass the best of wines produces only a dull impression.

（一个人的鉴赏能力可能会饱和，再好的酒，喝下三杯也会感到乏味的。）

Drunkards and victims of indigestion do not know how to eat or drink.

（酒鬼和消化不良者是不懂得吃喝的。）

The right order of eating is from the most substantial dish to the lightest.

（正确的进食次序是从最浓厚的食品到最清淡的食品。）

The right order of drinking is from the mildest wines to the headiest and most perfumed.

（正确的饮酒进程是从最温和的酒到烈酒再到最香的酒。）

The table is the only place where the first hour is never dull.

（餐桌是唯一的在任何时间里都不乏味的地方。）

3．对待食客

To entertain a guest is to make yourself responsible for his happiness so long as he is beneath your roof.

（接待一位客人就是要你对他的快乐负责。）

The man who invites his friends to his table, and fails to give his personal attention to the meal they are going to eat, is unworthy to have any friends.

（若邀请朋友赴宴，却不重视宴会的菜点，那就不配拥有这些朋友。）

The mistress of the house must always see to it that the coffee is excellent, and the master that the liqueurs are of the first quality.

（女主人应该关心咖啡的优良，男主人应当保证酒水的一流。）

The most indispensable quality in a cook is punctuality; it is also that of a guest.

（厨师必不可少的素质是守时，客人也是如此。）

To wait too long for an unpunctual guest is an act of discourtesy towards those who have arrived in time.

（长时间地等待一位不守时的客人，是对准时的客人的无礼。）

（二）饮食谚语

所谓谚语是流传于民间的简练通俗而富有意义的语句，大多反映人们的生活状况和经验。西方的饮食格言也有许多，涉及面广，内涵丰富，常常通过饮食烹饪比喻或反映许多方面的意义如个人品性、健康生活、哲理智慧与社会经济、风俗礼仪等。在此仅列举三种类型且有特色的一些饮食谚语。

1．个人品性

When wine is in, truth is out. 老酒下肚，真话吐出（酒后吐真言）。

Stay, and drink of your browst. 别走，喝下自己酿的酒（自己酿的酒自己喝）。

You cannot have your cake and eat it. 你不能吃了蛋糕还有蛋糕（凡事难两全）。

No mill, no meal. 不磨面，没饭吃（不劳动者不得食）。

He cries wine and sells vinegar. 他喊的是酒，卖的是醋（挂羊头，卖狗肉）。

A honey tongue, a heart of gall. 口如蜜糖，心似苦胆。

2．健康生活

Many dishes, many diseases. 暴饮暴食疾病多。

An apple a day keeps the doctor away. 一日吃一个苹果可保身体健康。

Better wait on the cook than on the doctor. 拜访医生不如拜访厨师。

Digging your grave with your own teeth. 给你掘墓的是你的牙齿。

Every man to his（own）taste. 每个人有各自喜好的口味（众口难调）。

Bread is the staff of life. 面包是生活必需品（民以食为天）。

Other men live to eat, while I eat to live. 他人为食而生存，我为生存而进食。

3．哲理智慧

Fire is half bread. 面包和火，缺一不可。

Wine is a mocker, strong drink is raging. 酒能使人胡为，烈酒能使人发怒。

A black plum is as sweet as white. 黑梅白梅一样美（心中喜爱皆为美）。

Christmas comes but once a year. 圣诞节每年只有一次（机会难得）。

A crust is better than no bread. 一点面包皮胜过没有面包（有聊胜于无）。

He who has not tasted bitter knows not what sweet is. 没尝过苦，不知何为甜。

二、西方行业性饮馔语言

行业性饮馔语言主要是指专门涉及饮食烹饪行业的饮馔语言，常常用于饮食烹饪行业，其含义直接与饮食烹饪相关联。西方的行业性饮馔语言包括餐饮技术词语和餐饮服务用语、经营用语等。通过介绍部分有特色的行业性饮馔语言可以使人们对西方饮食烹饪的特点有一定的了解。

（一）餐饮技术词语

餐饮技术词语是指在饮食品的加工制作过程中所使用的术语或其他词语，主要包括原料初加工、烹饪方法、调味方法、菜肴命名和酒水命名等方面的词语。其中，原料初加工、烹饪方法、调味方法等方面的词语将在"馔肴文化"一章中阐述，这里仅介绍有关菜点命名和酒水命名方面的词语。

1．菜点名称

在西方国家，许多人认为，饮食尤其是菜点主要是满足人的生理需要，但也在一定程度上满足心理需要，具有一定的艺术性。因此，在给菜点命名时注重实用基础上的美感，以写实手法为主，写意手法为辅，菜点名称基本上是写实的，或虚实并举的，即写实与写意兼备。可以说，整个西方菜点在名称上的显著特点是清楚明了，有一定的艺术性。

需要指出的是，写实与写意，本来是文学艺术的两种基本创作方法，写实方法主要是指通过精确、细腻的笔墨，客观、真实地再现或描写现实社会生活的原来样式；写意方法主要是指通过简练的笔墨描绘物象的形神、表达作者的意境。这里将它们借用来代指饮食品的两种命名方法。其中，写实主要是指直接描述和再现饮食品的各种外在特征的命名方法，写意则主要指具有特殊寓意或象征意义的命名方法。

（1）写实类

写实类菜点名称异常繁多，占整个西方菜点的绝大多数。它们常常是直接使用菜点的原料、烹饪方法、味道、形状、颜色以及与菜点有关的地名等命名，但很少使用菜点的质地。归纳起来，主要有三种命名方法。

第一，主要以原料命名：如培根蛋三明治（Bacon and Egg Sandwich），是由培根和蛋等原料制作的三明治。苹果派（Apple Pie），是以苹果为原料制成的一种西点——派。又如奶油蘑菇汤、金枪鱼蔬菜饭、扇贝鸡肉通心粉、奶油乳汁芦笋等。

第二，在原料的基础上分别结合菜点的烹饪方法、味道、形状、颜色等命名：如红酒烩鸡（Braised Chicken in Red Wine）、煎鹅肝（Panfried Goose Liver），分别是用烩与煎的烹饪方法成菜，而用烹饪方法命名的还有烤橙汁鸭、铁扒箭鱼等。又如酸小洋葱（Pickled Onion）、蒜味芝士面包（Garliccheese Bread），前者成菜的味道是酸香，后者则是蒜香，而用味道命名的还有果香米饭沙拉、蒜香煎虾、辣味金枪鱼馅饼等。奶油卷（Cream Roll）、奶油烩猪肉片（Stewed Pork Slices in Cream），从名称就可以直接看出它们的主要形状，而用形状命名的还有浓汁牛肉卷、香蕉船圣代等。此外，用颜色命名的则有煨三色生菜、黑色墨鱼肉等。

第三，用与菜点有关的地名命名：如里昂式红烩猪舌（Tangues de Pore a la Lyonnaise），法国里昂盛产洋葱，多数菜肴都要使用洋葱碎，从而形成了独特的里昂式烹饪特色，里昂式红烩猪舌就是采用这种独特烹制方法成菜的。匈牙利红烩牛肉（Hungarian Goulash），匈牙利的菜肴在烹制时常常要撒上或拌入一种著名的甜红椒粉（Paprika），从而形成自己的特色，这款菜肴也是如此。另外，用与菜点有关的地名命名的菜肴还有罗马烧鸡、普罗旺斯鱼排、马赛鱼汤、法式洋葱汤、意式金枪鱼等。

（2）写意类

写意类菜点名称，仅仅占西方菜点的一小部分。它们常常是使用具有特殊意义的人物、事件、物象或幽默词语等命名，而很少使用比喻、祝愿、富有情趣和意境的词语，并且在西方菜点中，除了热狗等极个别的菜点外，大多是与写实手法紧密结合的。归纳起来，主要有两种命名方法。

第一种，主要以具有特殊意义的人物、事件、物象等命名。这些词语常常蕴涵着某种寓意或象征意义。如海伦娜炸鸡（Supreme de Volaille Bella Helena），海伦娜是古代希腊神话中一位美丽的女神，用她的名字来命名菜肴，暗寓此菜质地柔嫩、味道鲜美。蒙娜丽莎沙拉（Mona Lisa Salad），蒙娜丽莎是意大利著名画家达·芬奇油画中的人物，她面露神秘的微笑、神情恬静而安详，用她的名字命名菜肴，暗寓此沙拉色彩丰富柔和、味道美妙，令人回味无穷。又如，朱利安娜清汤（Consommé Julienne），朱利安娜是法国18世纪的一位烹饪大师，他创造了许多菜式，后人用他的名字命名菜肴，以表示纪念。用人物名称命名菜肴的还有拿破仑浓汤、路易十六烤鸭、皇帝布丁、皇后忌廉汤、公主清汤、亲王鸡柳、凯瑟琳烩鸡、华盛顿奶油汤等。其中，最令人瞩目的是用皇帝及王公贵族的名称作菜名，这在中国几乎没有出现过。此外，用传说、事件命名的菜肴有狩猎神清汤、月神忌廉汤、魔鬼鸡、热月革命等。用物象命名的菜肴有蓝带鸡卷、黑森林蛋糕等。蓝带在西方许多国家是最优秀的象征。

第二种，用具有幽默色彩的词语命名。这种方法在西方菜点命名中非常少见，而且主要集中在英国和美国菜肴中。最典型的是热狗（Hot Dog），它是一个面包夹火腿肠的快餐食品，既没有使用狗肉作原料，也没有用狗的形状，来自一个有趣的"以讹传讹"，却极富幽默色彩。此外，还有威尔士白兔、天使骑马等小食品，与白兔、天使、马都没有外在、形式上的联系，却让人自由联想。

2．酒水名称

对于酒水，西方人十分看重它的艺术性和对心理需要的满足，因此在给酒水命名时常常是写实与写意并重，但最有特色的是写意类名称。与菜点命名方法相似的是，酒水命名方法的类型不是绝对的、单一的，而是时常交叉使用、多重使用，在此是为了便于叙述，才进行大致归类和介绍。

（1）写实类

写实类的酒水名称，主要出现在酿造酒、蒸馏酒和配制酒如葡萄酒、白兰地、威士忌和利口酒中，常常直接使用酒水的制作地、制作者、原料、制作方法、成品等级等命名。如圣达美隆红葡萄酒（J.P.Moueix, St, Emilion），圣达美隆是法国著名酒乡波尔多地区的一个葡萄酒产地，所产酒的酒质醇厚丰富，是个中极品。莫耶香登香槟（Moët et Chandon, Binv），莫耶香登成立于1743年，如今已是法国豪华用品集团之一，拥有轩尼诗干邑等著名品牌，也是世界上最大的香槟酒商，用它命名的香槟酒质地非常细腻。而杜松子酒、龙舌兰酒等，则是以原料命名的酒水。

此外，鸡尾酒中也有一部分写实的名称，最普遍的是以鸡尾酒的基本结构、调制原料命名。如金汤力（Gin Tonic），是由金酒加汤力水调制而成的。B&B，是由白兰地和香草利口酒（Benedictine Dom）调制而成，其命名方法是将两种原料酒名称的缩写字母合并而成。采用这样的写实手法命名的还有香槟鸡尾酒、宾治、爱尔兰咖啡等。

（2）写意类

写意类的酒水名称，主要而且大量出现在调制的鸡尾酒中。它们常常通过使用具有特殊意义的人物、地点、自然景观和万物命名，从而传达出鸡尾酒与现实的联系、调酒师的思想感情，也引起品酒者的想象，达到先声夺人、回味无穷的艺术效果。归纳起来，主要有两种命名方法。

第一，以具有特殊意义的人名、地名等命名。这些词语常常包含着一些特殊故事，或蕴涵着某种寓意或象征意义。如血腥玛丽（Bloody Mary），是对16世纪英格兰都铎王朝玛丽女王的蔑称，她为了复兴天主教而残酷迫害新教徒。汤姆·柯林斯（Tom Collins），是为了纪念该鸡尾酒的创造者——19世纪英国调酒师约翰·柯林斯（John Collins）。用特殊的人物命名的鸡尾酒还有基尔、贝里尼、玛格丽特、亚历山大、教父等。又如，曼哈顿（Manhattan），据说是英国前首相丘吉尔的母亲为自己支持的总统候选人在曼哈顿俱乐部举办的宴会上首创的，因此便命名为"曼哈顿"。

第二，以自然景观和万物等命名。这些词语绝大多数是对鸡尾酒的味道、色彩、形状等方面的形象比喻或象征。如蓝色夏威夷（Blue Hawaii），其名称虽来自美国电影的主题曲，但同时具有象征意义。蓝色橙皮酒象征蓝色海洋，漂浮而晶莹的碎冰宛如滚滚的白色浪花，香甜的凤梨汁、柠檬汁代表着夏威夷的热带情调。又如，模仿鸟（Mockingbird），模仿鸟本是中南美洲雨林里的一种鸟，特别善于模仿其他鸟类，用它来给以薄荷酒和莱姆汁等为原料调制的鸡尾酒命名，薄荷酒的清新和翠绿，让人宛如置身于生机勃勃的森林之中，与自然融为一体。最具有诗情画意的是龙舌兰日出（Tequila Senrise），柳橙汁的橙黄与石榴糖浆的鲜红相辉映，如旭日初升、朝霞映天；龙舌兰酒烧灼喉咙的感觉，让人联想到阳光撒向大地，一切都充满希望与活力。

（二）餐饮服务与经营词语

餐饮服务与经营词语，是指在餐饮服务与经营过程中所使用的术语或其他词语。西方的餐饮服务与经营有着许多独特之处，因此也有相应的特色词语。

1. 餐饮服务词语

关于餐饮服务的词语十分众多，西方人不论在服务类型上还是服务环节上都有许多术语或其他词语。如西餐在服务类型上，有按照就餐方式分类的零点服务、宴会服务、自助餐服务等，有按照经营类型分类的正餐服务、快餐服务、酒吧服务、咖啡厅服务等，有按照服务方式分类的餐桌式服务、柜台式服务、自助式服务、外卖式服务等，有按照国家分类的法式服务、俄式服务、英式服务、美式服务与综合式服务等。这里仅介绍其中使用十分普遍而著名的部分餐饮服务词语。

（1）法式服务

法式服务是西方餐饮服务中最周到、讲究和劳动最密集的豪华服务类型，大约在1680年首次出现在路易十四的宫廷中，后来流传到民间。它的服务方法是由两名服务员共同为一桌客人服务，大多数情况下是在客人桌边的手推餐车上、餐厅的小圆桌上或靠墙的桌上，由服务员现场为客人进行半成品菜点的最后加热、调制和切割、装盘等服务活动，然后由助理服务员呈送给客人。因法式服务常常采用手推车或旁桌进行服务，所以又有人称它为"手推车服务"或"小圆桌服务"。法式服务的优点是服务优雅、豪华、个性化突出，有较强的表演性和趣味性，能够较大程度地满足客人的独特需要，但它的不足是服务节奏慢、人工成本高、设备昂贵，并且需要占用的服务面积大、空间利用率相对减少。

（2）俄式服务

俄式服务是西方餐饮服务中普遍采用、非常受欢迎的一种服务类型，起源于俄国沙皇时代，在与拿破仑战争时传到西方许多国家。俄式服务与法式服务一样讲究优美文雅的风度，但不同的是只由一名服务员进行服务、大量使用银器，通常是厨师在厨房将菜肴烹制好并盛放入银制的大浅盘之后，服务员将装好菜肴的大盘端到客人餐桌旁，让客人过目欣赏，然后用左手托盘，按客人所需菜肴的多少用右手上菜。因俄式服务主要是使用一个主菜盘进行服务，所以又被称为"主菜盘服务"。俄式服务的优点是服务效率和空间利用率较高，服务比较优雅、周到，银器更烘托了餐桌气氛，但不足的是银器的投资大，使用和保管都需要十分谨慎。

（3）英式服务

英式服务是西方一些国家尤其是英国的家庭式餐厅很流行的一种服务类型。它的服务方法是一名服务员将厨师烹制好的菜肴传到餐桌上，由顾客中的主人亲自动手，进行切割、装盘，再由服务员把装盘后的菜肴依次端送给每一位客人。调味品、少司以及配菜都摆放在餐桌上，由客人自己随意取用。由于英式服务有许多服务工作是客人自己完成，自在随意犹如在家中一般，有人也把它称为"家庭式服务"。英式服务的优点是家庭气氛浓郁、节省人力，但不足的是节奏较缓慢，不适合大饭店接待宾客。

（4）美式服务

美式服务是西方餐饮服务中简单快捷、最普遍采用的一种服务类型，也是西餐零点和宴会非常理想而实用的服务方式。在美式服务中，菜肴由厨师在厨房中烹制好并按照客人数量和需要量分别装盘，由服务员用托盘将菜肴送到餐桌旁的每一位客人面前。这样，一名服务员常常可以为数张餐桌的客人提供服务。美式服务的优点是服务内容简单明了、服务速度较快、餐具和人工成本较低，有效控制菜点的分量，空间利用率和餐位周转率很高，适用范围较广。但不足的是，个性化服务程度较低、顾客难以选择菜点的分量。

（5）自助式服务

自助式服务是西方餐饮服务中最为简单快捷、经济实惠的一种服务类型。它与法式、俄式、英式、美式服务的最大区别在于，法式、俄式、英式、美式服务都是客人入座就餐，由服务员将菜点送到客人面前，而自助式服务是客人走到摆放菜点的餐台前自由选取，盛上菜点后入座就餐。在自助式服务中，所有烹制好的菜点都摆放在自助餐台上，服务员站立在餐台后面，为多人进餐服务；客人则在交付一餐费用以后，围绕自助餐台选择自己喜欢的菜点，然后拿到餐桌上享用。服务员的工作主要是餐前布置、餐中撤掉用过的餐饮器具、辅助切割以及补充餐台上的菜点等。自助式服务的优点是服务简单快捷、经济实惠，食品得到充分展示，客人能够自由交谈、选择食品。但不足的是缺乏个性化服务，食品分量难以有效控制，且长时间摆放、任由挑选容易造成卫生问题。

2. 餐饮经营词语

餐饮经营是餐饮企业生存和发展的关键之一，相关术语令人目不暇接，但如今最具影响力、最让人津津乐道的是"连锁经营"这个词语。

所谓连锁经营，通常是指经营同类商品或服务的多个经营单位，以共同进货或授予特许权等形式组成一个公司联合体，通过对企业形象和经营业务等方面的标准化管理，实行规模经营，从而实现并共享规模效益。它作为一种经营形式，最早产生于1859年的美国，由于其蕴藏的巨大经济和社会效益而迅速发展，成为当今西方乃至全世界最具活力、发展最迅速的商业经营方式，也被西方餐饮业广泛使用。在西方餐饮业中，连锁经营同其他商业行业一样包含的内容和术语较多，如它的基本形态有直营连锁、特许连锁、自由连锁等，它的管理原则或原理称为3S、营销策略为4P等。

（1）直营连锁

直营连锁是连锁经营企业总部通过独资、控股或吞并、兼并等方式开设门店，发展壮大自身实力和规模的一种连锁形式，又称为正规连锁，常常出现在连锁经营企业建立的早期。连锁经营企业的各个门店在总部直接领导下统一经营，总部对各个门店实施人、财、物资源和商流、物流、信息流等运营的统一管理。

（2）特许连锁

特许连锁是连锁经营企业总部与加盟店之间依靠契约结合起来的一种连锁形式，又称加盟连锁或合同连锁。它通常是在连锁经营企业已经开设了一定数量的直营店之后才开始采用。加盟店与总部签订合同，由总部特许其使用所属的商标、商号、经营技术及销售总部开发的商品等。这种连锁形式能够使连锁经营企业迅速壮大，其发展速度是三种连锁形式中最快的一种。

（3）自由连锁

自由连锁是指通过签订连锁经营合同，总部与具有独立法人资格的门店合作，各个门店在总部的指导下集中采购、统一经销规模的一种形式，又称为自愿连锁或合作连锁。自由连锁经营企业的门店都是独立法人，各自的资产所有权关系不变，但由总部统一指导、共同经营，各个门店可以根据自由原则，自由地加入或退出连锁体系。它是中小企业对抗大型企业的有效手段之一。

此外，连锁经营的 3S 管理原则包括 Standardization（标准化）、Specialization（专业化）和 Simplification（简单化）；4P 营销策略则是指 Place（在适当的连锁经营地点）、Price（以适当的餐饮价格）、Promotion（通过适当的连锁促销手段）、Pestle（卖给适当的餐饮消费者）。

本章特别提示

本章针对西方饮食文化遗产的三个方面，即烹饪典籍、饮食文献、饮馔语言，不仅阐述了西方烹饪典籍、饮食文献、饮馔语言的特点及成因、主要内容，还较详细地阐述了西方菜点及酒水命名方法，以便使学生了解较多西方饮食书籍，自主学习、深入探讨，提升专业素养，为开展相关饮食文化创意活动积累丰富知识。

本章检测

1. 西方烹饪典籍、饮食文献的特点及形成原因是什么？
2. 根据个人爱好，阅读 1~2 部西方烹饪典籍，撰写读书笔记或读后感。
3. 运用西方菜点及酒水命名方法进行创新菜点及酒水名称的创意设计。

拓展学习

1.（英）希维尔布希. 味觉乐园［M］. 译. 天津：百花文艺出版社，2005.
2.（美）美国烹饪学院. 特色餐饮服务［M］. 译. 大连大连理工出版社，2002.
3.（法）萨瓦兰. 厨房里的哲学家［M］. 译. 天津百花文艺出版社，2005.

教学参考建议

一、本章教学要求

通过本章的教学，要求学生深入领会西方烹饪典籍、饮食文献、饮馔语言的特点及成因，了解西方重要烹饪典籍、饮食文献的内容，把握西方菜点和酒水的命名方法，并且能够用其中的主要方法为新研发的饮食品名称进行创意设计。

二、课时分配与教学方式

本章共 4 学时，采取理论讲授的教学方式。

第三章 西方饮食民俗与礼仪

🎯 学习目标

1. 了解民俗及其饮食民俗的含义与类别。

2. 掌握西方日常食俗、节日食俗、人生礼俗和社交礼俗的特点及重要内容。

3. 运用西方饮食民俗与礼仪的相关知识进行美食节庆活动的创意策划。

☆ 学习内容和重点及难点

1. 本章的教学内容主要包括四个方面，即西方日常食俗、节日食俗、人生礼俗和社交礼俗。

2. 学习重点和难点是西方日常食俗、节日食俗、人生礼俗和社交礼俗的特点及重要内容和在餐饮食品等相关行业中的运用。

"民俗"一词，英语为"Folklore"，原意是"民众的知识"或"民间的智慧"（The Lore of the Folk）。它是由英国民俗学创始人之一、考古学家汤姆斯（Willim Thoms）于1864年创造的，是以撒克逊语的"Folk"（民众、民间）和"lore"（知识、学问）构成的新词，既指民间风俗现象，也指研究这些现象的学问。后来这个词逐渐被世界各国学者接受，如今国际学术界又为了便于区别，专门用"Folkloristics"指民俗学，而"Folklore"则专指民俗现象。所谓民俗，就是民间风俗习惯，是指一个国家、民族、地区的广大民众在长期历史发展过程中所创造、享用并传承的物质生活与精神生活文化。钟敬文先生主编的《民俗学概论》指出，民俗起源于人类社会群体生活的需要，在特定的民族、时代和地域中不断形成、扩展和演变，为民众的日常生活服务；民俗一旦形成，就成为规范人们的行为、语言和心理的一种基本力量，同时也是民众习惯、传承和积累文化创造成果的一种重要方式，具有极强的集体性、传承性、模式性以及地域性、民族性等重要特征。而礼仪大多是指为表示某种情感而举行的仪式。它常常与民俗交织在一起，共同展示一个国家、民族、地区的思想与精神风貌，在一定意义上是窥视各地区、各民族、各个国家社会心态的重要窗口。民俗事象的内容繁多，其分类方式也多种多样。饮食民俗，作为民俗的重要组成部分，是指广大民众从古至今在饮食品的生产与消费过程中所创造、享用并传承的物质生活与精神生活文化，即民间饮食风俗习惯，简称为食俗。它可以分为日常食俗、节日食俗、生婚寿丧食俗、社交食俗、民族食俗、宗教食俗等。本章仅从日常食俗、节日食俗、人生礼俗、社交礼俗4个方面进行阐述。

第一节　西方日常食俗

日常食俗，是指广大民众在平时的饮食生活中形成的行为传承和风尚即民间风俗习惯，基本上表现在一个国家、民族或地区的主要饮食品种、饮食制度以及进餐工具与方式等方面。在西方，各个国家之间虽然一些方面有差异，如英国和法国的早餐品种就大为不同，但是更有许多相同和相近的，值得人们认识和了解。

一、西方日常食俗的特点及成因

西方日常食俗的特点包括如下两个主要方面：

第一，在主要饮食品种上，西方人的食品以动物为主、植物为辅，饮品以咖啡、葡萄酒为主。这是由于西方国家的生产方式、物产等因素造成的。

西方国家早期生产方式以畜牧业为主、农业为辅，动物的养殖技术较高，生产出众多的动物原料，价格相对较低，而农产品的品种较少、产量大小不等，主要出产麦子、葡萄和一些蔬菜品种。其中，葡萄产量和品质更首屈一指，因此西方人在日常饮食生活中以动物为主、植物为辅来满足自身饮食需求，而将盛产的葡萄榨汁、酿造成葡萄酒，把它作为最常用的一种饮品。后来，西方国家在工商业上有了巨大发展，海外贸易蒸蒸日上，加上建立和扩大海外殖民地，其足迹遍及全球。他们得到了原产于非洲埃塞俄比亚、最早在非洲和亚洲广泛种植的咖啡，并带到拉丁美洲等适宜咖啡生长的许多地方更广泛地种植，然后大量地从各个生产地获得各种品质的咖啡制作饮料，最终使咖啡成为西方人日常生活中另一种不可缺少的饮品，尽管在许多西方国家的本土上不出产或很少出产它。

第二，在进餐方式与工具上，西方人始终是分餐而食，常常多具一用、品种多样。所谓分餐是指将菜点分别放在每个人的面前、每个人只吃属于自己的菜点而毫不混淆。多具一用是指多种餐具拥有一种用途。这些特点是由于西方国家的生产、生活方式以及由此产生的思想观念和文化传统造成的。

费孝通先生在《乡土本色》指出："游牧的人可以逐水草而居，飘忽不定；做工业的人可以择地而居，迁移无碍；而种地的人却搬不动地，长在土里的庄稼行动不得，侍候庄稼的老农也因之像是半个身子插入了土里，土气是因为不流动而产生的。"以畜牧业和工商业为主的社会需要经常流动才可能创造更多的财富，人们为了利益和财富便择地而居，流动性强，容易形成个人的相对独立和比较浓厚的个体观念，以个体为本，推崇个体的意志、力量和价值。在西方，许多国家早期以畜牧业为主，后来以工商业为主，家庭规模较小，家庭观念相对淡薄；文艺复兴以后更进一步提倡个体观念，注重个体思维，要求个人自由、实现个人价值，并尽可能多地不受群体的限制和约束。这种观念在西方人日常饮食生活中的极大影响就是自始至终的分餐而食和多具一用，强调个体的独立性。如刀、叉常一起用来进食，而吃鱼、肉或甜点又有各自不同的刀与叉，分工非常细致。英国人唐纳德在《现代西方礼仪》中说："我们的祖先似乎为每一种特殊情况都发明了一种匙具或叉具，从叉取泡菜到舀取火鸡肚里的填馅，样样餐具一应俱全。"

二、西方日常食俗的重要内容

（一）西方主要饮食品种

1. 主要食品

从日常的三餐来看，西方人的食品基本上是以动物为主、植物为辅，主要食物是肉食品，用量极大；而蔬菜、水果、面食品种的用量相对较小，属于次要但是又不可缺少的食物。这是因为长期以来，西方国家在早期大多以畜牧业为主、农业为辅，动物的养殖技术较高，各种动物原料品种多、质量好、产量大，价格相对较低，而农产品的品种较少、产量多少不等，主要出产麦子、葡萄和一些蔬菜品种，价格偏高。

西方的大多数国家都习惯于一日三餐，并且每餐的时间及重视程度大致相同，即早餐多在早晨 7：00～8：00，品种简单；午餐多在 12：00～14：00，对许多人来说是便餐；晚餐时间大多在晚上 19：00～21：00。然而，三餐的内容却有所不同。意大利人、法国人的早餐很简单，通常是一杯咖啡或红茶，配上少量涂有果酱、黄油的面包片、面包段或油酥月牙小面包、羊角面包，也有人喜欢添加一个煎鸡蛋。英国人的早餐尤其是周日的早餐却颇为讲究，通常是先吃麦片粥，然后吃现烤的几道菜如火腿加鸡蛋、火腿和香肠或熏鱼等，最后是涂有黄油、果酱的面包和水果，贯穿其中的饮料是茶或咖啡。午餐多为便餐，许多人常去自己单位的自助餐厅或附近的快餐厅就餐，品种有鱼肉、蔬菜、水果和饮料，也有去酒吧的，通常是一份三明治、甜点、水果，加上一杯咖啡或牛奶，但无论如何，以简单方便为原则。晚餐则是许多人的正餐，受到极大重视，品种和内容都很丰富，常常是先饮开胃酒，再吃开胃菜、汤菜，然后是主菜，最后是奶酪、水果、甜点与咖啡，与正式宴会的格局非常相似。常吃的主菜有牛排、猪排、羊排、烤牛肉、炸鸡和火腿等，还配有蔬菜、米饭和面食品。

在一日三餐中，面包占有十分重要的地位。法国驻上海总领事馆文化处编写的《法国风情录》言："对法国人来说，面包就像中国人碗里的米饭一样。早餐时涂上黄油和果酱，午餐时做成三明治，晚餐时用来揩净菜盘子里剩下的调味汁，放上干酪一起吃。"在法国用餐，每一顿都少不了面包。因此，在法国，面包有数十个品种，其中最著名、最受人称道的是棍子面包、月牙面包和羊角面包等。刚出炉的棍子面包色泽焦黄、外皮松脆、内瓤柔软，非常可口；新烤的月牙面包色泽焦黄油亮、香气扑鼻，诱人食欲；羊角面包质地柔软、造型特别、颇有趣味。可以说，面包在西方饮食中的重要地位与米饭在中国饮食中的重要地位是相同的，唯一不同的仅仅是面包用量较小而已。

2. 主要饮品

西方人在日常饮食生活中的主要饮品是葡萄酒和咖啡。早在古代，西方国家就利用得天独厚的气候与土壤等条件，广泛种植葡萄，生产出大量品种丰富、品质优良的众多葡萄，并将盛产的葡萄榨汁，酿造出大量的葡萄酒。人们还努力提高酒的品质，不仅使它成为一种最常用的饮品，更把葡萄酒变为神圣的、充满生命的艺术品。化学家巴斯德曾说："无葡萄酒的一餐，犹如无阳光的一日。"威廉·杨格则说："一串葡萄是美丽、静止与纯洁的，但它仅是水果而已；一旦压榨后，它就变成一种动物，因为它变成酒后，就有了动物的生命。"西方人酿造葡萄酒，就好像在制造有生命的艺术品。他们根据葡萄的种类、产地、出产时间精心选择葡萄，再用精湛技术精心去梗、榨汁、发酵、培养、装瓶，每个环节都一丝不苟，酿造出最佳的葡萄酒，并且按照严格的生产规定分出等级。西方人饮用葡萄酒，就好像在欣赏这个有生命的艺术品。他们认为每一种葡萄酒都有自己的温度、自己的味道、自己的杯子和适合自己的菜肴，只有相互间完美地搭配，只有仔细地观色、闻香、品味，才无愧于美妙的葡萄酒。如他们常用葡萄酒佐餐，特别强调吃牛肉和羊肉等肉食品时搭配红葡萄酒，吃鱼或海鲜时搭配白葡萄酒，吃甜点时搭配甜葡萄酒。在法国，葡萄酒有自己独特的酿造工艺学，有专门的品尝协会"小银杯品酒骑士会"，有专门的司酒官。司酒官全权负责斟酒，凭借学识对每种葡萄酒的品质了如指掌，自命为葡萄和葡萄酒的保卫者。人们饮用时慢慢品尝，极力体会葡萄酒渗透到口腔中的所有感觉。

如果说，葡萄酒是许多西方人用一生追求的艺术品，并且成为他们人生的重要组成部分，那么，西方人的另一个人生构成就是咖啡。在西方人的日常饮食生活中，不仅餐餐有咖啡，而且早晨开始工作前、晚上结束工作后都要喝咖啡。人们不仅把咖啡看作是消除疲劳、刺激肠道、有益减肥的普通饮品，还把它看作文艺灵感的源泉、优雅品位的体现，是一种浪漫温馨、充满人文色彩的奇特饮品。有人曾经说："假如说从一粒沙子可以看一个世界，那么从一颗咖啡豆看一个世界，事实上是精彩得多和丰富得多，从咖啡豆衍生而来的世界是充满人文色彩的。"由此，西方人把并非原产于欧洲的咖啡运用得出神入化，从咖啡豆的选购、保存、烘焙、研磨到咖啡的冲泡和各种咖啡品种的制作、饮用，都有仔细的规定和方法。而为人们提供咖啡饮用地的咖啡馆遍及西方国家，人们对它推崇备至。咖啡馆作家阿登伯格在诗中说："你如果心情忧郁，不管为了什么，去咖啡馆！深恋的情人失约，你孤独一人，形影相吊，去咖啡馆！你跋涉太多，靴子破了，去咖啡馆！你所得仅仅四百克朗，却愿意豪放地花五百，去咖啡馆！……"西方的另一位艺术家则自述道："我不在家，就在咖啡馆；不在咖啡馆，就在去咖啡馆的路上。"仿佛一个人所有的生活都可以寄托于咖啡馆，咖啡就是人生的重要组成。

（二）西方进餐方式与工具

1. 进餐方式

西方人的进餐方式，从古至今一直是分餐而食，几乎没有采用过合餐。所谓分餐，是指将菜点分别放在每个人的面前，每个人只吃属于自己的菜点而毫不混淆。合餐则指将菜点放在所有进餐者的面前，人们共同食用这些菜点而不分彼此。人们虽然围坐于一桌，但每人一套餐具、每人一套菜点，各自吃自己的，互不影响，互不干涉，虽然显得有些冷清却很从容，并且卫生又随意，吃什么、吃多少以及怎样吃完全根据自己的需要，个人拥有饮食的自主权和选择权，具有较强的独立性和选择性。如对于牛排，制作者常常要问食者喜欢烤的还是煎的，要几成熟？五成、八成或全熟？然后根据食者要求制作，送上餐桌。对于鸡蛋，食者可以根据自己的喜好要求制作者或煎或煮或摊；若是煎，还可以要求煎一面或两面、煎几成熟等，制作者依然严格按照食者的要求制作。另外，餐桌上时常摆着胡椒、盐等调料，供食者自行调味。饮酒也是如此，是否喝、喝什么、喝多少，几乎都出于自己意愿，绝不勉强。

2. 进餐工具

西方人使用的餐具乃至炊具常常多具一用、品种较多。其中，最常使用、最具代表性的餐具是刀和叉。刀、叉是西方历史悠久的进餐工具，共同承担进餐的功能，几乎是形影不离。一手持叉、一手持刀，用刀切割食物、用叉送食物入口，这些已成为人们饮食生活的常理。同时，一顿正餐通常由多副刀叉共同完成，并且吃一道菜换用一副刀叉，如吃主菜用主餐刀与主餐叉，吃鱼用鱼刀和鱼叉，吃沙拉、吃甜点都有不同的刀叉。不仅如此，刀、叉类餐具还有一些特别品种，如黄油刀、干酪刀、面包刀、生蚝叉、龙虾叉、蜗牛叉等，它们都各司其职，绝不混用。此外，其他进餐工具也常常是多具一用。据格汉姆·布朗《餐饮服务手册》载，用于辅助进餐的勺匙类有汤匙、点心匙、咖啡匙、西柚匙等；用于盛酒、饮酒的酒杯有红葡萄酒杯、白葡萄酒杯、鸡尾酒杯、香槟杯、浅口香槟杯、玛蒂尼杯、甜酒杯、小甜酒杯、啤酒杯、雪利杯、直身杯、高身杯、夏威夷杯、巴黎杯、古典杯、水兵杯等，喝不同的酒必须使用不同的酒杯。每当举行宴会或正餐时，餐桌上摆的仅仅用于饮葡萄酒的酒杯就有红葡萄酒杯、白葡萄酒杯、香槟酒杯等，并且盛不同品种葡萄酒的杯子形态也可能有所不同，如盛波尔多酒的杯子四周略鼓起，盛勃艮第酒的杯口稍大，盛香槟酒的为高脚浅口杯或高脚杯。

第二节　西方节日食俗

节日是指一年中被赋予特殊社会文化意义并穿插于日常之间的日子，是集中展示人们丰富多彩生活的绚丽画卷。节日食俗，是指在节日即一些特定的日子里出现的饮食习俗，因节日体系及更深层次的自然与社会环境的差异而有所不同。

一、西方节日食俗的特点及成因

传统节日常常是一个地区、民族、国家的政治、经济、文化、宗教等的总结和延伸。而每一个节日食俗事象能够独立存在并代代相传，必然在内容和形式上都有它的显著特点。西方国家传统节日食俗最重要的特点是大多源于宗教及相关事件，以玩乐为主，缅怀上帝。

在西方国家，最初多以畜牧业为主，尽管后来农、工、商都有较大发展，但农业没有成为立国之本，人们对自然界季节气候变化的重视程度不及中国，不会像中国一样将自然时序变化的规律和对于农事活动有重要影响的特殊日子规定为节日，形成以岁时节日为主的传统节日体系。相反，由于畜牧业是"逐水草而居"，工商业尤其是商业是四海为家、趋利而为，大多依靠自身的判断力和创造力，人们更重视人自身内在的思想、精神，于是属于精神信仰范畴的宗教受到高度重视，并且把许多宗教节日逐渐扩展为全民的节日。而在各种宗教中，对西方国家影响最大的是基督教。它是奉耶稣基督为救世主的各教派的统称，包括天主教、东正教、新教及一些较小的派别。基督教起源于公元1世纪的巴勒斯坦，相传为犹太的拿撒勒人耶稣创立，到公元4世纪时成为罗马帝国国教、广泛流传于罗马帝国统治地区，中世纪时已在欧洲占据统治地位、成为欧洲封建制度的重要支柱。可以说，整个基督教在西方国家有着无可比拟的特殊地位、信徒占据绝大多数，于是基督教的许多节日逐渐成为全民的节日，由此形成了以宗教节日为主的传统节日体系及相应的习俗。由于基督教蔑视世俗的物质享受，不注重饮食，使得节日习俗很少有品种多样的相应食品，饮食所占比例很少，而常常以玩乐为主题，并以此缅怀上帝。

此外，西方国家节日食俗的特点还有历史性、全民性与故事性。所谓历史性，是指西方节日食俗大多有悠久的历史。圣诞节、复活节的习俗活动早在公元4世纪以前就已经出现。全民性，是指西方节日食俗是西方国家民间普遍传承的行为和风尚。这些食俗事象的参与人数众多、涉及面广、规模很大。最典型的是圣诞节，如今已经不只是基督教信徒，几乎是家家户户都要聚在一起欢庆。所谓故事性，是指西方的节日食俗或多或少地拥有意趣隽永的故事。在西方国家，以《圣经》的记载及信徒的活动为主要依据，为纪念耶稣基督及其信徒的各种经历，出现了许多基督教的节日并产生了一些相应的饮食习俗。如感恩节吃火鸡，与英国清教徒到达美洲大陆的最初生活有关。

二、西方宗教性节日及其食俗

在西方国家，围绕《圣经》的记载及信徒的活动而出现的许多基督教节日，有的是在信徒中自发形成的，但多数是教会规定的，它们几乎贯穿一年的始终。如1月有主显节，2月有圣瓦伦廷节即情人节、谢肉节也称狂欢节、封斋节，4月有复活节，5月有耶稣升天节、圣灵降临节，8月有圣母升天节，9月有圣母圣诞节，11月有万圣节、万灵节、感恩节，12月有圣诞节、悼婴节等。由于基督教拥有特殊而重要的地位，其信徒占西方国家人口的绝大多数，使得其中一些基督教节日在长期的历史发展过程中，因影响极大、涉及面极广而逐渐演变成全社会共同的节日，如狂欢节、情人节、复活节、万圣节、感恩节、圣诞节等。这些节日大多有与基督教相关的节日习俗，但不一定有特殊的节日食品。

（一）围绕耶稣基督经历、事迹的节日

1．圣诞节

圣诞节是基督教为纪念耶稣诞生而设的节日，是西方国家最盛大、最神圣的节日，时间是12月25日。在其节日习俗中，除了宗教仪式，必不可少的还有圣诞宴会、圣诞树和圣诞老人等。

传说在很早以前的一个寒冷夜晚，一位年轻的童贞女受圣灵降孕，在耶路撒冷附近伯利恒的一个马棚里生下一名男婴。这位年轻的童贞女就是后来被基督教信徒们尊为"圣母"的玛利亚，这名男婴就是上帝耶和华之子——耶稣基督。这是《圣经》里记载的耶稣降生的事迹，但是在其中却没有明确记载耶稣诞生的具体时间。大约到公元336年，罗马教会开始在12月25日守此节，因为后世学者在罗马基督教徒所用的历书中发现，其公元354年12月25日页内记载着"基督降生在犹太的伯利恒"。大约在公元375年传播到安提阿，公元430年传播到亚历山大里亚。到公元5世纪，西方国家普遍接受了这个日期为耶稣诞生日，并举行庆祝活动加以纪念。圣诞节从一个宗教节日演变成西方国家全民性的重大节日，也注重合家团聚、热闹欢乐，类似于中国的春节。

圣诞节的庆祝活动从12月24日开始。这时，大街小巷都被装饰得焕然一新，闪着五光十色的彩灯，从公共场所到个人家中都摆着圣诞树，上面挂满各种礼品、玩具、彩

球、彩灯等。人们认为，圣诞树是吉祥快乐、生命永恒的象征。到了晚上即圣诞前夜，人们走进教堂做弥撒，唱圣诞歌，诵赞美诗等。当午夜12∶00时，大小教堂的钟声齐鸣，以庆贺耶稣诞生、圣诞节到来。这一晚上最兴奋、最怀有希望的是孩子们，因为他们盼望着夜深人静时，白须红袍的圣诞老人从烟囱进来，送给他们糖果、玩具等礼物，而他们自己也会在睡觉前放一些食物给圣诞老人作夜宵。第二天，人们依然要去教堂做弥撒，然后才参加各种娱乐性庆祝活动。

圣诞宴会是圣诞节的重要习俗，是家庭团聚的宴会，但举行的时间和节日食品不一定相同。如意大利、法国等是于圣诞前夜举行家庭宴会，类似于中国的"年夜饭"。意大利人是先吃"年夜饭"，主要食品有金枪鱼、蛤蜊、墨鱼及果仁饼等，然后去教堂做弥撒；法国人是弥撒结束后才回家慢慢享用圣诞晚餐，主要食品有鹅肝酱、栗子火鸡、松露菌和蛋糕、香槟酒等。而英国的圣诞宴会是在圣诞节中午举行。当人们做完弥撒后就回到家中，参加圣诞午宴。许多家庭在宴会开始时常拉圣诞花纸拉炮，随着拉炮声响，小礼品和一顶纸帽落出，在笑声之后有人便拿来戴上。宴会餐桌上常见的食品有烤火鸡、圣诞节布丁和百果馅饼。烤火鸡是哥伦布发现新大陆、航海家从墨西哥带回火鸡以后才成为英国圣诞节食品的，在此之前则长期由野猪头和烤孔雀充当。圣诞布丁是由葡萄干、苹果、果皮蜜饯及香料、少许白兰地等为原料蒸或烤制而成的布丁，通常在布丁顶部要插一个冬青树枝作装饰。百果馅饼是用多种果干为馅烘烤成的油酥面饼。值得注意的是，多数国家的圣诞宴会上，当全家人围桌而坐时，都必须多放一把椅子，空一个座位，因为这是给"主的使者"耶稣准备的。宴会结束后人们便围着圣诞树尽情唱歌跳舞，热烈欢快。

2．狂欢节

狂欢节是基督教"谢肉节（Carnival）"的世俗化称呼。Carnival源于拉丁语Carne Vale，意思分别为"肉"和"再见"，即在大斋期的禁食之前向肉告别。它的时间大多在阳历二月中，一般开始于封斋节的前三天，节期为三天。其习俗主要是举行各种宴饮娱乐活动如大型舞会等，尽情欢乐。

最初，教会规定封斋节期间禁止食肉和娱乐，教徒们便自发地赶在封斋开始之前举办各种宴饮娱乐活动，以这种特殊的方式宣布即将暂时告别肉食，称为"谢肉"。"谢"即为辞别、告别之意。由于人们在宴饮活动中可以尽情狂欢，故又称此活动为"狂欢"活动。到公元15世纪，罗马教皇保罗二世下令于封斋节前三天举行庆祝活动，教徒们高歌狂舞，使罗马城沉浸在欢乐之中。从此，狂欢节便作为一个节日被正式确定下来，并逐渐在西方及其他国家流传开来。如今，狂欢节已成为世界上众多国家和民族不可缺少的盛大节日。

由于狂欢节的缘起与教会封斋时禁止肉食和娱乐的规定密切相关，加上二月正是冬去春来、值得庆贺之际，因此其习俗便离不开肉食和娱乐两方面。但对于大多数国家而言，其习俗是以娱乐为主、饮食为辅，并且随着时间的推移，宗教色彩日益淡化，世俗的庆贺色彩不断增强。如在意大利的威尼斯，人们不但在家中宴饮欢歌，而且穿着奇特的服装，戴着面具或脸上涂着各种色彩，踩着高跷到大街上，模仿各种人或动物的姿态，尽情欢乐。在市中心的圣马可广场，穿盔甲的年轻人手持长矛，表演着春天战胜冬天、生命战胜死神的剧目。最后，人们点火烧毁"冬天的形象"。许多点心店则特别制作一些面具糕点，供应顾客；一些饭店、酒吧还制作各种面具饼干挂在墙上，象征生活新的起点开始。除了威尼斯，意大利小镇维亚蕾焦与法国的尼斯、德国的科隆，一起被赞誉为欧洲狂欢节的中心。尽管如此，把狂欢节娱乐推向巅峰的是巴西。如今，巴西有"狂欢节之乡"的美称。而获得这一美称的原因几乎与饮食无关，却与独特娱乐性有关，有规模盛大且十分精彩的桑巴舞表演。随着紧张欢快的旋律和铿锵有力的节奏，舞蹈者如痴如醉、激昂亢奋地抖动着身上的每一块肌肉，观赏者不仅向表演者投掷带有祝福与助兴的彩纸、花絮，也跟随舞动、欢呼雀跃。巴西人常说："没有桑巴舞，就没有狂欢节。"

然而，也有在狂欢节时将饮食与娱乐巧妙结合的。如在奥地利，维也纳国家歌剧院的狂欢节舞会便是典范。1877 年，著名音乐家约翰·施特劳斯及其弟弟在维也纳国家歌剧院首次举办了有美食相伴的狂欢节舞会，他们把舞台和观众席变成大舞池，把各层的小房间布置成餐厅、酒吧，提供各种食品、葡萄酒，人们穿着华贵的服装，在优美的圆舞曲中翩翩起舞、享受美食，欢乐无比。从此，每年狂欢节时，维也纳国家歌剧院都不得不举行狂欢舞会，因为它已为数不胜数的人们所喜爱。

3. 复活节

复活节是基督教为纪念耶稣"复活"而设的节日，是西方国家仅次于圣诞节的第二大节日，时间大多在 3 月 22 日—4 月 25 日。在其习俗中，既有宗教仪式，也有彩蛋等特殊的节日食品。

据《圣经》记载，耶稣在去耶路撒冷参加犹太教逾越节时受难，于星期五被钉死在十字架上，到第三天即星期日又复活了。基督教教会为此设立了复活节以示纪念。但由于各地教会的历法不同，古代复活节的日期也因地而异。到公元 325 年，罗马帝国的尼西亚教士会议明确规定：每年春分月圆后的第一个星期日为复活节。若以阳历而言，每年的春分在 3 月 20、21 或 22 日，则复活节最早在 3 月 20 日，最迟在 4 月 25 日。此外，基督复活日正值古代斯堪的纳维亚地区居民庆祝大地回春的"春太阳节"，于是复活节逐渐取代了它而成为西方社会影响极大的节日。

复活节是教会为纪念耶稣而设，因此一直有宗教纪念活动，或始于节日前夜，或始于复活节早晨。与此同时的是吃彩蛋和滚彩蛋活动。鸡蛋在西方国家被认为是新生命和兴旺发达的象征，是基督复活、走出坟墓的象征，每个家庭的复活节早餐桌上少不了彩蛋。有时，家长们也把它们藏起来，让孩子们去找。最初的彩蛋是真鸡蛋煮熟后染成的，但后来更多的是巧克力制作的假蛋，中间装有巧克力或其他糖果，现在甚至演变成艺术品，出现了陶瓷彩蛋、金属彩蛋、宝石彩蛋。彩蛋的吃法有两种，一是直接食用，但更受欢迎的是通过滚彩蛋比赛食用，将食与乐与纪念结合在一起。如在英国北部、苏格兰等地，人们常到斜坡上，各自把彩色煮鸡蛋做上记号滚下坡去。谁的蛋先破，就被别人吃掉。谁的蛋最后破，谁就获胜。若彩蛋完好无损，则预示主人会有好运。在这项活动中，输赢并不重要，重要的是人们在滚与吃的过程中获得了乐趣。到了晚上，许多家庭都要举行复活节晚宴，常常有烤羊肉和熏火腿。因为羔羊是祭祀上帝的祭品，猪则是幸运的象征。但是，总体而言说，在复活节习俗中，虽有节日食品，虽有吃喝，还是以玩乐为主。

4．圣灵降临节

圣灵降临节，是为纪念圣灵降临而设的节日，时间在复活节以后的第 50 天，大约在 5 月下旬，因此也称五旬节。在其习俗中，既有宗教活动，也有饮食活动。

据《圣经》记载，耶稣复活后在第四十天"升天"，到第五十天时差遣圣灵降临，门徒们领受圣灵后开始传教。而在圣灵降临时，两位身穿白袍的天使曾降落在耶稣门徒中间。各地庆祝圣灵降临的方法虽然有所不同，但大致内容是一致的，即到教堂做弥撒、聚餐，演出取材于《圣经》故事的节目，或举行游乐与体育活动，为慈善事业募捐等。教堂则向人们投掷面包和干酪。有的地方还会在这一天屠宰一只小羊，抬着游行、跳舞，然后将小羊烤熟，把肉卖给参加活动的人。据说这是因为该地过去没有水源，在人们祈求上天之后便出现了一道甘泉，于是，他们就宰杀小羊来感谢。

（二）围绕信徒事迹的节日

1．情人节

情人节，又称"圣瓦伦廷节"，是为纪念基督教圣徒瓦伦廷而设的节日。它的时间在 2 月 14 日，主要习俗是青年男女之间互相赠送鲜花、贺卡和巧克力。

关于情人节的来历，说法不一，但最主要的一种是为了纪念早期教会的两位瓦伦廷：一是纪念罗马的修士瓦伦廷。相传公元 3 世纪，罗马帝国皇帝克劳狄乌二世当政时战争频繁，他下令所有适龄男子都必须参军，并且禁止全国举行结婚典礼，甚至要求已婚夫妇解除婚约。一位德高望重而虔诚的罗马修士瓦伦廷不愿看到一对对伴侣生离死别，便为许多情侣秘密地主持结婚典礼，并且带头反抗罗马统治者对基督教信徒的迫害，最后被捕入狱，在公元 270 年 2 月 14 日被处死。临刑前，他给典狱长的女儿写了一封信，表明自己的心迹和对她的一片情意。后来，罗马教会将瓦伦廷定为圣徒，将这一天定为情人节以表示纪念。二是纪念意大利特尔尼的主教瓦伦廷。他也生活在公元 3 世纪的同一时期，总是给到教堂附近的情侣送上洁白的花朵。人们认为，这些花朵象征着纯洁、忠诚，得到他的花朵就意味着得到了婚姻的保证。在供不应求的情况下，他不得不规定只在每年的 2 月 14 日发放。虽然皇帝下令禁止婚姻，他也没有停止发放花朵、促成婚姻，最终被捕入狱，死在狱中。后来，瓦伦廷主教被封为殉道的圣人，2 月 14 日被定为情人节。除此之外，有学者认为，情人节应该上溯到古罗马的牧神节。相传古罗马人每年的 2 月 15 日都要祭祀牧神，以缅怀他的功绩。在这一天，青年男女要举行特别聚会和游戏，未婚男子可以从一个装有许多女子名片的签筒中抽取一张名片，被抽到的那位姑娘就是他的情人。后来，罗马教会禁止举行异教的牧神节，但是这一传统节日的庆典活动却一直流传着，便逐渐将时间改到 2 月 14 日，而这一天正好是圣瓦伦廷节，于是就合而为一。到 19 世纪时，情人节已经是西方国家以及世界许多地区的年轻人最喜欢、影响非常大的浪漫节日。1863 年美国内战时期的一位编辑说："除了圣诞节，再没有什么节日像情人节那样更能吸引全球人的兴趣了。"

情人节是青年男女之间互相赠送礼品、表达心意的节日。其中，最具象征意义的信物是鲜花、贺卡和巧克力。在公元 17 世纪时，法国国王的女儿在这一天举行盛大的庆祝活动，所有被选中的女士都从她们的男友那里获得了一束鲜花。从此以后，鲜花就一直是情人节的信物。如今，作为信物的鲜花更具体为玫瑰，巧克力则因其甜美而受到特别的青睐。

2. 万圣节

万圣节，又称"鬼节"，是公元 9 世纪教会为纪念基督教信徒而规定的一个节日，时间在 11 月 1 日，主要习俗是举行盛大化装游行和舞会，制作南瓜灯等。

万圣节的纪念活动从 10 月 31 日晚上开始，称为"万圣节前夜"。早在 2000 多年以前，居住在英国和法国的凯尔特人就在每年的 10 月 31 日为"死亡和黑暗之神"举行纪念活动。他们相信，在这一天晚上，死者的亡灵会从坟墓里出来享用亲人奉上的祭品，善良的鬼魂可以与亲人团聚，而恶魔也会出来捣乱。于是，凯尔特人在这天晚上要准备许多美味佳肴，还打扮成鬼怪模样、戴上面具，在野外燃起篝火尽情欢乐，一方面让亲人的亡灵来吃喝，一方面驱赶恶魔。这便是凯尔特人的"鬼节"。公元 4 世纪以后，基督教将这一广为流传的民间节日纳入信仰范畴，以纪念基督教信徒。公元 9 世纪，教会又将凯尔特人的"鬼节"后的次日即 11 月 1 日定为"万圣节"。后来，这两个节日逐渐被欧洲的基督教信徒合而为一，万圣节取代了凯尔特人的"鬼节"，并且从欧洲传到美洲。如今，万圣节与过去的鬼节大不相同，虽然也点燃篝火、火把驱赶妖魔，但更主要是举行盛大化装游行和舞会，人们想方设法地装扮自己、尽情玩乐，尤其是孩子，常常打扮成鬼精灵模样随心所欲地索要礼物尤其是糖果，并且声称"不给糖就捣乱"。在有的国家，一些人喜欢把大南瓜掏空，在瓜皮上雕刻各种各样的鬼脸，做成南瓜灯，摆在家门口，家中则摆放各种糖果招待戴着面具的孩子。

与万圣节习俗和意义相似的还有一个节日即万灵节，也称"诸圣节"或"诸圣瞻礼"，最初是为了纪念众多殉道的基督教圣徒而设的，后来逐渐扩大到纪念所有得救的圣徒。它的时间通常在 11 月 2 日，人们在家中常常准备糕饼等食物让亡灵回家吃喝。

3．感恩节

感恩节是美国特有的最古老的节日，由移居北美大陆的第一批英国清教徒所创，时间在 11 月的最后一个星期四，主要节日食品有火鸡和南瓜馅饼等。

相传在 17 世纪以前，英国有一批清教徒因改革理想无法实现，脱离英国国教、建立自己的教会，由此受到迫害和歧视。为寻求自由、摆脱迫害，有 102 名清教徒在 1620 年 9 月乘"五月花"号船横渡大西洋，到达美国马萨诸塞州的普利茅斯港定居。当时这里是未开发的荒芜之地，生活艰难，一个冬天过后只有 50 余人活下来。在印第安人的帮助下，他们学会了狩猎、捕鱼、种植玉米和荞麦等。经过辛勤劳动，在 1621 年秋天就获得了丰收。在 11 月下旬的一天，他们举办大型宴会，用收获的南瓜、玉米制成南瓜馅饼和玉米面包，用猎取的野火鸡和野鸭烧烤成菜，并邀请印第安人共同享用，一同庆祝丰收、感谢上帝。庆祝活动进行了 3 天，第一天是宴饮，后两天是摔跤、赛跑、射箭比赛，晚上是篝火晚会。1621 年 12 月，英国移民爱德华·温斯洛在给他朋友的信中记载了当时的情形："我们的庄稼已经开始收获。总督派四个人前去狩猎。如此一来，在收获了辛勤劳动的果实之后，我们就可以通过比较独特的方式欢庆一番。他们四个人在一天之内猎获的野味就足够大家吃上近一个星期了。在此期间，除了娱乐之外，我们还练了武器，许多印第安人也加入进来，包括伟大的头领马萨索特和其他大约 90 人。我们用盛筵招待了他们三天。"这便是北美大陆上的第一个感恩节，因为宴会以烤火鸡为主，又称为"火鸡节"。自此，感恩节年复一年地举行，逐渐成为全国性的节日，但各地时间不一。到 1863 年，林肯总统在白宫宣布 11 月最后一个星期四为感恩节。

烤火鸡和南瓜馅饼作为感恩节的节日食品是与生俱来的，一直不可缺少。因为它们不仅能使人追忆祖先创业的艰辛、感谢上帝恩泽，还能激励今人进一步创造更加幸福美好的生活。与当初不同的是，如今的火鸡不是野生的，而是人工饲养的，并且人们知道火鸡肉质鲜嫩清淡、营养价值很高。据报道，美国每年饲养上亿只火鸡，其中大约有 1/3 用于感恩节的餐桌，可见人们对它的喜爱。

三、西方的其他节日

在西方国家，除了大量的宗教节日外，还有一些与宗教无关或没有直接关系的其他节日，如母亲节、父亲节、愚人节，更有一些与食物紧密相关的节日，如酒神节、葡萄酒节、啤酒节、辣椒节和苹果节、黄瓜节、葡萄节、南瓜节等。而在当今与食物紧密相关的节日中，啤酒节和辣椒节是最具特色、最著名的。

（一）啤酒节

啤酒节是德国的传统节日，最有名的是慕尼黑的啤酒节。它起源于 1810 年 10 月 12 日。那时，为庆祝皇太子路德维希一世和萨克森王国特雷西亚公主的婚礼，市民和骑士在慕尼黑郊外的草坪上举行各种游戏和赛马活动。后来，便每年举行一次庆祝活动。由于慕尼黑的 10 月经常会刮风下雨，就改在 9 月底到 10 月初，一共 14 天。

在节日的第一天中午 12 点整，礼炮响 12 次，在欢快的《畅饮曲》中，慕尼黑市长用大木槌将一个黄铜水龙头打进木制啤酒桶里，啤酒迅速流出来，市长接满第一杯酒，献给巴伐利亚州总理，然后举起第二杯，与参加盛会的人们一起痛饮。节日活动的主要地点在黛丽比草场，街头也人流如潮，酒厂的骏马载着装满古香古色木酒桶的马车，穿行在人群之中。啤酒亭里，乐队吹奏着动听的乐曲，侍者端着酒杯在餐桌间穿梭，人们开怀畅饮，尽情享受美酒带来的快乐。如今，吸引了越来越多的世界各地游客参与其中，带来可观的消费和收入。据报道，在 2013 年为期 14 天的慕尼黑啤酒节期间，接待了大约 700 万来自全世界的客人，现场消费 600 万升啤酒、50 万只烤鸡、160 头牛，商户的整体销售额达到 4 亿欧元，为整个城市带来 10 亿欧元规模的经济价值。

（二）辣椒节

辣椒节是美国的著名节日。每年的 9 月 5 日至 6 日，美国的新墨西哥州哈奇城都要举办辣椒节。在 9 月 5 日上午，通常要组织对辣椒品种的鉴定，举行以辣椒为主要原料的烹调比赛。评判员在品尝辣椒酒和辣椒菜肴后选出优胜者。在比赛中获奖的这些优秀菜品，不仅要汇集到《哈奇辣椒节食谱》中，还要在当天中午的餐厅里开始供应。到了下午，则举行老式的小提琴比赛、画展等活动。在节日的最后，人们将从青年女子中选出"辣椒女王"，评比依据是参赛者的沉着和讲话能力。节日活动的组织者常常还要举办一次大约有 6000 人参加的午餐招待会，需要近 450kg 辣椒。

第三节　西方人生礼俗

一个人从出生到去世，必然经过许多重要的阶段，而其中最重要的阶段通常被称为人生的里程碑。在跨越人生的每一个里程碑时，人们都会用相应的仪礼加以庆祝或纪念。人生礼俗即人生仪礼与习俗，就是指人的一生中在各个重要阶段通常举行的不同仪式、礼节以及由此形成的习俗。

一、西方人生礼俗的特点及成因

在独特思想观念和价值取向即幸福观的直接影响下，西方人的人生礼俗有着显著的特点，那就是以宗教成礼，祝愿健康快乐。

就思想观念与价值取向而言，西方人对生命的追求以健康快乐为目的，偏重于生活质量，却不太注重有时甚至忽视生活数量。健康是人类最基本的追求，因为没有健康的身体而导致失去生命，一切便无从谈起。但除此之外，西方人的幸福观还有什么内容呢？在以农业为主的国家，整个国家、社会是由无数个定居的家族构成的，国家、社会的稳定与繁荣依赖于家族，而家族的稳定与繁荣又与人口数量和个人的长寿密切相关，只有个人长寿，才可能人丁兴旺、家族繁盛，也才可能有社会的繁荣，由此从个人到家族乃至国家才能得到幸福。于是，在以农业为主的国家中常常将福与寿相连，视长寿为幸福，重视生活的数量，中国就是其中的典型。而在西方国家，最初多以畜牧业为主，逐水草而居是其主要的生活方式，在不断的迁徙转移中，衰老者常常因冬季难以跋涉而成为不得不丢弃的负担（英国马林诺斯基《人类文明的演进》），后来工商业得到迅速发展，更需要的是年富力强和充满朝气、锐气与活力、创造力的中青年，老人的处境和作用有所改善，但并没有实质性的变化，不可能像在以农业为主的国家中成为家庭、社会稳定与繁荣的核心，因此很少有人把长寿视作幸福，他们始终认为生活快乐才是幸福，更加重视生活的质量。古希腊哲人亚里士多德在《伦理学》中言："常见以为福者，可以见闻之事，如快乐、富裕、名望是也。"高成鸢先生《中华尊老文化探究》中也指出："西方幸福观以快乐为核心，福（Happiness）即以乐（Happy）为词根。"这种幸福观延续至今。于是，西方人无论男女老幼最常用的生日祝语是"生日快乐"，不讲长寿，不说子孙发达，唯一的祝愿就是快乐。

西方人一生所遵循的基督教礼仪除最基本、最普遍的祈祷、祝福、守斋之外，还有由耶稣亲自规定的七大礼仪，即七大圣事、圣礼，包括洗礼、坚振、圣餐、告解、终傅、神品、婚姻等。其中，洗礼、婚姻、终傅等礼仪处于人生最重要的阶段，因此大多数西方人在人生礼俗中不看重饮食而看重宗教，常常是以宗教成礼。

二、西方人生礼俗的重要内容

人生礼俗的内容十分丰富，这里仅介绍其中最重要的部分即诞生礼俗、生日礼俗、结婚礼俗、丧葬礼俗，并且以意大利、法国、英国、美国的人生礼俗为主，兼叙其他一些西方国家的人生礼俗。

（一）诞生礼俗

当新的生命降临时，人们都希望孩子能健康快乐地成长。但是，在西方国家，由于基督教广泛地渗透到人们生活的各个方面，因此婴儿诞生时的礼俗多与其宗教仪式相连，常常通过洗礼使孩子免除原罪、成为纯洁的人，进而祝愿孩子能健康快乐地成长。

洗礼是基督教的重要礼仪，也是基督教的入教仪式。由于婴儿的洗礼常常与其正式命名仪式同时进行，因此也把洗礼称为命名礼。举行洗礼时，通常需要孩子的教父、教母参加。教父、教母是基督教信徒在孩子出生时为其选定的，原意是为了让他们在宗教信仰方面给孩子一些帮助，而实际上是希望孩子能够有较多的长辈关心其成长和教育，在孩子困难时给予更多的帮助。因此，教父与教母的职责是在孩子受洗时为其作保，代其申明信仰，在父母无力或不尽责时向孩子进行宗教教育并代行父母之职，同时还要送给孩子礼物。据英国唐纳德的《西方现代礼仪》一书指出：在法国，当孩子接受洗礼之前，"教母一般赠送洗礼袍，教父赠送一件银器。他要为分发洗礼糖果做出贡献（如果准备分发）"。在教堂洗礼结束后，前来观礼的亲友会赞美孩子、向其父母表示祝贺，孩子的父母有时会举行一次宴会等庆祝活动，邀请亲友和施洗的神甫或牧师参加，但这种宴会并不是必须的，也不是十分普遍。

（二）生日礼俗

一个人从满 1 周岁开始，每年的周岁纪念日都有一个特别庆祝仪式，这就是过生日。西方人在一定程度上也重视生日，尤其是孩提时代的生日。人们通常举行生日晚会加以庆祝，而祝愿快乐就是它的主题。

在西方国家，许多人非常注重儿童的生日，而对成年以后的生日则不太看重。儿童过生日时，一般要举行生日晚会，邀请亲朋好友参加。来宾都要送上生日礼物表示庆贺，而孩子的父母则要送上一个漂亮而甜美的生日蛋糕作为生日特别食品，并在生日蛋糕上插上与孩子年龄相等数目的小蜡烛，1 岁插 1 支蜡烛，2 岁插 2 支蜡烛，3 岁插 3 支蜡烛，依此类推。当蜡烛插完后大多由父母点燃，孩子则在《祝你生日快乐》的歌声中许下心愿并吹灭蜡烛，然后切开蛋糕与大家分享。对于成年人，也可以采用相同方法庆祝生日，但其重视程度常常不及他们在结婚以后对结婚纪念日的庆祝。如今，西方人很少像中国人那样把 50 岁、60 岁、80 岁等生日叫作"大寿"，也很少十分隆重地加以庆贺、"祝寿"。符中士先生在《吃的自由》中分析说："选择蛋糕作为生日食品，是希望人生能够像蛋糕一样轻松、甜美。唱生日庆祝歌，从头到尾，翻来覆去，只有一句歌词：Happy birthday to you。不讲长寿，不说子孙发达，唯一的祝愿就是快乐。"其实，西方不甚重视成年人的生日、寿辰，也在于他们很少以长寿为幸福，不求长寿而求快乐，并且让周围的人一起分享快乐。

（三）结婚礼俗

当一个人成年以后，婚姻就受到特别的重视，西方人也不例外。他们非常看重婚姻，订婚、结婚都要举行仪式。订婚时常常设宴宣布，而结婚则除了以法律形式登记外，大多数人还要在教堂举行婚礼。法定的结婚仪式比较简单，宗教的结婚礼仪则非常隆重，而人们对新郎、新娘的祝愿主要是生活幸福、快乐。

在西方国家，许多人结婚前要先举行订婚仪式，并且通常是通过宴会进行的。如在法国，一般由女方家大摆筵席，宴请男方家人及亲友，其规模几乎与结婚时的相同。在宴会上，未来的公公要向没有过门的媳妇赠送戒指、珠宝等贵重物品。此外，在法国的一些地区，新郎、新娘还在举行婚礼的前夜分别聚会告别单身生活。新郎邀请好友到家中举行一次小的"葬礼"，在一个象征性的特制小"棺材"中放上两三瓶酒，并围着"棺材"喝咖啡，然后在哀乐声中将它抬来埋在新郎的院子里，等到新郎的第一个孩子出生时才挖出来、喝其中的酒以表庆贺。新娘则与女友举行告别晚会，朋友们向新娘献上花束或花篮，邀请新娘与她们一起跳舞，以表达相互的情意。

结婚时的宗教礼仪是在教堂中进行的。基督教认为，婚姻是指男女结合为法定夫妻。上帝创造人类时有男有女，于是命令其婚配，以使种族能够绵延。当婚礼开始时，随着庄严的《婚礼进行曲》响起，新娘身穿白色婚纱长裙，头戴白色面纱，一手捧着鲜花，一手挽着父亲的手臂，在伴娘的引导下缓缓走向圣坛，由父亲将新娘交给等候在那里的新郎。接着，主持婚礼的神甫或牧师将询问男女双方是否愿意结为夫妻，当得到双方的肯定回答后便诵念规定的经文，宣布男女双方结为夫妻并表示祝福，新郎新娘互相戴上象征婚后幸福无边无际、感情牢不可破的结婚戒指。对于在左手无名指上戴戒指的原因，有许多说法，而美国人索菲亚·约翰则认为最合理的推论可能是方便。他在《礼仪手册》中分析指出："5世纪的一位作家迈克罗彪斯说过：'开始时，在哪只手上戴戒指是件随意和普通的事情。但是随着奢侈的程度不断增长，戒指上镶了钻石和加工了华丽的雕刻，那么在右手戴戒指的习惯就移到了左手上，因为左手使用的比较少，因此戒指能得到很好的保护。'由于相同的原因，戒指戴在无名指上。"婚礼结束时，新郎新娘手挽着手走出教堂，参加婚礼的人们便纷纷向他们抛撒麦粒、玫瑰花瓣或五彩纸屑，祝愿他们丰衣足食、生活幸福快乐。其中，抛撒麦粒的习俗较为悠久，在西方国家已有数百年的历史。1486年，英国的国王带着王后旅行时，一位面包师的妻子便双手捧着麦粒从窗口撒下，高呼："祝你们幸运！"这意味着祝愿新人婚后粮食满仓。后来，一些西方国家的人虽然改抛五彩纸屑，祝愿是一样的。

婚礼之后便有婚宴和度蜜月的活动，但西方各国人举行的时间和重视程度却有所不同。如法国人和美国人比较重视婚宴，一般由新娘的父母设宴招待来宾，场面热闹非凡，碰杯之声不绝于耳，而结婚蛋糕是婚宴上不可缺少的食品。吃结婚蛋糕起源于古代的欧洲。最早的时候，凡是参加婚礼的宾客都要带上一只小面包，并将面包堆放在一张桌子上，让新郎新娘隔着面包接吻，祝愿他们的婚姻幸福美满。后来，一堆面包演化成了大蛋糕，但祝愿的寓意没有变，同时象征夫妻间的牢固结合。如今吃结婚蛋糕时，新郎新娘共同持刀切开后先互相喂食一小块，再分给来宾享用。宴会完毕后新人才外出度蜜月。但在英国，人们则比较重视度蜜月，一般在婚礼结束后便欢送新人外出度蜜月。相传，蜜月是由古代英国人结婚时喝蜜制饮料演化而来的。据说，古代英国人从结婚之日起就要喝一种由蜂蜜制作的饮料，以象征爱情甜蜜、生活幸福，一直要喝满一个月，因此把新婚的第一个月称为"蜜月"。后来，新人不再喝蜜而是外出旅行，去享受两人世界的快乐，称作"度蜜月"，具体情况则根据新婚夫妇的爱好、时间、经济条件而定。如今，"度蜜月"这一习俗已风靡世界许多国家。

西方人不仅重视婚姻，而且重视婚姻的质量、重视结婚纪念日，常常要在结婚纪念日举行纪念活动，以巩固感情、获得人生的快乐。许多结婚纪念日都有着有趣而且有一定象征意义的名称，常常会互相赠送一些寓意特别的礼物。其中，15周年以前，每一周年有一个名称；15周年至60周年中，每5周年一个名称；60周年以后则是每10周年一个名称。虽然每逢结婚纪念日大多要庆祝，但是由于人的寿命限制和对婚姻的态度等不同，要保持婚姻的快乐与长久往往是非常不易的，并非大多数人能够庆祝银婚，而能够庆祝金婚、钻石婚的人就更是凤毛麟角，因此人们十分珍视这些日子，一般要举行宴会或招待会，邀请亲友尤其是当年参加二人婚礼的人前来参加。受邀之人常常欣然前往，再次衷心地祝愿他们生活幸福、快乐。

结婚周年纪念名称及礼物表

周年数	名称	传统礼物	现代礼物
1	纸婚	纸张	钟表
2	棉婚	棉织品	瓷器
3	皮革婚	皮制品	水晶制品、瓷器
4	毅婚	水果、花卉	日用品
5	木婚	木器	木器
6	铁婚	铁制品或糖果	银器
7	铜婚	铜器或羊毛制品	书桌用品

周年数	名称	传统礼物	现代礼物
8	陶器婚	青铜制品或铜器	亚麻织品或鲜花
9	柳婚	柳制品或陶器	皮革制品
10	锡婚	锡器或铝器	钻石首饰
11	钢婚	钢制器皿	珠宝首饰
12	绕红婚	丝织品、亚麻织品	珠宝首饰
13	花边婚	各种花边	纺织品或毛皮制品
14	象牙婚	象牙制品	黄金首饰
15	水晶婚	水晶制品	表
20	搪瓷婚	瓷器	白金首饰
25	银婚	银器	银器
30	珍珠婚	珍珠首饰	钻石首饰
35	珊瑚婚	珊瑚	翡翠
40	红宝石婚	红宝石首饰	红宝石首饰
45	蓝宝石婚	蓝宝石首饰	蓝宝石首饰
50	金婚	金器	金器
55	翡翠婚	绿宝石首饰	绿宝石首饰
60	钻石婚	钻石首饰	钻石首饰
70	白金婚	白金首饰	钻石首饰
80	橡树婚	橡树制品	橡树制品或钻石首饰

（四）丧葬礼俗

当一个人的生命终结时，西方人大多采用宗教仪式，举行基督教的终傅圣事和葬礼，气氛庄严肃穆，旨在抚慰和祭奠生命终结者，并祝愿其灵魂早日复活、快乐地踏上天国之路。

终傅，是指终极敷擦"圣油"。接受过终傅圣事的人去世后，亲属将会为其举行基督教的葬礼，庄严肃穆，人们不能大声说笑，更没有任何与饮食相关的活动。

第四节　西方社交礼俗

每个人都有社会属性，都生活在社会之中，必然要与他人交往。但是，在人与人的交往过程中要想和平相处，就不能随心所欲、胡作非为，而必须约定俗成一些相应的行为规范和要求等。社交礼俗就是指人们在社会交往过程中形成并长期遵循的礼仪和风俗习惯。由于文化传统和社会风尚的差异，不同的国家或民族在社会交往过程中有着不同的行为准则和行为模式，也就有不同的社交礼俗。

一、西方社交礼俗的特点及成因

在独特的文化传统、社会风尚、道德心理等因素的直接影响下，西方社交礼俗最主要的特点是在行为准则上非常推崇"女士优先"、尊重妇女。这与基督教文化及骑士精神等有一定的关联。

在西方国家，影响力最大、渗透面最广的文化是基督教文化。圣母是"慈爱、痛苦和谦卑的化身"。正是由于有这样的思想观念，圣母受到高度尊敬和重视，在西方国家的许多教堂都有圣母的塑像或画像，法国巴黎更有闻名世界的巴黎圣母院；在西方绘画和雕塑中，圣母及其相关的事件、经历等是艺术家创作的重要题材和常见主题，拉斐尔一生就画了100多幅圣母像，以《西斯廷圣母》最杰出。法国卢浮宫至今仍收藏着许多关于圣母的绘画佳作。将基督教文化对圣母的虔诚尊敬扩展和延伸，便产生了尊敬人世间普通妇女的行为准则，因为她们也像圣母一样生育、养育了或将要生育、养育子女。

不仅如此，中世纪的骑士与骑士精神和文艺复兴时代的平等、博爱也形成和促进了尊重妇女社会风尚的发展。所谓"骑士"是欧洲中世纪一个居于封建领主和平民之间的社会阶层，是由征服罗马帝国、建立蛮族王国的日耳曼统治者的军事仆从——武士演化而来，在产生之时主要是以武力保护世俗统治者，表现出效忠主人、珍视荣誉、视死如归等特点，后来受基督教的教化作用更兼有了对天国统治者（上帝）的虔诚。克里斯托弗·道森在《宗教与西方文化的兴起》中说："对战争首领的个人忠诚的古代蛮族的动因受到了更高的宗教动因的影响，结果骑士最终成为受到崇奉的人，他不仅发誓效忠于其主人，而且立誓成为教会的卫士，寡妇和孤儿的保护人。"于是，他们以优雅礼仪代替狂放举止，不仅拥有对君王的忠诚、对上帝的虔信，还产生了对理想女性的赞美与爱恋，形成了忠诚、勇敢、高尚、文雅的骑士精神。而对理想女性的爱恋通常是纯粹精神的、柏拉图式的，实质上是基督徒对圣母玛利亚精神之爱的一种折射。这种骑士精神最终走进法国宫廷，成为贵族身份的装饰品，许多贵族都争当骑士，将武士的忠诚、基督徒的谦恭、情人纯洁的挚爱融为一体。中世纪以后，虽然基督教影响力下降、骑士阶层消失，但骑士精神却保留下来，并且逐渐渗透到更多人的生活中。赵林在《西方宗教文化》指出："个人英雄主义和热忱的献身精神、强烈的荣誉感、对妇女的尊重和罗曼谛克的爱情、对弱者的同情和侠肝义胆，以及讲究仪表潇洒和言辞文雅的风气，这一切近代的贵族风范都是中世纪骑士精神在法国的产物，并从法国扩及整个欧洲。"后来，文艺复兴时提出的平等、博爱思想也使得尊重妇女的社会风尚得以发扬光大。

此外，西方社交礼俗还具有规范性、传承性和限定性等特点。规范者，标准也。西方的社交礼俗基本上都有约定俗成的行为标准，人们在交际场合待人接物时往往必须遵守。它不仅约束着人们在交往过程中的言谈举止，而且成为衡量一个人言行的尺度。如在宴会上，如何安排座位、就座，如何使用餐具、怎样进餐等，都有一定的行为标准、方式和要求。任何人想要在交际场合表现得合乎礼仪与习俗，都必须严格遵守它们。传承者，传授和继承也。西方的社交礼俗是西方人在长期的社会交往过程中逐渐积累和流传下来的礼仪与习俗。限定性，是指有一定的范围。西方的社交礼俗主要适用于西方国家的社交场合。如西方人讲究"女士优先"，却不宜照搬到中国一些偏远山区，否则会有些格格不入，因为那里的人们长期以来崇尚的仍然是长者为先。

二、西方社交礼俗的重要内容

西方人的社交礼俗内容非常丰富多彩，但是这里主要介绍日常饮食、宴会上的礼俗和人们在餐饮活动中所涉及的其他相关礼俗。需要指出的是，这些礼俗仅仅是社交礼仪的重要组成部分，并且它们之间在实际生活中是互相交叉、难以分割的，这里只是为了便于叙述，才进行了如此分类。

（一）日常饮食中的社交礼俗

1. 餐具的布置与使用
（1）餐具的布置

在16世纪以前，西方人进餐时几乎没有任何餐具，总是先用刀切割好食物，然后伸出手指抓食。当时的一个礼仪规范是："取用肉食时，不可伸张三根以上手指。"但是，当他们普遍使用刀叉以后，餐具及其布置就成为西餐最讲究的地方之一，不仅要求吃一道菜换用一副刀叉，而且要求吃不同的菜使用不同特点的餐具。这样，人们往往可以根据餐桌上摆放的刀叉数量和形状大致了解菜肴的数量和品种。

以比较常见而普通的欧式餐具布置为例，餐桌上一般都有台布，餐具包括底盘、刀叉、餐勺、面包碟、杯子和餐巾等。底盘放在就餐者的正前方，其功能是装饰品和托盘的结合。吃开胃菜和主菜用的刀叉，按照餐叉在左、餐刀在右的原则分别纵向摆放在底盘两侧，有时分别摆放的刀叉有三副之多，并且餐刀的刀刃朝向底盘，餐刀的右边紧挨着的是纵向放置的用来喝汤的餐勺。面包碟及黄油刀放在餐叉的前方或左边，同时黄油刀横放在面包碟上。杯子放在餐刀的前方，从左到右依次是香槟杯、水杯、红葡萄酒杯、白葡萄酒杯。吃甜食的餐叉和餐勺横放在底盘的正前方。在美国，餐勺的把手朝右方、餐叉的把手朝左方，而在欧洲则两个把手都朝右方。餐巾通常会叠成一定的图案，放在水杯或底盘中。大多数情况下，喝咖啡的餐具最后才会摆上。这时，咖啡杯和搅拌咖啡用的小餐勺常常放在一个小碟子中，摆上餐桌。除了这些餐具外，如果要吃一些特别的食品，还会临时摆上所需要的特殊餐具。

基本餐具摆放

套餐式餐具摆放

在西餐中，用于吃不同饮食品的各种刀叉不仅摆放位置不同，其形状也各不相同。吃开胃菜的刀叉体积稍小，吃主菜的刀叉体积最大。其中，吃肉用的是像锯一样带有刀刺的餐刀，吃鱼用的是叉刺较尖且最靠外边的叉刺顶尖部有缺口的餐叉。而黄油刀是最

66　　西方饮食文化（第二版）

小的餐刀，其刀头和刀把不在一个平面上，有时刀背上还有一个小缺口，以便于切下完整的黄油片和涂抹黄油。餐勺的形状也是如此。如喝汤的餐勺就有两种，用于喝清汤的汤勺头部呈椭圆形，而头部呈圆形的汤勺则用于喝比较浓的汤。

（2）餐具的使用

① 餐具的使用原则

无论任何时候，刀、叉、勺的使用都遵循着由外向内的使用原则，每一道菜点都要用一套盘子、刀叉或餐勺。当一道菜端上餐桌时，首先需要确定的是应该用刀、叉还是餐勺。如果食物有一定形状，一般需要刀叉并用，从最靠外边的刀叉开始。如果是汤，则只需要餐勺。不管吃什么饭菜，最多只能使用两个餐具，否则吃下一道菜时就可能缺少餐具了。

对于杯子，如果是横向放在一排，则遵循由左至右的原则去使用；而如果多个杯子呈台阶形排列时，则依然遵循着由外向内的使用原则，从最靠外边的杯子开始使用。

② 餐具的使用方法

第一，刀叉的使用。主要有两种：一种是欧洲式。具体方法是进餐时始终右手持刀、左手持叉，切一次，叉食一次。通常认为，这种方法比较文雅。另一种是美国式。具体方法是先右手持刀、左手持叉，将餐盘中的食物全部切好，然后把右手持的餐刀斜放在餐盘前方，将左手持的叉子换到右手，再来叉食。这种方法似乎比较省事。但是，如今在西方国家最流行的还是欧洲式使用方法。

在用刀叉进餐时，无论使用哪一种方法，都必须注意四点：一是切割食物时不能发出响声。二是切割时一定要双肘下沉，但手臂不能压在桌子上，也不能左右开弓，否则有碍于他人，还可能使食物"逃脱"。三是切割的食物大小应以适合一次性入口为宜，不能叉起来后还需一口一口地咬着吃，更不能用刀扎着吃。四是刀叉的朝向一定要正确。同时使用刀叉时，叉齿应当朝下；右手持叉进餐时，叉齿应当向上；而需要临时放下餐刀时刀刃不能向外。

第二，餐勺的使用。至少应当注意四点：一是餐勺主要用于喝汤、吃甜点和搅拌咖啡或红茶，不能直接舀取其他菜肴和咖啡或红茶。二是已经开始使用的餐勺不能再放回原处，也不能将其直立、插入菜点之中。三是餐勺在使用过程中要尽量保持干净清洁，不能全身混浊不堪。四是用餐勺取食时不能过量，不能在汤和甜点中搅来搅去，而且勺中食物一旦入口，就要一次用完，不能反复品尝。

第三，餐巾的使用。应先打开餐巾，折叠后平铺于自己并拢的大腿上，不能围在脖子上或挂在椅子上。如果是正方形餐巾，可以将其折成等腰三角形，并将直角朝向膝盖方向；如果是长方形餐巾，则可以将其对折，然后折口向外平铺。餐巾主要用来为衣服保洁、擦拭口部和掩口遮盖，不能用来擦汗、擦脸和餐具。

③ 餐具的暗示意义

第一，刀叉的暗示意义。在进餐过程中，可以通过刀叉的放置暗示是否吃好了一道菜肴（见下图）。具体方法是：如果与人交谈，需要暂时放下刀叉不用，则将刀叉呈"八"字形放在餐盘上，叉在左边，叉齿向下；刀在右边，刀刃向内。它的暗示意义是：此菜还未用毕，不能撤下。需要注意的是，不能将刀叉交叉成"十"字形摆放，否则西方人认为那会令人晦气。如果吃完了或不想吃了，则可以刀右左叉地并列纵放在餐盘中，或刀上叉下地并列斜放在餐盘中。它的暗示意义是：此菜已经吃完或不再食用，可以而且应当撤下了。

法式　　　　　　　英式

用餐中

用餐结束

第二，餐巾的暗示意义。通过餐巾的使用与放置可以暗示用餐的起止和状态。西餐常常以女主人为"带路人"，如果女主人铺开餐巾时，则暗示用餐可以开始了；如果女主人把餐巾放到桌子上时，则暗示用餐结束。其他用餐者如果进餐完毕，也可以将餐巾放到桌子上作为暗示。而如果在进餐过程中，需要中途暂时离席，用餐者则可以将餐巾放置在自己座椅的椅面上，暗示过一会儿还要回来进餐。

2．菜点的食用方法

西方的各种菜点大多有不同的食用方法，这里仅按照开胃菜、汤、主菜、面点和甜品等类别，简要介绍一些常见菜点的食用方法。

（1）开胃菜的食用方法

通常而言，开胃菜以沙拉为主，但有时也上海鲜或果盘。吃沙拉时主要使用餐叉。而开胃菜里的海鲜常常有鲜虾、牡蛎和蜗牛等。吃小虾时，可以用叉子取食；吃大虾时，则应当先用手剥壳，再送入口中或用叉子取食。吃牡蛎时，应当用专门的餐叉，一只一只地取食。如果是带壳的蜗牛，则可以先用专门的夹子将肉夹出后食用，再吸食壳中的汤汁；如果是去壳的蜗牛，则直接用叉子取食。

（2）汤的食用方法

喝汤时讲究用右手持握汤勺，身体微微前倾，舀汤汁时将其分量控制在汤勺的一半或一大半，以保证汤汁不会从汤勺中洒出。舀汤的方法基本上是由内向外舀，即由靠近自己的一侧移向远离自己的另一侧，但也有由外向内舀的。喝汤时要从汤勺的侧面去喝，并且不能发出任何响声。如果用汤盘盛汤，一旦汤汁所剩无几时，可以用左手由内侧稍微将汤盘托起，使其向外侧倾斜，然后用右手持勺舀取。需要注意的是，一般不要直接端起汤盘来喝汤，不能趴到汤盘或汤碗上吸食，也不能用嘴吹汤以降温。

（3）主菜的食用方法

主菜的品种十分繁多，而最常见的是用鸡、鱼、肉类原料和通心粉等制作的菜肴。吃鸡的时候，首先要设法剔除鸡骨，再用刀叉将鸡肉切割成小块，进而取食。吃鱼的时候，可以先用手挤出一些柠檬汁，洒在鱼身上，然后用餐叉压住鱼头，用餐刀将上半片鱼肉和骨头分开，再切下鱼头、轻轻拨去鱼骨和鱼刺，然后切成小块，用餐叉取食。肉类菜肴常常是指用猪、牛、羊等制作的菜肴。其中，又以牛排、羊排、猪排为多，在食用时常常用叉子叉住肉的一端，再用刀子切下一口大小的肉块食用。当刀子插入肉中，需要稍微用一点力，以便轻松切下肉块，但是不能发出刀叉与餐盘碰撞的声响。吃通心粉的时候，要右手握叉，在左手握着的汤勺帮助下，把通心粉缠绕在叉子上，入口而食，不能吸食、发出声响，也不能一根一根地用叉子挑食。

（4）面点和甜品的食用方法

面点和甜品主要指面包、点心和冰淇淋、水果等。西方人吃的面包主要分为鲜面包和烤面包两类。吃鲜面包时，要用左手撕取大小适当、能够一次入口的一小块面包，用右手持黄油刀取少量黄油，涂抹在面包上，或者涂抹果酱、蜂蜜，再送入口中。不能像吃汉堡一样双手捧着吃，或者拿着一大块后一口一口地咬着吃。吃烤面包时，不能用手撕食，因为这样做会使面包屑四处飞溅，而应当慢慢地咬食，同时还可以配黄油、鱼子酱，甚至挤一些柠檬汁，使其味道更美。而点心有蛋糕、派、挞等，通常会放在餐盘中上桌，吃时多用餐叉，有时也可以刀叉同时使用。冰淇淋则常常被盛装在专用的高脚玻璃杯中上桌，吃时多用餐勺。吃水果时，质地柔软的则用餐叉或餐勺食用，质地较硬的则可以先用餐刀切割，再用餐叉取食，有时甚至可以直接用手取食。

3. 酒和咖啡的饮用方法

西方人在进食菜点的过程中通常少不了用酒和咖啡作饮料，而在饮用它们时也有相应的一些方法。

（1）酒的饮用方法

在西方人的正餐中，酒水往往占有重要甚至绝对主角的地位，与菜肴有着十分严格的搭配关系。一般情况下，吃西餐时，不同的菜肴需要配不同的酒水，每吃一道菜则需要换一种新的，而且用恰当杯子盛装的酒水。而这些酒水大致分为餐前酒、佐餐酒和餐后酒三类，每一类下又有许多品种。

餐前酒，又称开胃酒，常常在开始正式用餐前饮用，或在吃开胃菜时饮用。最受欢迎的餐前饮酒有鸡尾酒、味美思、香槟酒等。

佐餐酒，又称餐酒，是在正式用餐时饮用的酒，通常为葡萄酒，而且大多数为干葡萄酒或半干葡萄酒。在选择、搭配佐餐的葡萄酒时的重要原则是"红肉配红酒，白肉配白酒"。所谓红肉，指牛肉、羊肉、猪肉，吃这些肉类时应当配搭红葡萄酒。所谓白肉，指的是鸡肉、鱼肉和海鲜，吃它们时应当配搭白葡萄酒。

餐后酒，是指在进餐结束后用来帮助消化的酒。在餐后酒中，最常见的是利口酒，又称香甜酒；最著名的是有着"洋酒之王"美称的白兰地酒。

（2）咖啡的饮用方法

咖啡通常是西方人正餐的"压轴戏"。最基本的咖啡有黑咖啡、奶油咖啡、普通咖啡和不含咖啡因的咖啡。

黑咖啡是纯粹的煮咖啡，在其中加入牛奶或奶油则成为奶油咖啡，而在奶油咖啡中再加入一些糖，就是普通咖啡。大多数情况下，常常把黑咖啡盛入杯中，然后放在碟子上，旁边再放上糖和牛奶或奶油，一起端上桌。饮用咖啡之前，可以先把糖和牛奶或奶油放入黑咖啡之中，用咖啡勺轻轻搅匀，然后将咖啡勺平放在碟子中，绝对不能用咖啡勺舀咖啡来饮用，也不能让它直立在杯子中。饮用咖啡时，应当伸出右手，用拇指和食指握住杯耳后，再轻缓地端起杯子，不能双手握杯或用手托着杯底，也不能俯身靠近杯子去喝或用手端着碟子、吸食杯中的咖啡。同时，饮用咖啡时应当小口慢慢品尝，以体会其中难以言传的美妙和显示举止的优雅。

（二）宴会中的社交礼俗

在众多的宴会中，人们总是把女士放在优先考虑的地位，尊重妇女被视为具有良好教养的表现，否则就显得粗俗无礼，无论是正式宴会还是随意性强的鸡尾酒会或冷餐会都不同程度地体现着尊重妇女、女士优先的准则和其他社交礼俗特点。在此，主要以正式宴会的双方和重要环节为线索进行叙述。

1. 宴会举办方的礼俗

（1）邀请

当决定要举办宴会后，宴会的举办方即主人就要考虑和确定宴请的对象，最好列出相应的名单，然后向宴请的对象即宾客发出邀请。而邀请的形式有两种：一是口头邀请，直接告之或打电话通知。二是书面邀请，主要是发请柬。请柬的内容应包括宴会的名义、形式、时间、地点、主办者名称或姓名。如果有穿着要求，应写入请柬，或提前数天打电话通知。请柬的信封上要工整地写上被邀请者的姓名、职务及敬称。请柬通常提前7~15天发出，以便被邀请者能够及早安排。

（2）排座

在得到所邀宾客的回复后，就应当根据宾客的性别列出名单，然后根据名单安排座位的形式和具体的座次。如果是只有男宾参加的宴会，通常女主人不出席，则只列一个名单，有两种安排座位的方式：一种是主人的右边安排主宾，主人的左边安排次主宾，接着两边轮流排列，位最低的宾客在主人对面，但不能正对面。另一种是主人正对面安排主宾，随后的第一座次在主人右边，第二座次在主宾右边，第三座次在主人左边，第四座次在主宾左边，依此类推。如果是男女混合参加的宴会，则由男女主人共同主持，需将男女宾客分列成两个名单，其通常的座位安排方式是：男主人与女主人正对面，男主人的右边为女主宾、左边为女性次主宾，女主人的右边为男主宾、左边为男性次主宾，接着依次向两边的外侧排列。

安排座次大致遵循五个基本原则：一是女士优先。在安排宴会尤其是家宴的座次时，主位一般是由女主人就座，男主人则常常坐在第二主位。二是恭敬主宾。在宴会中，主宾始终是主人关注的中心，即使宾客中有人在地位、身份、年龄等方面高于主宾，也不能取代其中心地位。在安排座次时，应当让女主宾紧靠男主人就座、男主宾紧靠女主人就座。三是面门为上。它是指面对正门的座位通常在序列上要高于背对正门的座位，而由女主人坐的主位则常常是面对正门的座位。四是以右为尊。对于一个特定的座位而言，它右边的座位高于左边的座位，男主人的右边为女主宾，女主人的右边则为男主宾。五是交叉排列。西方人把宴会视为交际场合，在安排座位时讲究男女交叉排列、生人与熟人交叉排列，以利于广泛交友，但是一对夫妇的座位应在同一边却不能相连。此外，还应该注意的是，男宾的座次常根据地位和年龄安排，女宾的座次则只能根据地位而不宜根据年龄安排，一位英国法学家说过，"除了特殊的例外，所有的女士都是年轻的"。

（3）迎宾与上菜

在举行宴会之时，主人应当在宾客到达现场之前做好准备工作，进行一些适度的个人修饰。当宾客到达时，主人应当热情相迎，并且将宾客领进大厅。宴会开始后，服务人员应当首先给女士上菜，先从左侧给女主宾送上菜盘，然后按顺序分送给其他女宾，最后送给女主人；接着给男士上菜，也是先从左侧给男主宾送上菜盘，然后按顺序分送给其他男宾，最后给男主人。西方宴会的基本格局是由开胃菜、汤、主菜、甜品和咖啡构成，但正式而隆重的宴会常常比较丰富，由开胃菜、面包、汤、主菜、点心、甜品和咖啡或红茶等菜点和饮料构成。每当一道菜点吃完后，服务人员就应当从主人或宾客的右侧撤下一套餐具。

2. 宴会参与方的礼俗

（1）回复

对于受邀请者而言，接到请柬后可根据自己的实际情况来确定是否参加，但是应当尽快地回复信息，以便使主人有足够的时间做相应的安排。如果不能参加，则应当向主人诚恳致歉。如果已经答应参加，却因临时变故而不能参加，则应立即通知主人，并说明原因。最不应该犯的错误是收到请柬后不做任何回复。

（2）赴宴与入席

在赴宴以前，受邀请者应当适度地进行个人修饰，要求衣着考究、整洁优雅而有一定个性。在赴宴时，要求准时到达宴会场地，过早或过晚到达都是失礼的。如果男女同时前去参加宴会，乘车时，男士应给女士开车门，让女士先上车，待关好女士旁边的车门后自己再从另一个车门上车；走路时，男士应请女士先行，并让其走在人行道内侧，自己走在外侧；上楼梯时，应让女士先上，下楼梯时则让女士后下，以防跌倒；走进客厅或宴会厅时应给女士开门，并让其先进。当主人把女宾客迎入大厅时，厅内的男士们一般要站起来表示敬意，而如果进来的是男宾客，那么女士不必起身。当宴会开始时，首先由男主人邀请女主宾入席，并为其拉开椅子，帮其入座，其他宾客则各就各位，女主人与男主宾最后入座。

（3）进餐

在整个进餐过程中，女主人通常是"带路人"：如果女主人铺开餐巾时，则暗示可以开始进餐了，当女主人及其他女士拿起餐巾、刀叉开始进餐后男士们就可拿起餐具进餐了；如女主人把餐巾放到桌子上，则暗示用餐结束、可以退席了。

在整个进餐过程中，除了不同的菜点有不同食用方法外，还有一些基本的原则和要求。其中，第一个原则是举止高雅。正统的西餐礼仪出自西方古代的宫廷，并且延续了很长的时间，有着许多程式化的规定，主要目的是让进餐者严格约束自己的行为举止，使其高雅动人，吃出风度和气质，具体要求是进食禁声、避免发生异响、谨慎使用餐具、正襟危坐和吃相干净等。如进餐时身体不能前倾，只能把头微微靠近盘子，手放在桌面上而肘自然垂放在桌面下；喝汤时不能发出声响，应用汤勺的一侧从里往外舀，不能直接将汤盘端起来；吃面条时同样不能发出声响，应将面条卷在叉上后食用；吃肉菜时，应右手握刀、左手持叉，将叉牢牢地扎入肉块中，不能让它掉落，"因为任何东西跌落到碟中都是严重的错误"。饮酒时，根据个人的意愿、喜好来选择是否饮酒、饮什么酒、饮多少酒，忌讳劝酒。英国人和法国人都认为，如果不能像绅士一样用餐，将成为一辈子的污点。第二个原则是尊重妇女、女士优先。进餐时，不论是否相识，每一位男士都有义务积极、主动地照顾身旁的女士，如递调味瓶、陪她们交谈等，但很少给她们夹菜。当男女同时需要餐具、菜点、调味品时，男士应当让女士先取。第三个原则是积极交际。西方宴会的一个重要目的是促进人们的社交活动、以宴会友，因此在品尝美酒佳肴的同时不能忽视适当的交际活动。在宾主之间，宾客一定要找到时间和机会向主人致意和叙旧等；在宾客之间，不仅要与老朋友交流，还要借机多交新朋友，不能只吃不说或只与个别宾客交谈。

（4）退席

当用餐进入尾声，应该等女主人起身退席后，其他人方可起身退席。在退席时，男士们同样需要为女士拉开椅子，让她们先行。在与主人告别时，宾客应当向主人表达谢意，并且还应当赞扬女主人的热情好客或高超的饮食品制作技术。

相对而言，西方的冷餐会、鸡尾酒会则不像正式宴会那样强调严格的礼仪规范，而是讲究轻松活泼、自在随意。它们除了以酒水为主角、以冷食为主菜外，还有不必安排座次、不必考究衣着、不必准时参加和进餐、交际自由等特点。但是，冷餐会、鸡尾酒的礼仪简单，也不是完全没有礼仪，在进餐过程中还需要注意五点：一是排队取食。不论是在餐台取菜，还是从服务人员的托盘中取酒，都应依照次序、排队进行，不能哄抢、加塞儿。二是少取多次。在选取菜点时，应当每一次取少一点，吃完后再去取，不能一次取得太多，使自身形象受损，更不能因吃不完而造成浪费。三是不可代取。除了家人和极好的朋友外，一定不要擅自去替别人代取饮食品，因为不可能了解对方是否需要和喜欢。四是送还餐具。用餐结束，应当将自己使用过的餐具主动送到特定的餐具存放处，不能随手乱放。五是积极交际。冷餐会、鸡尾酒会的突出特色是比正式宴会更有利于人们进行充分而广泛的交际，参加者可以自由走动、边吃边谈，可以最大限度地根据自己的意愿选择谈话对象，但不是说自己认为没有谈话对象就可以只吃喝不交谈，吃了就走，而是要尽量与人交谈，最广泛地与他人进行个别接触和交谈。

（三）餐饮活动中的其他社交礼俗

1. 服饰礼仪

西方人在参加餐饮活动时，常常根据用餐规模、档次、性质等的不同，穿戴不同类型的服饰，尤其在正式宴会上更是十分注重服饰，因此形成了服饰礼仪。

（1）服饰的分类

服饰的分类多种多样，大致可以分为礼服、正装和便装。其中，传统的男礼服主要有燕尾服、晨礼服和便礼服。但是，随着西装的出现和使用，这些传统的礼服已经退居极其次要的地位，只是在非常特别的场合才有较少的人穿着，而更多的人在更多的场合选择穿着西装，因为他们把西装看作一种既是礼服又是正装、适应面极广的服饰。传统的女礼服主要有大礼服、常礼服和小礼服。其中，大礼服包括袒胸露背的拖地或不拖地的单色连衣裙，配有长统薄纱手套、同色帽子和各种名贵首饰。常礼服，包括质地与颜色相同的上衣或裙子，配有相匹配的帽子和手套。小礼服，包括露背的单色连衣裙，长度至脚背。如今，除了这些礼服，女士们也常常穿正装，即套装或套裙。

（2）服饰的穿戴原则

西方人把服饰的穿戴原则归纳为TPO，即时间（Time）、地点（Place）、场合（Occasion）三个英语单词的缩写，即要求人们应当根据自己将要出席的时间、地点和场合选择服装类型和款式，做到协调一致。时间，既指一天中的早、中、晚三个时段，也指一年的春、夏、秋、冬四季，甚至可以指一个人的不同年龄阶段，应当考虑时间因素，做到因时穿戴。地点，主要指地方、场所及其位置等，有室内外之分、城市与乡村之分、家庭与公共场所之分等，应当考虑地点因素，做到因地穿戴。场合，主要分为正式场合与非正式场合两大类，不同的场合应当选择不同的服饰，做到因场合穿戴。

在当今的餐饮活动中，对于正式宴会，通常穿礼服和正装。男士最常穿的是黑色或深色西装，其色彩不能过淡、过艳；女士则常常穿低胸长裙或套装、套裙，但不能太短或太薄。对于普通的聚餐，则可以穿便装，如男士可以穿浅色西装，或仅仅穿单件的西装上衣；女士可以穿时装等。但是，穿便装不等于随心所欲地乱穿，更不能过分追求"个性"。而无论在什么样的餐饮活动中，无论怎样穿戴，都不能在用餐时当众整理服饰。

（3）西装的穿着

西装是西方男士的礼服和正装，是一个人社会地位的象征，也是一个集体的服饰名片，因此人们对西装的穿着十分看重、考究。

首先，注意因人而异。如不同身材和体型的人应当穿不同的西装。体型较胖的人，宜穿有两个纽扣、敞胸大的西装和有圆润感或用质地稀疏的粗花呢料以及明色格子的薄呢子制作的西装，以弥补自身条件的不足；体型较瘦的人，宜穿肩和胸部有衬垫、用斜纹呢子和法兰绒等面料制作的紧身西装。个子高的人，宜穿粗格条纹、双排扣的西装；个子矮的人则宜穿质地稀疏、窄翻领、单排扣的西装。

其次，注意西装外套与衬衫、领带、鞋袜等的搭配。穿西装应当搭配高质量的长袖衬衣，领子外露部分要平整干净，下摆掖在裤子里，袖口略微外露。在比较正式的场合，领带是不可缺少的，其长度以达到腰间系的皮带处为宜。穿西装时一定要穿皮鞋，所谓"西装革履"才是协调完美的。通常而言，深色西装配深色或黑色皮鞋，浅色西装配浅色皮鞋，同时还需要配合适的袜子。而袜子的颜色常常要比西装的稍微深一些，不宜是白色或十分透明的。

2．见面礼仪

在社交场合，相识者与不相识者之间常常都需要在适当的时刻互相行礼，以表达情感和敬意，由此便有了见面礼仪。而由于历史时期、文化背景、地点场合等的差异，形成了多种多样的见面礼，有点头礼、举手礼、脱帽礼、握手礼、拱手礼、合十礼、拥抱礼、亲吻礼、鞠躬礼、屈膝礼、叩拜礼等。如今在西方国家，最流行、最广泛使用的是拥抱礼和亲吻礼。

（1）拥抱礼

拥抱礼是西方国家十分常见的见面礼。它的基本方法是，两人面对面站立，各自向前伸出双手双臂，右臂偏上、左臂偏下，将右手搭在对方的左肩后面，左手扶在对方的右腰后侧，然后各自按照自己的方位头部与上身都向左侧互相拥抱。这样，礼节性的拥抱就可以结束。但是，如果为了表达更加密切的关系和热烈的感情，应该在保持原手位姿势的前提下，再各向对方右侧拥抱一次，最后再各向对方左侧拥抱一次，一共三次。除了见面，西方人在道别和表示慰问、祝贺、欣喜等感情时也经常采用拥抱礼。

（2）亲吻礼

亲吻礼是西方国家一种传统而盛行的见面礼，有时还会与拥抱礼同时采用，即双方见面时不但拥抱而且亲吻。亲吻礼的基本方法通常是，用自己的唇部或面颊接触对方的面部。在行礼过程中，双方因关系不同，亲吻的部位也有所不同。具体而言，在长幼之间，如果是长辈吻晚辈，应当吻额头；如果是晚辈吻长辈，则应当吻下颌或面颊。在平辈亲人、朋友之间，一般是互相贴面颊。至于唇对唇的亲吻礼，则仅限于夫妻或情人之间。此外，还有一种吻手礼，主要是男士向已婚女士行的礼仪。但是，无论采取哪一种亲吻礼，都不能发出任何声响。亲吻礼在西方国家被认为是非常有意义的一种社交礼仪。丹麦学者克里斯托夫·尼罗普在《接吻历史》中说：亲吻是一种肌肉与感情的双重运动，亲吻双方的全身肌肉会因为这种亲吻带来的情感激动而颤抖。在公元 17 世纪和 18 世纪相当长的一段时间里，朋友间以亲吻来表达友谊十分普遍。除了见面，西方人在道别和表示慰问、祝贺、欣喜等感情时也经常采用亲吻礼。如人们在宴会结束时常常要亲吻男女主人，表示谢意；在参加婚礼时亲吻新人，表示祝贺等。

3. 馈赠礼仪

在西方国家，人们参加餐饮活动时常常会带上一些礼品送给主人。这些礼品的一个显著特征是"华而不实"，重要的不是金钱而是情谊。作为馈赠者，整个馈赠的礼仪大致包括三个方面：一是认真选择礼品。根据受礼者的个人特点和礼品的纪念意义而定，突出礼品的适应性、纪念性、独创性和时尚性等，不能送违法、犯规的物品和败俗禁忌的物品，不能送有害、废弃的物品和广告类物品。二是精心包装。在赠送之前，应当对礼品进行精心的包装，不仅显得十分正式，而且表示对受赠者的重视和尊敬。包装礼品时，可以用专门的纸张，也可以用特制的盒子或其他包装材料。三是大方赠送。在赠送礼品时，馈赠者最重要的是神态自然、举止大方，常常是在见面之后郑重地把礼品递到对方手中，不宜放下后由对方自取，更不宜胡乱塞在某个地方。如果是赠送给多人，通常是先女士后男士、先长辈后晚辈，有条不紊地依次进行。与此同时，还应有适当地、认真地说明，而不能一言不发，更不能悄悄放下而不直言。作为受赠者，在接受礼品之时则需要做到神态专注、双手捧接、认真致谢、当面拆封、表示欣赏等。

在西方人馈赠的礼品中，最常见、最适宜而且最受欢迎的是各种鲜花。花卉是纯洁、美好的象征。西方人送花有很多讲究，送花的数量一般以单数为宜，而且非常重视鲜花的寓意。如玫瑰象征爱情，康乃馨表示亲切、慈爱和热情，郁金香象征胜利、美好和爱恋，水仙表示高雅脱俗、自尊自爱，鸢尾花象征纯洁、光明、自由，常春藤表示坚定、贞洁和苦恋，勿忘我则表示铭记爱情。在餐饮活动中，常常忌送菊花、百合花、石竹和黄色的花等。因为菊花和百合花都或多或少地含有死亡之意，石竹有拒绝求爱之意，黄色的花在法国表示不忠诚。

4．交谈礼仪

交谈，是指两个或两个以上的人所进行的对话与谈话，是进行社会交往的重要形式，有着许多的礼仪和技巧。美国学者芭芭拉·帕切特等在《国际商务礼仪》中指出："谈话是一门艺术而不是科学。它就像菜谱一样，只是一个配料单，还有赖于厨师们各显神通。如果一个人谈话是妙语连珠、趣味横生，它就能使人如沐春风、流连忘返。"有关交谈的礼仪主要涉及语言、话题、原则与方式等方面，需要认真对待。

在语言方面，西方人讲究文明、礼貌和准确。人与人相互交谈时，常常出现的词语有"您好""请""谢谢""对不起""再见"等。而使用这些礼貌用语常常是博得他人好感与体谅的最为简单易行之方法。

在话题方面，主要选择约定的、高雅的、轻松的、时尚的、擅长的话题，忌讳谈论个人隐私或捉弄对方、非议旁人、令人反感的内容。如西方人常常谈论天气、交通状况、文学艺术、体育等相对安全的话题，而尽量避开健康状况、年龄、收入等话题。

在交谈原则与方式上，则至少注意四点：一是相互尊重，双向共感。尽量围绕彼此都感兴趣并且愉快的话题进行交谈，要积极参与，但也不能只顾自己而忽略对方的存在和反应。二是神情自然专注。在倾听他人谈话时，要平视对方、全神贯注，而不能东张西望、坐立不安、面露疲倦。三是语言亲切委婉。在交谈中，语气要自然平和、含蓄婉转，不能直接陈述让对方不愉快或反感的事，不能嘲讽对方谈话中不当或失误的地方，从而伤害对方的自尊心和自信心等。四是礼让对方。在交谈中，应当争取以对方为中心，处处礼让对方，让对方有更多的机会谈话、交流，不能独自侃侃而谈或始终沉默不语，不能随意插话、否定他人等。如果想要参与他人交谈，则一定要找到恰当时机并且预先表示。而要想在交往中及时及早地进入谈话角色，还应当掌握一些基本的技巧，芭芭拉·帕切特等在《国际商务礼仪》中归纳出六大技巧，用英语表示为"SOFTEN"，它包括微笑（Smile）、准备倾听的姿态（Open Posture）、身体前倾（Forward）、音调（Tone）、目光交流（Eye Communication）和点头（Nod）。

除了上述礼仪之外，在餐饮活动中还有许多社交礼仪。如在餐饮活动中尤其是正式宴会上，主人应当向来宾敬酒，讲一些祝愿之言甚至发表一篇专门的祝酒词，有时还会提议干杯，但并不是真正的一饮而尽，而宾客应当向主人赠送一些花或其他小礼品，在进餐过程中，忌讳将盐撒在桌子或地上。如果是在餐厅进餐，还应当给服务人员一定的小费。

本章特别提示

本章主要从西方饮食民俗与礼仪涉及的四个方面入手，不仅阐述了西方日常食俗、节日食俗、人生礼俗和社交礼俗的特点及形成原因，而且较详细地阐述了西方日常食俗、节日食俗、人生礼俗和社交礼俗的重要内容，以便使学生领会到"十里不同风，百里不同俗"，养成"入乡问俗""入乡随俗"的习惯，能够从中获取饮食民俗的丰富知识，并用来进行美食节等相关活动的创意策划。

本章检测

1. 饮食民俗的含义及主要类型是什么？
2. 西方日常食俗、节日食俗、人生礼俗和社交礼俗的特点及成因有哪些？
3. 西方日常食俗和社交礼俗的重要内容有哪些？
4. 运用西方节日食俗、人生礼俗的相关知识进行美食节的创意策划。

拓展学习

1.（法）塞尔. 西方礼节与习俗［M］. 译. 上海：上海文化艺术出版社，1995.
2.（美）博斯罗克. 欧洲商务礼仪［M］. 译. 北京：东方出版社，2009.
3. 邵万宽. 美食节策划与运作［M］. 沈阳：辽宁科学技术出版社，2000.

教学参考建议

一、本章教学要求

通过本章的教学，要求学生深入领会西方日常食俗、节日食俗、人生礼俗和社交礼俗的特点及形成原因，了解西方日常食俗、节日食俗、人生礼俗和社交礼俗的重要内容，并且能够将其丰富的知识运用于餐饮食品等相关行业中，特别是开展美食节、饮食品等的文化创意策划。

二、课时分配与教学方式

本章共6学时，采取"理论讲授＋实训"的教学方式。其中，理论讲授4学时，实训2学时。

第四章 西方饮食科学与历史

🎯 学习目标

1. 了解西方饮食历史的特点及成因、发展趋势。
2. 掌握西方饮食科学的形成及其重要内容。
3. 运用饮食科学知识进行营养健康饮食的设计并用多种方法调查餐饮市场。

☆ 学习内容和重点及难点

1. 本章的教学内容主要包括两个方面，即西方饮食科学、西方饮食历史及发展趋势。
2. 学习重点和难点是西方饮食科学的形成、重要内容及其在餐饮食品等相关行业中的运用。

科学是关于自然、社会和思维的知识体系。它的任务是揭示事物发展规律，探索客观真理，以作为人们改造世界的指南。每一门科学通常都只是研究客观世界发展过程中的某一阶段或运动形式。饮食科学就是以人们加工制作饮食的技术实践为主要研究对象，揭示饮食烹饪发展客观规律的知识体系和社会活动。它的内容十分丰富，主要包括饮食思想观念和科学技术。此外，西方历史悠久，从古希腊、古罗马的饮食文明摇篮中发展、壮大的西方烹饪，最终成为与中国烹饪、阿拉伯烹饪并列的世界三大流派之一。本章主要阐述饮食科学的两个重要方面以及饮食历史与发展趋势。

第一节　西方饮食科学

作为对饮食烹饪认识和研究的饮食科学，包括饮食思想观念和科学技术，都深受社会科学、自然科学，尤其是概括和总结自然知识与社会知识的哲学影响，不同的哲学思想及由此形成的文化精神和思维模式将产生不同的饮食科学。

一、西方饮食科学的形成

（一）西方哲学思想的影响

从哲学思想看，西方哲学思想的一个重要核心是讲究实体与虚空的分离与对立，注重个体研究。西方人认为，宇宙本体即形成世界的根本之物是实体（Substance）、是有（Being），它与虚空、与无是完全不同的；比较而言，人们更看重的是实体、是有而不是虚空、不是无，于是认为世界是由有与无、实体与虚空这两部分组成的。从巴门尼德把 Being 作为宇宙本体，到亚里士多德把 Substance 当作物体根本的、基本的、决定其性质的东西，再到古罗马哲学家卢克莱修明确地表述出来的西方人的宇宙模式："独立存在的全部自然，是由两种东西组成，由物体和虚空，而物体是在虚空里面，在其中运动往来。"当代学者张岱年等的《中国文化与文化论争》进一步指出："西方古代原子论者心目中的世界图景是：在绝对的虚空中，存在着数量有限的，有不同形状、不可分割、不可毁灭的原子（即指实体），这些原子在永恒不断地进行机械的运动，万物的产生和消灭即是原子的集结和消散。"在这个实体的宇宙模式中，西方人认为，实体与虚空是分离的，没有内在联系，虚空只是作为实体的所占位置和运动场所、是无，而不是充满着生化创造功能的气，实体才是唯一重要的、来自有，有或实体不会产生于无、虚空，却与无、虚空共同存在于宇宙之中。因此，要认识实体、认识宇宙则可以而且应当把实体从虚空中分离出来，对立地看，应当对实体进行独立的个体研究和认识。

（二）西方文化精神和思维模式的影响

在西方独特的哲学思想影响和制约下，产生了独特的文化精神和思维模式，即讲究天人分离，强调形式结构，注重明晰。张法在《中西美学与文化精神》一书中将中西方文化进行比较后指出："一个实体的宇宙，一个气的宇宙；一个实体与虚空的对立；一个则虚实相生。这就是浸渗于各方面的中西文化宇宙模式的根本差异，也是两套完全不同的看待世界的方式。西方人看待什么都是实体的观点，而中国人则用气的观点去看待。"他举例说：面对人体，西方人看重的是比例，中国人看重的是传神；面对宇宙整体，西方人重的是理念演化的逻辑结构，中国人重的是气化万物的功能运转。可以说，正是受西方独特的文化精神和思维模式的进一步影响，才最终形成了西方独特的饮食科学。

1．西方文化精神的影响

西方文化精神的核心之一是讲究天人分离。这里的"天"，不仅包括天地意义上的"天"，更重要的是泛指人以外的客体世界。天人分离是指人作为主体，与人以外的客体是各自独立甚至对立的，强调把客体世界与人分离开来加以研究，把客体世界当作对象化的事物看待。它具有两层含义：一是人与皇天上帝的分离，二是人与大自然的分离。其中，主要是人与大自然的分离。西方人认为，宇宙的本体是实体，虚空只是一个个实体所占的位置和运动场所、是无，实体才是唯一重要的、来自有，包括人在内的万物作为实体不会产生于无、虚空，却与无、虚空各自独立地共存于宇宙之中，因此，人与其他事物之间也是彼此独立、可以分离的。正如古希腊哲学家普罗泰戈拉所言："人是万物的尺度。"即把人作为认识主体，与作为客体、对象的万物相对立。西方基督教的创世神话同样进行了形象化的演绎，认为人不是等同于自然万物，而是自然万物的管理者、是主宰，二者对立、可以分离。既然人与自然可以分离，主客相分，主体可以而且应该把客体世界当作对象化的事物，那么人为了满足自己的需要，就应该将自然万物作为考察、研究的对象，发现其中的规律或法则，进而征服自然、改造环境。

2．西方思维模式的影响

西方思维模式的主要内容有两个方面：一是在认识事物的思维方式上强调形式结构；二是在认识事物的思维方法上，注重明晰，长于分析、实证。

对于形式结构的强调，是来源于对实体的宇宙模式的认识，是从个体本身出发，将个体作为可以分割之物来把握。西方人认为，离开了整体的部分仍旧是整体的部分，仍然会具有其在整体里的性质，因此，人们能够而且可以离开整体来谈部分、离开整体功能来谈结构。张法《中西美学与文化精神》指出，西方人眼中的世界是一个实体的世界，对实体世界的具体化、精确化就是 form（形式）。"古代西方的形式原则主要是对一事物本身进行一种数的比例分析和对事物的性质进行种属层级划分。近代西方对事物本身主要看重部分与整体的关系。笛卡儿方法论四大规则的第二条就是：'把我所考察的每一个难题，都尽可能地分成细小的部分，直到可以而且适于圆满解决为止。'""现代西方对具体事物，重视整体大于部分之和，系统论、结构主义、格式塔心理学是其代表"，但需要注意的是："它的整体必须有部分的清楚，可以由部分来验证。从这种整体而来的部分，必然是实体的、定位的，这种整体的部分中绝不会有从整体功能上推出有它而在具体部位中却找不到的东西。"以对人自身的认识而言，西方人认为人是由肌肤、骨骼、毛发、血液等有形之物构成的，可以分为头、手、脚、五官、内脏等部分，人体如同一架机器，人的一切运动不论是生理活动还是情感、思想活动归根到底都是机械运动，遵循机械力学原理。英国哲学家霍布斯说："人的一切情欲都是正在结束或正在开始的机械运动。"法国人梅特里更写下《人是机器》一书，指出："我们人这架机器的这种天然的或固有的摆动，是这一架机器的每一根纤维所赋有的，甚至可以说是它的每一丝纤维成分所赋有的。"西方人认识人自身的方法是人体解剖，即将人体各部分分离开来，分别加以认识和研究，从而得出关于人的总体认识。梅特里说："在两位医生中间，依我看来，更好的、更值得我们信任的那一位，总是对于物理和人体的机械作用更熟悉的那一位。"因此，要使人体健康长寿，就必须使人体各个部分运行良好，必须根据人体各部分的需要来合理均衡地补充营养，如同根据机器各部件的需要添加各种油一般。梅特里说："人体是一架会自己发动自己的机器……体温推动它，食料支持它。没有食料，心灵便渐渐瘫痪下去。……但是你喂一喂那个躯体吧，把各种富于活力的养料，把各种烈酒，从它的各个管子倒下去吧；这样一来，和这些食物一样丰富开朗的心灵便立刻勇气百倍了。"与此同时，西方这种将对象分解为各个部分加以研究的方式，即是将部分、个体置于首要位置，使部分、个体十分突出，也就使人们更加重视个体而忽视整体，更加强调个性、强调特异独立而轻视调和。以对菜点的审美而言，西方人更注重个体风格，讲究个性突出，努力在烹饪调制食物原料的过程中保持和突出各种原料特有的美味。

西方人注重明晰，进而长于分析、实证，则不仅来源于对实体的宇宙模式的认识，而且源于强调形式结构的思维方式。张法在《中西美学与文化精神》中指出："对实体世界结构的形式化必然是明晰的，明晰性既是形式结构的鲜明特点，也是它的基本追求。气的世界的整体功能模式必然是模糊的，模糊性既是整体功能的鲜明特点，也是它的基本追求。"在西方，由于宇宙模式是实体世界，人们注重它的形式结构，于是在由已知部分和未知部分构成的世界里，人们不仅刻意认识和研究已知部分的性质、结构和作用，而且注重探索未知部分的性质、结构和作用，尽力用明确的语言清楚地分析、阐述形式结构的特点及形成原因，因此人们认识事物的方法必然是明晰的。明晰就是说清楚、道明白，是能够而且必须给予形式化或用公式、定义明确地表达的。从古希腊的泰勒斯、亚里士多德到现代的结构主义，西方人一直在追求明晰，正如汉莫普西尔编的《理性时代》一书所言："所有伟大的哲学家都力图把数学证明的严密性运用到一切知识——包括哲学本身——中去。"如对食物原料的认识，西方人不仅十分重视食物的组成成分，更能明确地指出各自的具体数量；在食物搭配上，不仅有质的规定，而且有明确的数量规定。而思维方法的明晰性直接导致了西方人认识上重分析、重理性、重工具等特点。所谓分析，是将对象分解为各个组成部分，然后对各个部分进行细致入微的精确研究。霍布斯言："一般事物的知识必须通过理性，亦即凭借分解而获得。……凭借继续分解，我们就可以认识到那些东西是什么，它们的原因最初个别地被认识，后来组合起来就使我们得到关于个别事物的知识"（北京大学哲学系编《16~18世纪欧洲各国哲学》）。但仅仅靠人的理性是不够的，人的自然能力十分有限，要想明晰地认识客体世界，还必须依靠工具，包括科学技术在内的各种物质工具和逻辑分析等精神工具，通过创造和改进工具来延伸人的自然能力，从而获得和深化对客体世界的明晰认识，做到既可意会、也可言传。对于各种技术，西方人更看重的是技术本身，强调通过深入分析、研究而对技术本身进行系统、精确、理性而科学地把握。如在烹饪技术上，西方人重视因分析得来的理性，所用工具有大小不同、形状各异的菜刀、锅和餐刀、餐叉等，使菜肴烹饪质量对人的自然能力和技术水平的依赖程度有所降低，具有较强的科学性，也更有利于人们认识和掌握。

可以说，在西方哲学思想、文化精神和思维模式影响下，西方形成了内容丰富、独特的饮食科学。其中，最重要的有两个方面：一是科学思想，推崇天人相分的生态观念、膳食均衡的营养观念、个性突出的美食观念；二是科学技术与管理，十分讲究系统、精确、理性。

二、西方饮食科学思想的内容及表现

西方饮食科学思想的内容十分丰富，但最主要的是三大观念，即天人相分的生态观念、膳食均衡的营养观念、个性突出的美食观念。它们具体表现在食物的选择、搭配和菜点的组成、制作与风格特色上。

（一）天人相分的生态观念及表现

天人相分的生态观念，是指人在摄取自然界的食物原料制成的馔肴、维持生命、营养身体时，必须适应和满足人体自身的需要，不必刻意适应自然环境。它具体表现在食物的选择上，是从天人分离出发，把人从自然界中分离出来作为主体、独立体，把自然环境作为客体；将人体的生存、健康与自然环境割裂开来，认为人的生命过程是从自然界摄取食物的过程，人体的健康状况主要与人体自身因素有关，却与所处的自然环境没有十分密切的联系；人体对饮食的需要主要受性别、年龄、体重、劳动强度等人体自身因素的影响，很少受气候、季节、地域等自然环境因素的影响；强调人的饮食选择只需适合人作为独立体的需要，即不必刻意适应自然环境，而应该全力满足人体自身的需要，随性别、年龄、生理条件、健康状况和劳动强度等因素的不同而不同。为此，西方营养学家根据不同人群的身体需要制定出了《每日膳食中营养素供给量表》。

在《每日膳食中营养素供给量表》中，主要是根据人的性别、年龄、生理条件和劳动强度等因素，提出并推荐相应的每日膳食中营养素供给量。而每一因素又有粗细不等的划分。如劳动强度分为极轻、轻、中、重、极重五个等级。年龄则分为婴儿、儿童、少年、成年、老年等类别。其中，婴儿又分为6个月以前和7~12个月两种情况，老年分为60岁、70岁和80岁以上3种情况，1~12岁的儿童又按每岁来分。在生理条件方面，最需要关注的人群是婴儿、儿童、少年、老年和孕妇、乳母等，如婴儿、儿童、少年正处在生长发育时期，身高、体重和劳动量与日俱增，需要通过摄取不同种类和数量的食物及时、恰当地补给营养，因此《每日膳食中营养素供给量表》对不同性别和不同体重进行了非常细致的划分。此外，西方人在选择饮食时，还要根据人的工作环境与内容以及人体健康状况做出相应的选择。如高温、低温环境下工作的人群，航空、航天和运动员等，他们的营养需要和饮食选择与常人是不一样的，都有自己的特点。营养缺乏或过剩者，心血管病、糖尿病等疾病患者，也有各自比较特殊的膳食原则。但是，在西方国家的餐饮业和家庭烹饪中，人们很少根据四时、气候、地域的不同及对人体的影响来选择相应的食物，无论春、夏、秋、冬都喝凉水、吃冰淇淋，无论在西欧还是北美，都少不了牛羊肉等，都吃大致相同的牛排、烤羊腿。

（二）膳食均衡的营养观念及表现

膳食均衡的营养观念，是指将食物的结构组成以营养素的方式加以概括，并根据人体各部分对各种营养素的需要来均衡、恰当地搭配食物的种类和数量，以使人健康长寿。它具体表现在食物的搭配上，是从天人相分与形式结构出发，着重强调合理配膳。

在西方人看来，合理配膳的关键之一是分析和了解食物的营养组成即营养素及其对人体的作用。准确地说，营养素是指维持身体健康以及提供生长发育所必需的、存在于各种食物中的物质。它是西方营养学特有的术语，是在分析食物的形式结构及其作用的基础上产生的，主要包括蛋白质、脂肪、糖类、膳食纤维、维生素、矿物质和水等。其中，蛋白质是由20余种氨基酸组成的高分子化合物，其对人体的作用较多，是组成机体组织、细胞的主要成分，参与机体中酶、激素、抗体的构成，提供能量，以及使肌肉收缩、运载细胞代谢过程中的某些物质等。它广泛存在于动植物体内，但主要是在肉、乳、蛋、豆类之中。脂肪，本来是指甘油和脂肪酸组成的甘油三酯，但有时也泛指脂类，其对人体的作用主要是提供能量、供给机体必需的脂肪酸、促进脂溶性维生素的吸收。它大量存在于动物性食物猪、牛、羊和植物性的油料作物、坚果之中。糖类，是多羧基醛或多羧基酮的环状半缩醛或其化合物，从分子结构上可以分为单糖、双糖、多糖等。其中，能被人体消化的糖类对人体的作用主要是大量提供能量，促进其他营养素的代谢和肝脏细胞的再生、解毒作用，它也是机体内多种重要物质的组成成分；而不能被人体消化的多糖类，总称为膳食纤维，虽然不能被机体消化，却能促进肠蠕动、减少便秘、增加胆盐排泄等。糖类大量存在于谷类和蔬菜水果之中。维生素，是人体组织不能合成的维持正常生理功能和生长发育所必需的、存在于食物中微量的一类低分子有机化合物，常分为脂溶性维生素和水溶性维生素。各种维生素对人体的作用各不相同，当机体缺乏维生素时会导致新陈代谢某些环节的障碍，影响正常生理功能，甚至引起特殊疾病，也常影响工作效率、降低机体抵抗力。维生素广泛存在于动植物原料之中，如动物内脏含有丰富的 B 族维生素，而许多蔬菜、水果则含有大量的维生素 C。矿物质，本是无机化合物中盐类的统称，但在营养学上是指在构成机体的化学元素中除碳、氢、氧和氮以外的其他各种元素。矿物质对人体有许多作用，是机体的组成成分和某些酶的激活或抑制剂，能维持机体的酸碱平衡、组织细胞渗透压和神经肌肉的应激性等。水在人体中的主要作用是参加体内的化学反应、调节体温、促进物质代谢，也有良好的润滑作用。这些营养素广泛存在于动植物原料之中，是可以检测、分析出来的，具有较强的明晰性，即它们不仅有质的区别，也有量的差异。于是，西方的医学家和营养学家将各种动物性食物原料和植物性食物原料进行了细致研究，检测、分析出各自营养素的构成和数量、比例，编撰出版了《食物成分表》，专门记载各种食物的营养素构成及其数量。如属于前腿的牛肉 100g 中，含水分 78g，蛋白质 15.7g，脂肪 2.4g，糖类 2.7g，硫胺素（维生素 B_1）0.02mg，核黄素（维生素 B_2）0.19mg，烟酸（维生素 B_3）3.9mg，维生素 E 0.71mg，钾 217mg，钠 54.6mg，钙 7mg，镁 14mg，铁 1.6mg，锰 0.08mg，锌 2.07mg，铜 0.11mg，磷 160mg。

由于明确地了解了不同人群对营养素的需要量和各种食物所含的营养成分及数量，使得西方人在饮食搭配上也有了明确的种类与数量要求，具有了明晰性。以西方人的食物结构而言，他们在相当长的时间内是以肉食为主、素食为辅。据统计，在西方国家，每人每年的动物性食物为 270kg，每人每年的谷类食物为 60～70kg，每日人均蛋白质摄入量 100g、脂肪摄入量 150g、能量摄入 14.63kJ。为了保证这个食物结构发挥更好的作用，也为了让不同的人群在这个食物结构中合理地搭配食物的种类和数量以满足人体需要，西方国家的许多人常常将《每日膳食中营养素供给量表》与《食物成分表》组合使用，首先了解进餐者的性别、年龄、生理条件、健康状况和劳动条件等，依据《每日膳食中营养素供给量表》确定进餐者对热能和营养素的需要量，然后根据《食物成分表》和供热比例等计算出各种食物的需要量，对食物原料进行合理而准确的搭配，而很少有随意性。

但需要指出的是，这种准确、合理的搭配食物通常是相对的，有一定局限性。因为它立足于"人是机器"、对人进行机械和孤立的认识与研究，而实际上人是具有动物性和社会性的复杂有机体，与周围世界息息相关，互相影响。

（三）个性突出的美食观念及表现

个性突出的美食观念，是指通过对食物原料的烹饪加工，更加突显各种原料特有的美味，创造出西方人认为的饮食之美的最佳境界"独"，重在满足人的生理需要。这种"独"侧重于以科学为基础，是一种量的组合，类似于物理组合或反应而成（如1+1=2），可以分离、还原。在西方人看来，个性和个体是人与社会发展的根本动力之一，是形成美的重要因素，特别崇尚个性突出，于是生活中以特为贵、烹饪上以独为美。个性突出的美食观念表现在菜肴的组成与制作、风格特色上。

1．个性突出在菜肴组成与制作上的表现

个性突出的美食观在菜肴的组成、制作上具体表现是，强调菜肴由主菜、配菜和少司构成，并分别烹制、组装而成。其中，主菜、配菜和少司都有各自不同的原料与调味料。这样的菜肴组成与制作方式在西方国家菜点中随处可见。以意大利菜为例，有一款菜肴称为鲜菌扒鲑鱼，是由主菜鲑鱼、配菜鲜菌和少司洋葱番茄酱组成。其制作方法是，先将鲑鱼用蒜蓉、橄榄油、白葡萄酒、盐和黑椒碎腌渍后放扒炉上扒熟，然后将鲜菌粒用橄榄油和白葡萄酒、盐、胡椒粉炒软，再将番茄粒、洋葱粒和橄榄油拌匀，加盐、黑椒碎调味成洋葱番茄酱，最后在盘中分别放入鲑鱼、鲜菌及洋葱番茄酱成菜。其中，鲑鱼香脆柔软，鲜菌鲜香，洋葱番茄酱鲜甜可口，搭配起来十分和谐美妙。此外，意大利菜中还有带子鲜菌沙律配黑醋汁、烧羊排配白松露汁等，法国菜中有煎鹅肝伴苹果及香酒、扒海鲻柳配炒野菌、香草蘑菇茄蓉炒鲜扇贝、多宝鱼卷配摩利士菌淇淋汁等，英国菜、美国菜中也有不少这样的菜肴。正因为是分别烹饪、组装成菜，所以西方人烹制菜肴最主要、最常用的炊具是平底煎盘（或称煎锅），最具特色且经常使用的一种烹饪方法是煎。马新的《中国'锅文化'与西方'盘文化'比较初探》一文言："西餐的半成品之所以被加工成诸如鸡排、煎牛扒、煎肝或肉饼那样'柳叶'片状或扁圆的形态，就是为了便于在平底煎盘中，只进行上下两面的加热和上色。它的形状特征是，加工时是独立的，上火时从生到熟也是独立的，出锅后摆在盘中与其他蔬菜组配，仍然是独立的。"并指出："这一特征，突出了'盘文化'中'自我形象''自我实现'和'自我抉择'等'独'的意识。"平底煎盘不适宜大动作的上下颠翻，而只适宜局部的左

右摆动，也促进了菜肴的独立性。另外，与圆底铁锅相比，平底煎盘适用的烹饪方法较少，多用于煎，而极少或没有用于炸、煮、蒸、烧等方法，于是在西方又出现了其他相应的炊具，如油炸锅、带盖煮锅、带盖汤锅、蒸箱等。不仅如此，西方人在加工制作菜肴的过程中，还根据原料的种类、形状、质地等特点，制造和使用不同的炊事用具。如刀具就有菜刀、多用刀、切面包刀、削皮刀、禽类菜肴用刀，量具有专门称少量原料的量勺、称固体原料的有柄量杯和称液体原料的液体量杯，此外还有蟹钳、烤馅饼盘、土豆捣泥器、空心粉专用叉等，既突出地显示了"独"的特点，也反映出西餐的明晰、平实，减轻了烹饪者的操作难度。

2．个性突出在菜肴风格特色上的表现

个性突出的美食观念在菜肴的风格特色上的具体表现是，讲究内容与形式的对立统一、简约自然，在味道上常常是貌合神离，在形态上强调图案化、追求形式美，并且常常通过各种烹饪技术手段加以实现。

所谓味道上的貌合神离，是指同为一款菜肴但味道却有很大差异甚至完全不同。它主要是通过调味和其他相应手段来实现，即先将主菜、配菜和少司分别用各自相应的原料和调味料烹饪调制好，再将主菜、配菜分别放在同一盘中，最后将主菜的少司和配菜的少司分别浇淋在相应之处而成为一个菜。这时，主菜的少司和配菜的少司难以完全渗透到主菜、配菜之中，而整个菜肴的总体味道是主菜、配菜及其相应少司的味道相加之和，能够有所分离。如以牛肉、土豆为原料制作的菜肴，在西方常常成为牛排加薯条，即先分别将牛肉切块后加基础调料如盐等烹制成牛排，将土豆切条后炸成薯条，再制作番茄酱和少司，接着将牛排放入盘中一边，淋上少司，作为主菜；盘中另一边放薯条，淋番茄酱，作为配菜。其中，少司和番茄酱可以提前制作；配菜也可以临时选其他品种。这样，牛肉和薯条虽然同在一个盘中、共同组成一个菜肴，但又是相对独立的，"你是你，我是我"，各自拥有自己的特色。又如以烟熏鲑鱼和洋葱、酸青瓜等为原料制作的法式菜肴，是先用洋葱、酸青瓜、蛋白、酸淇淋、盐和胡椒粉制作沙律菜，再在烟熏鲑鱼上放鲑鱼子、酸淇淋后卷成卷，放在盘中并倒上牛油，最后撒上黑鱼子、放上沙律菜即成。同样，熏鲑鱼与沙律菜虽然同在一个盘中、组成一个菜肴，但表面味道相近而实质却各有不同。

所谓形态上的图案化、形式美，是指菜肴中的各种原料通过点、线、面、体构成规则的几何图案形画面，使菜肴具有形式美。形式美，是西方美学体系中非常重要的范畴，是指客观事物和艺术形象在形式，即组织方式和表现手段上的美，主要包括对称、平衡、和谐、多样统一等。任何事物都有形式，音调、旋律是音乐的形式，语言、结构是文学的形式，菜点的形式主要是线条和色彩。而西菜的图案化、形式美，则主要是通过刀工、造型等手段来实现，即西方国家的厨师通常根据几何图案的造型方式，对烹饪原料进行刀工处理，创造由点、直线、曲线和圆形、三角形、方形、菱形等构成的几何

图案，制作出形式美好的菜点。比如法国名菜炭烤小羊腿，将炭烤的暗红色小羊腿肉切成圆形大块，放在盘子的一边，另一边交叉放几根绿色的长条芦笋，再在羊腿肉上和盘中浇褐色少司，用来调味和点缀，使整个菜肴通过线条和色彩的对比表现出和谐的形式美。又如意大利著名的早餐比萨饼，先把面团擀成圆形面皮，放上熟香肠条、咸肉条、蘑菇块、番茄块和奶酪等烤熟，然后切成四份，每一份配一个煎鸡蛋成菜。三角形的饼皮，条、块隐约可见的饼馅，圆形的鸡蛋，共存在一个圆盘中，体现出多样统一的美。此外，法国的煎鹅肝、普罗旺斯鱼排、烤橙汁鸭和法式甜点，意大利的罗马烧鸡、浓汁牛肉卷、提拉米苏，美国的鸡肉挞等，都是切成片、丁、块状，以简洁的几何方式造型，很少切极细的丝，也很少通过雕刻来逼真地模仿动植物、自然景观和社会生活；西方国家的糕点也常常在其表面拥有各种画纹，图案鲜明、色彩鲜艳。这正如同西方在园林、建筑等领域讲究图案化、形式美一样。美国作家华盛顿·欧文在《英国乡村》中说："英人在其农田耕作上以及所谓的园林景观上所表现的才情之高，实在无法比拟。他们对于自然大有研究，对于她的一切形式之美与配合之妙可说领会深刻、烂熟于胸。"其实，这里的"英人"应该扩展为"西方人"，同时不仅是在农田耕作、园林景观上，也包括菜肴形态等方面，都是非常善于运用图案和形式美的。正是由于西菜大部分是通过构造几何图案而表现形式美，因此对刀工和装盘技艺的要求相对较低，使西菜更多地表现出简约自然的艺术风格，而且操作简便、容易规范和控制，很少出现卫生和浪费问题，具有较强的实用性。

三、西方饮食科学技术与管理的内容及表现

西方饮食科学技术与管理的内容也十分丰富，但最有突出意义、最能体现科学技术与管理特点的是西方烹饪的标准化与产业化。它非常强调在食物加工生产过程中系统、精确和理性，严格按照一系列标准，利用先进机械加工，制作质量稳定的食物，并进行有效的大规模经营。正是由于食物制作的标准化，产品质量稳定，广泛地利用机器实现工业化生产，再加上规模化、连锁化经营，使西方烹饪有了惊天动地的变化与发展。

（一）西方烹饪的标准化

1. 含义与作用

所谓标准化，是指为了在一定的范围内获得最佳秩序和社会、经济效益，对实际的或潜在的问题制定、实施共同的和重复使用的规则的活动，也是标准制定、发布及实施的过程和技术措施。标准化的重要意义是改进产品、过程和服务的适用性，促进社会和经济效益的提升。烹饪标准化则是为了获得最佳生产经营秩序和社会效益与经济效益，对饮食品生产加工活动中实际的或潜在的问题制定与实施共同的和重复使用的规则的活

动，也是烹饪各个环节、各个方面相关标准的制定、发布和实施的过程和技术措施。根据标准化分类原则，烹饪的标准化常分为烹饪行业范围内的标准化和餐饮企业范围内的标准化。就西方烹饪而言，主要是许多餐饮企业已经制定、颁布并在自身企业内严格贯彻和实施着统一标准。

烹饪的标准化，至少具有以下三个方面的作用：第一，它是确保饮食产品质量稳定和提高的重要手段。停留在手工阶段的烹饪，其发展主要依靠烹饪制造者在手工操作中不断总结、改进和完善，有着很强的手工性、经验性和随意性，从原料到加工制作等各个环节，如果没有统一的标准和规范，那么各个厨师、各个餐饮企业各行其是，菜品质量将极不稳定，而如果对饮食产品的原料、烹饪技术与工艺、加工工具与设备、成品质量乃至管理等方面进行统一规定，并严格按照标准选择原料并进行烹饪加工，则必然能够制作出质量稳定的菜肴。这样，不仅可以维护菜点的总体形象和声誉，也能促进菜点质量的稳步提高。第二，它是快速、有效地培养烹饪人才的必要条件。要让烹饪迅速发展，就需要大量高素质的烹饪人才。然而，手工烹饪具有的极强手工性、经验性和随意性，将使从业人员很难在较短时间内掌握菜点，只有在烹饪制作环节和管理上有了各种标准，从业人员或烹饪专业的学生严格按照标准选择原料并进行烹饪加工，才能快速、有效地掌握菜点制作技术，在短时间内大规模地培养出所需要的烹饪人才。第三，它是实现烹饪产业化的基础。烹饪产业化是迅速扩大市场占有率、提高竞争力的重要途径。而要实现烹饪的产业化，就必须首先做到烹饪的标准化。因为产业化的内涵之一就是工业化，而任何产品的工业生产都必须依照标准大批量、大规模地进行，饮食产品也不例外，烹饪的标准化是产业化的基础。

2. 主要内容

烹饪标准化的主要内容包括原料标准化、烹饪技术与工艺标准化、加工工具与设备标准化、成品质量与评价方法标准化等。

（1）原料的标准化

原料是菜点制作的基础，原料数量的多少和质量的好坏直接影响着成品的数量和质量，因此，西方人常常首先制定出原料的标准。而原料的标准又具体分为原料的选择标准、清洗标准、搭配标准等。其中，最主要的是原料的搭配标准。研究者在进行较大规模的统计调查基础上，得出原料在品种、质量、等级、比例、营养成分等方面的准确指标，然后再根据菜点的风味、营养等要求认真制定相应的原料搭配标准。

（2）烹饪技术与工艺的标准化

烹饪技术与工艺可以分为两部分，即半成品加工和成品加工。其中，半成品加工又可以进一步细分为原料生加工、半熟加工、成形加工等。它们主要是利用机械力等来改变原料的形状、大小及表面特性等，同时也包括对原料进行适当的赋形处理、感官处理等，在烹饪制作中常常通过切割、涨发、腌渍、挂糊上浆等工艺进行。制定原料生加工、半熟加工、成形加工等方面的标准有一定难度，但是，由于这些工艺操作的条件相对稳定、技术含量较高、食品变化的理化机理明确，操作的稳定再现性较高，所以，西方人通过研究和实验，制定出了一些半成品的相应标准。

成品加工包括感官处理、质地赋形处理、制熟处理等，在烹饪制作中常常是通过加热、调味等工艺进行，而为它们制定标准也是十分困难的。因为食品的质地、色泽、风味等不仅由食品自身的理化性质决定，而且受饮食者的感官、生理和心理状况影响；食品种类繁多，而各类食品的生熟标准、生熟度大小的标准各不相同，但是，西方一些餐饮企业借鉴其他科学成果如材料力学、流变学、生物力学、人体仿生学等，也制定出了部分成品加工的各种标准。

（3）加工工具与设备的标准化

西方烹饪的加工工具与设备包括炊具、刀具、器械、设备和盛器等，为它们制定标准则比较容易。因为西方在食品保藏、包装机械和工艺、厨房设备和用具上都取得了很大成就，利用这些成就和相关的知识，西方人制定出了西餐烹饪的加工工具与设备标准。

（4）成品质量与评价的标准化

菜点成品的质量标准主要包括可食用性、安全性和感官质量标准，也包括用量、价格等标准。其中，菜点成品的可食用性、安全性标准常常作为强制标准，而感官质量标准通常反映菜点自身的特色，又进一步细分为质地、色泽、形状、滋味等方面的标准。西方餐饮企业借助营养卫生学、生物化学、微生物学、食品风味化学等学科的知识和成果，制定出了部分菜点成品的质量与评价标准。

3．烹饪标准化与多样化

需要指出的是，西方烹饪的标准化，并不是将所有的菜点品种和类型都进行标准化、放弃多样化，而是将饮食产品放在不同的业态条件下分别对待，主要有三种情况：第一，在以无形服务为主的传统饮食业中，饮食产品必须满足人们多样化的饮食需求，因此没有对产品进行过多的标准化限制，而大多是通过规范化的厨房生产管理，引入"标准菜谱"，以便有效地在产品非标准化条件下提高产品质量的稳定性。第二，在快餐业中，虽然仍具有较高的服务性，但饮食产品主要是满足人们卫生、方便、快捷地饱腹的饮食需求，因此通常对快餐的菜点产品严格实行标准化，即从原料、烹饪技术与工艺、加工工具与设备、成品质量等方面严格执行标准，确保制作出的相应品种质量稳定和提高。如肯德基将一只鸡分为9块，清洗后甩7下，蘸粉料时滚7下、再按7下，油炸时间也必须分秒不差。麦当劳更是对每一件事、每一个细节都进行实验、分析，确定其量化标准。如麦当劳对原料的选用部位、水分、新鲜度、脂肪含量等都有明确的规定；压力炸锅炸鸡腿的时间是8min；在所有食物成品中，冷的以4℃为宜，热的以40℃为宜等。在麦当劳著名的操作手册中，规定了其食品生产与服务过程中每一个环节的操作程序及标准，不仅包括原料标准、烹饪技术与工艺标准、加工工具与设备标准、计量标准、成品质量与评价方法标准，也包括服务标准、清洁标准、岗位标准、CI标准等，使得全球两万多家麦当劳分店都遵循着统一的标准运行，确保了它的产品与服务质量大体一致。第三，在食品工业中，烹饪产品的标准化是其必然和必需的要求。可以说，凡是进行工业化生产的饮食产品都实行着严格的标准化，食品工业中的饮食产品是标准化程度最高的。如美国著名的饮品可口可乐，其配方是经过反复实验，研制出来的，有精确的量化标准，无论何时何地生产都必须严格执行。

（二）西方烹饪的产业化

1. 含义与作用

"产业化"的概念是从"产业"的概念发展而来的。所谓"产业"，是具有某种同一属性的企业或组织的集合，又是国民经济以某一标准划分的部分的总和。它是属居于微观经济的细胞与宏观经济的单位之间的一个"集合概念"。"产业化"，既是指要使具有同一属性的企业或组织集合成社会承认的规模程度，以完成从量变到质变、真正成为国民经济中以某一标准划分的重要组成部分的过程，也是指某种产业以行业需求为导向、以实现效益为目标，依靠专业服务和质量管理而形成的系列化和品牌化的经营方式和组织形式。烹饪产业化，既是指烹饪产业在国民经济中由一个初级产品生产部门转变成现代区域经济产业链上重要环节的过程，也是烹饪产业为适应行业和社会需求，在生产和经营中采用现代科学技术手段，在生产方式上与其关联部门在经济、组织上融为一体，实现协作或联合以共同发展的一种方式。

烹饪产业化对于西方国家而言，主要有以下两个方面的作用：第一，它是农业产业化的必然要求。西方国家的农业产业化发展很快，农产品加工程度较高、品种极多。它必然要求烹饪产业化，实行农工商综合经营，或农业、餐饮业、商业三者产业一体化，使烹饪产业与农业、商业及其他关联产业紧密相连，也使按照专业化建立起来的餐饮企业必须同它的前后作业保持衔接，否则生产、经营就会中断。此外，烹饪原料的集中采购、加工、储存、销售，还有利于减少消耗、节约成本，有利于形成烹饪产业化发展所需要的辅助性产业和公共服务事业。可以说，烹饪产业化与农业产业化有着不可分割的内在联系，烹饪产业化是农业产业化的必然要求，同时也能够更有效地带动农业产业化。第二，它是促使烹饪快速、高效发展的重要手段。烹饪产业化，就是利用现代观念改造传统的烹饪产业，融入现代管理和生产技术，使其转变成现代产业，并且是通过大量的有相应专业素质的烹饪人才进行专业化分工、工业化生产、规模化经营，从而代替传统餐馆的小而全、手工操作、分散经营。这样，必然能够直接推动烹饪快速、高效地发展。

2．主要内容

烹饪产业化，主要包括烹饪的专业化分工、工业化生产、规模化经营等内容。

（1）专业化分工

在菜点的生产上实行专业化分工是烹饪产业化的基础。它把传统菜点生产中普遍存在的小而全的生产方式转变为专门企业的大批量生产，有利于采用专门的烹饪设备、先进生产工艺和科学的生产组织与管理，可以增加饮食产品的数量、提高质量、增强竞争力。

菜点生产的专业化主要包括地区专业化、企业专业化、产品专业化和生产工艺专业化等。菜点生产的地区专业化，是指在部分地区专门生产一些有浓郁地方特色的菜点品种，充分发挥当地的原料、调味料、名菜点和名店等方面的优势。菜点生产的企业专业化，是指一些企业在市场调节之下，结合自己的特点和优势，专门生产一个或几个菜点品种，成为餐饮业中的重点企业，增强餐饮企业的竞争力。产品专业化和生产工艺专业化是在企业专业化基础上发展起来的，是专业化的高级阶段。它是指在企业集团内部，一些企业专门生产特色菜点品种，或专门提供特殊的生产工艺，由此成为企业专业化不可缺少的重要环节。如世界著名的必胜客，就是专业制作比萨的餐饮企业，它在全球的上千个分店都无一例外地制作并销售着这个饮食品种。

（2）工业化生产

工业化生产是烹饪产业化的重要内容。它是用机械部分或全部代替手工，用准确定量代替模糊性，用流水线作业代替个体生产，将传统菜点的一部分品种变为工厂化、工程化操作，生产出标准化、感官形态符合人们审美习惯的烹饪成品或半成品。烹饪的工业化包括西式快餐的工业化生产和某些菜点品种的工业化生产等。而实现烹饪的工业化生产，除了做到烹饪的标准化这个关键之外，另一个关键是建立中央厨房。它是实现烹饪工业化生产的重要手段。

中央厨房，是指拥有机械化的烹饪加工及相关设备，能够集中采购食物原料、开展集约生产加工与配送的大型现代化厨房，因其主要功能是大规模、统一采购食物原料，生产加工大批量菜点半成品或成品，再分别配送到餐饮企业的各个门店，也被称为食品加工配送中心、配餐中心。它常常是针对餐饮企业尤其是大型、连锁企业建立的。在设计和运行上，中央厨房十分注重符合食品加工的相关规范和，按照功能进行严格分区和平面布局，严格按照工艺合理选择烹饪加工、物流、制冷等设施设备，注重环境卫生和投资的合理性，长远规划，分步实施。在类型上，中央厨房按业态分，有团膳业中央厨房、快餐连锁业中央厨房、火锅连锁业中央厨房等；按配送模式分，有全热链配送式、全冷链配送式、冷热链混合配送式等各式中央厨房。中央厨房的烹饪设备较多，按加工品种和工艺来分，常有米面食品加工设备、菜肴原料粗加工、菜肴原料精加工设备、配餐设备、加热设备，还有清洗、消毒、储藏设备等。由于是大批量的生产，便可以最大限度地采用机械化方式进行，即从原料生产基地大量购进原料，充分利用机械化设备，按照统一的配搭标准和加工方法进行生产加工。如利用多功能洗菜机、切菜机、漂烫机、切肉绞肉机等设备进行初加工、切割处理，用自动调温油炸锅、万能蒸烤箱、真空充氮包装机等设备进行烹制和包装。这样，由中央厨房分送到各门店的菜点成品或半成品具有统一标准，保证了产品质量统一与稳定。此外，由于中央厨房是集中加工大批量菜点成品或半成品，还可降低原料成本，提高原料综合利用率和经济效益，同时也可使操作岗位单纯化、工序专业化，进一步提高烹饪的标准化程度和科技含量，并扩大餐饮门店的店堂面积、改善其环境。但是，需要指出的是，餐饮门店在得到统一的菜点成品或半成品原料后，还应根据顾客实际需要进行适当加工制作，以满足顾客对菜点在色、香、味、形等方面的特殊要求。

（3）规模化经营

规模化经营是烹饪产业化的有效途径。在西方国家，规模化经营的最成功经验和方式是实行特许连锁经营，通过这样的经营方式使普通的餐饮企业迅速发展、壮大，成为大型或特大型的餐饮企业集团。所谓特许经营，是指特许人和受许人在法律、财务独立的前提下形成一种经济契约关系。特许人对受许人的经营、培训、管理要领提供持续支持，受许人用自己的资源投资，并拥有该业务，在特许人持有的共同标记、经营模式下进行经营，并向特许人支付费用。特许经营的意义众多，而对于特许人而言，最大的意义是可以充分利用品牌优势，迅速扩展事业，不仅能够跨地区发展，而且能够跨国发展。如在 20 世纪 50 年代创立的快餐企业麦当劳，通过特许连锁经营的方式，迅速扩大规模。据报道，麦当劳已在 119 个国家建立了约 3.2 万家分店，几乎遍及世界各个角落，2015 年营业额达 254 亿美元以上、列居世界 500 强的 434 位。其中，麦当劳在全球超过 80% 的餐厅为特许经营。肯德基也通过特许连锁经营的方式，在短时间内不断扩大经营规模、快速发展。据报道，2012 年，肯德基在全球就拥有了 1.8 万家分店，其营业额超过 240 亿美元，到 2016 年已在中国开设 5000 余家分店。如今，它们不仅成为世界瞩目的餐饮巨头，更成为西方烹饪产业化的一支主力军。

3. 烹饪产业化与个性化

同烹饪的标准化一样，烹饪产业化并不是将所有的菜点品种和类型都进行专业化分工、工业化生产、规模化经营，完全放弃个性化。西方人常常将饮食产品放在不同的业态条件下分别对待，主要有三种：一是在以无形服务为主的传统饮食业中，饮食产品必须满足人们多样化的饮食需求，对饮食产品采取较大程度的规模化经营，但通常只是适度地采取专业化分工和工业化生产，如有的产品采取工业化生产，但更多的产品则只在半成品或初加工时进行工业化生产，而在制作为成品时采取手工生产，只是在制作时通过规范化的厨房生产管理，引入"标准菜谱"，以有效地在产品非标准化、工业化的条件下既提高了产品质量的稳定性，也使产品具有个性化特征。二是在快餐业中，虽然仍具有较高的服务性，但饮食产品主要是满足人们卫生、方便、快捷地饱腹的饮食需求，因此常常对快餐的菜点品种实行专业化分工、工业化生产、规模化经营。三是在食品工业中，饮食产品的专业化分工、工业化生产、规模化经营也是其必然和必须的要求。

第二节　西方饮食历史

饮食历史是饮食烹饪文化发展的历史，是人类征服自然、适应自然以求得自身生存和发展的历史。它与人类整体的政治、历史、经济、文化和思想观念的发展密切相关。由于各个国家和地区的政治、历史、经济、文化和思想观念等方面的差异，必然导致不同国家和地区在饮食烹饪的发展历史上有所不同。

一、西方饮食历史的特点及成因

在西方国家，政治上的长期分裂，经济、文化中心的不断迁移，在很大程度上导致了西方饮食烹饪历史呈现出板块移动式、不平衡的发展格局，各主要国家的饮食烹饪在各个重要历史阶段的发展极不平衡。

首先，从政治上看，在西方，很少有国家始终保持着统一大国的地位，许多国家在整个历史发展过程中分多合少，大部分情况下都处于分裂、割据状态，难以在各方面实行统一的管理和控制，而大大小小的城邦国家和封建小王国林立其中，有着自己的相对独立性，相互间的发展无法平衡。

在古代，西方文明的发源地古希腊就是由许许多多的城邦组成的。亚里士多德曾指出，"城邦的含义就是为了要维护自给生活而具有足够人数的一个公民集体"，"若干公民集合在一个政治团体之内就成为一个城邦"（亚里士多德《政治学》）。据不完全统计，公元前500年前后的希腊已有近百个城邦，其中只有雅典、斯巴达等少数几个城邦是最发达和最著名的。到中世纪，西方在经历了罗马帝国的统一、强盛与衰落之后又重新分裂，产生了东、西罗马帝国，而属于西罗马帝国的西方在"日耳曼民族的神圣罗马帝国"解体以后，产生出意大利、法国和德国等国家。然而，即使在这些封建国家中也存在着许多小的王国和封建领地，封建领主借助教会势力与君权抗衡，大多数国家仍然处于分裂、割据状态之中。正如易丹《触摸欧洲》所言，在当时，"所谓的欧洲一共有大约500个政治实体，包括封建领地、教会领地和城邦国家等。这些零零碎碎的政体之间矛盾不断"。直到16世纪文艺复兴以后，伴随着宗教改革、启蒙运动、法国大革命等社会革命的兴起，尤其是从 1814 年维也纳和会之后，西方许多国家才开始从无数封建王国和城邦国家的松散"联合体"走向独立、统一的民族国家。如意大利，在中世纪时主要是"一个地理上和文化上的名词。由于教皇势力的特殊地位，意大利一直没有形成统一的世俗君主制国家，教皇国、撒丁王国、名属神圣罗马帝国的诸多封建小邦以及许多城市国家，各自独立，分庭抗礼"（郑敬高《欧洲文化的奥秘》）。在 1861 年以前，意大利存在着多个城邦国家，这些城邦国家的臣民隶属于不同的君主，有的甚至算不上是"意大利人"；到了 1861—1870 年，意大利才统一而成为一个主权独立的民族国家。受政治上长期分裂、割据的影响，西方饮食烹饪在各个历史阶段的发展必然是不平衡的。

其次，从经济和文化上看，经济的繁荣是文化昌盛的物质基础，但它们同时又受到政治的制约。在西方，一方面，分裂、割据的政治使西方各国和各国中的各个政治实体相互独立；另一方面，西方各国和各国中的各个政治实体由于种种原因又常常保持着密切的联系，有时甚至难以截然分开。如意大利、法国和德国都是由"神圣罗马帝国"分割而来，三国的创立者是亲兄弟。这两方面特性使得西方各国在经济和文化上既相互独立又有密切联系，但是始终无法求得相对统一而平衡的发展，而是发展极不平衡，此起彼伏，从而导致整个西方的经济、文化中心不断迁移。

在远古时代，古希腊是西方文明的发源地，东地中海是西方经济、文化的中心。古希腊文明发源于公元前 2000 年左右开始的克里特文明和约公元前 1400 年开始的迈锡尼文明，到公元前 8 世纪以后出现了繁荣而辉煌的局面，对当时的西方世界有着十分巨大的影响力。伊迪丝·汉密尔顿《希腊方式——通向西方文明的源流》言："雅典开创了它的短暂的但是极其辉煌的百花争艳、千贤争雄的时期。它创造了这样一个精神与智慧的世界，以至于今天我们的心灵和思维不同一般。……西方世界中所有的艺术和思想意识都有它的烙印。"黑格尔在《历史哲学》中则说："地中海是地球上 3/4 面积结合的因素，也是世界历史的中心。……地中海是旧世界的心脏，因为它是旧世界成立的条件和赋予旧世界以生命的东西。没有地中海，'世界历史'便无法设想了。"把地中海说成是"世界历史的中心"显得有些夸张，但说它是古代西方的文化和经济中心则是恰如其分的。当古希腊被古罗马帝国占领之后，古罗马帝国则部分地继承了古希腊文明，建立起势力更加强大且疆域更加广阔的古罗马文明，西方的经济和文化中心开始从东地中海向西移动，形成了以意大利的罗马城为中心的古罗马文化。到了中世纪，当东、西罗马帝国相继衰落、灭亡之后，西方各国几乎完全处于分裂的境地，而把西方各国以及其中众多的城邦国家、封建小王国、教会领地等联系起来的重要纽带是基督教。这时的基督教文化占据着西方文化的核心地位，罗马教廷成为西方精神生活的中心和各国之间的国际权威，而拥有罗马教廷的意大利尤其是罗马城则继续作为西方的经济尤其是文化中心。到 15—16 世纪的文艺复兴时期，意大利更成为无可争议的西方经济和文化中心。此时的意大利是欧洲的学校，意大利的学者和艺术家被礼聘到欧洲各国，而各国的有志学生和学者也到意大利，他们共同学习、重新研究着古希腊文化和艺术，并对其继承和发扬光大，创造出辉煌灿烂的新文化。其中，法国是向意大利学习得最多的国家之一，自1520年起，意大利的艺术风格就在法国成为时尚，如法王弗朗索瓦一世曾邀请意大利的罗索等艺术家到法国为他的城堡做装饰工程，布鲁瓦等城堡则是意大利艺术和法国传统的完美结合。

但是，到17世纪和18世纪，随着启蒙运动的兴起和法国大革命的成功，西方的经济、文化中心逐渐从意大利迁移到法国。在18世纪，尤其是路易十四统治时期，巴黎的沙龙、咖啡馆等成为新时代文化活动的中心，法国语言成为欧洲上流社会的共同语言。启良在《西方文化概论》中指出："18世纪的西方是法国人的世纪，确切地说是路易十四的世纪。这位'太阳王'虽然在这个世纪的上半叶便辞世而去，但他所创下的霸业和给法国带来的繁荣，却使法国在整个18世纪成为西方文化的中心。"而到19世纪、20世纪及其以后，随着英国工业革命和美国的独立与高速发展，西方的经济、文化中心又逐渐移向英国甚至美国。德尼兹·加亚尔等人在《欧洲史》中说，英国在工业革命以后被称为"世界的车间"，经济发展异常迅速，成为世界上最富裕的国家，"19世纪工业发展的特点之一是大不列颠在技术、商业、金融方面的知识转移至欧洲各国"。进入20世纪，尤其是第二次世界大战以后，远处美洲的美国由于经济的高速发展，使得美国源于欧洲又有所创新、具有大众化特色的文化大举进入并影响欧洲。易丹在《触摸欧洲》中清楚地阐述了欧洲与美国的文化渊源与变迁，认为"就文化而言，美国是欧洲的嫡系后裔。欧洲人从来就把美国人看作是自己的学生而不是领袖。即便是美国人，也从来没有彻底消除过自己在欧洲人面前的文化自卑感。但是，这并不妨碍美国染指欧洲的文化舞台"，并且在第二次世界大战之后，"美国人的文化自信在经济、政治和军事的强大后盾支持下空前高涨，现在，他们可以带着胜利者、解放者和保卫者的姿态，摇晃着叮当作响的美元，豪迈地在欧洲大陆上漫步"，他们不仅"介入欧洲的文化生产车间"，而且"操控欧洲的文化生产线，并最终影响欧洲文化产品的生产和消费"。德尼兹·加亚尔等人的《欧洲史》则描述说，"欧洲人在（20世纪）20年代中首次发现美国人的生活方式，许多人以美国方式为模式。古老的阶级区分、习俗区分与鉴赏力区分往往被摒弃，人们热衷于来自大西洋彼岸的一切"，当1943年，美国的大众文化大举进入英国以后，"便扩展到整个大陆，香烟、口香糖、可口可乐等美国产品成为战后欧洲人新举止的象征"。可以说，从20世纪40年代开始，美国便成为西方经济、文化的又一个中心。在这样的经济、文化中心不断迁移的大背景下，受其影响，西方的饮食烹饪文化必然构成板块移动式、不平衡发展格局，各国虽有各自不同的特点，但也有许多相同之处，并且在不同的历史阶段发展不平衡。

二、西方饮食历史发展状况

在西方，饮食烹饪历史的板块移动式、不平衡的发展格局具体表现在西餐的发展历史上。而关于西餐的含义，有各种各样的说法。但总的来说，西餐常常是泛指西方各国的菜肴，以各具特色的意大利菜、法国菜、俄罗斯菜、英国菜和美国菜等风味流派为主要代表。由于这些风味流派的形成和兴盛时间极不一致，从而使西餐的发展大致可以分为三个阶段，即古代、近代和现代。而在每个阶段，各种风味流派的发展、变化都对整个西餐的发展起着不同的促进作用。这里仅选取其中最具代表性和有突出意义的风味流派，着重介绍它们的起源、发展和风格特色在西餐发展进程中的意义和作用。

（一）古代西餐的代表：意大利菜

在古代，西餐发展中最杰出的是意大利菜。意大利菜直接源于古希腊和古罗马，是西餐中历史最悠久的风味流派，被誉为西餐的鼻祖、欧洲烹饪的鼻祖。直到16世纪末以前，意大利菜都十分兴盛，并且凭借着自身古朴的风格成为古代西餐中当之无愧的领导者。

1．意大利菜的形成

远古时期，意大利一直是古罗马帝国的中心，而古罗马帝国在政治和军事上征服了古希腊，却在文化等方面被古希腊征服，因此意大利菜的形成也直接受到古希腊和古罗马的决定性影响。《牛津食物指南》一书指出，在公元前5世纪或前4世纪以前，希腊的许多城邦就有了高度发展的烹饪技术，当时被希腊作为殖民地的西西里岛经济十分繁荣，烹饪也非常闻名；在亚历山大的征服之后，"如今被叫作希腊文化的文明形式在欧洲地中海地区和近东地区广泛传播开来""当大部分地区都成了罗马帝国的一部分后，罗马的烹饪本身就受到希腊文化的强烈影响而产生"，而罗马的烹饪又成了"西欧大多数国家烹饪的直接渊源"。如在正餐及宴会的格局与组成上，公元前4世纪时在雅典精心制作的正餐上，开始总要端上装在篮子里的烤面包，然后是第一道菜，由各种开胃食物和调料组成，与面包一起供享用；接着上第二道菜，食物中或许多加了一些牡蛎、海胆、金枪鱼、龙须菜、橄榄等海产品和蔬菜水果，仍然伴有烤面包；第三道菜上主菜，所用原料更加广泛，有鱼类、家禽家畜及其他肉类，最常出现的是鳗鱼、金枪鱼、鲽鱼和鸡、鸭、牛、羊、猪肉等，与之相配的是酒；第四道是餐后甜点，多用蛋糕、奶酪、杏仁、胡桃、葡萄、无花果等干鲜果品制成。其中，最初两道菜里不变的组成部分是面包，第三道菜的不变组成部分是酒。这个格局几乎是后来所有西餐风味流派的正餐与宴会格局的蓝本，如今的西式正餐基本格局大多是开胃菜、汤、主菜、甜点等。又如在烹饪方法和调味料的使用上，公元前4世纪的雅典喜剧中描绘道，当时的厨师最常使用的烹饪方法是烘烤、煎、炸等，最常使用的调味料是橄榄油、葡萄酒、盐、洋葱、芝麻和各种香料如百里香、牛至、茴香、莳萝、欧芹、芸香等。到罗马帝国时期，罗马人除了使用上述调味外，还大量使用来自圣印第安的胡椒、香料岛的丁香和姜等，其饮食显得过度豪华而奢靡。这些都反映在记录当时菜点制法、成书于公元4世纪的食谱 APICIUS 之中，使得"APICIUS 的食谱在香料上是如此丰富，以至于主要食物成分的味道常常被替换掉了"。对于香料的大量使用，既是古希腊、罗马烹饪的一大特色，也成为后来的意大利、法国、英国、美国等国烹饪共同的特色。

古罗马烹饪不仅在餐饮格局、烹调方法等方面学习、模仿古希腊，在烹饪风格上也是如此。尽管有加图等许多元老们声色俱厉地呼吁人们保持严肃、简朴的传统道德，但是"由希腊传过来的讲究奢侈浮华和挥霍无度的享乐风气，潜移默化地腐蚀着罗马人的斗志"（赵林《西方宗教文化》），使得人们的生活方式和文化形式越来越希腊化和东方化，也使得人们在饮食烹饪上极力向希腊学习、模仿，形成了粗犷与精细兼有、朴素与奢华并存的烹饪风格。当时的宴会几乎就是豪华、奢侈的代名词。早期意大利的宴会尽管依然沿用希腊的宴会格局，由开胃菜、海鲜菜、主菜、甜点等构成，但整体数量却超出许多。在恺撒参加的一次宗教性晚宴上，仅开胃菜就上了16道，其中有海胆、蛤蜊、鹿肉、野猪肉等制作的品种。恺撒在庆祝公元前46年的凯旋时，举行的宴会有2.2万桌，宴请罗马的全体男性公民。而这样的宴会在当时十分频繁，促使食品价格急速上涨。瓦罗在《论农业》中说，如果你想发财，你就需要一些机会，比如有一次宴会，或是某人的凯旋式，或是公会的这些使食品的市价上涨的无数晚宴。在奢侈成风的日子里，你的希望很少落空，因为几乎每年你都会看见盛大的宴会，奢侈风气造成了所谓罗马城内每日一宴的情况。

2．意大利菜的发展

意大利烹饪直接继承希腊、罗马烹饪而向前发展，但又摒弃了导致罗马帝国灭亡的奢华而继承朴素之风，并且在15世纪以前就拥有了独特的烹饪风格。《牛津食物指南·意大利》指出，虽然意大利从中世纪早期到19世纪中期都处于分裂状态，但这"并没有阻止它成为文艺复兴时期文化艺术包括烹饪艺术的摇篮""事实上，在烹饪术被关注之前，意大利就一直处于整个欧洲的领先地位"。在文艺复兴时期来临之际，意大利的烹饪艺术家充分展现出自己的才华，不仅制作出品种丰富、样式多变的菜肴，也制作出了以著名的通心粉和比萨为代表的众多面食品，并最终形成了意大利烹饪独有的古朴风格，强调选料清鲜、烹饪方法简洁，注重原汁原味、菜式传统且有浓厚的家庭风味。用最简单的烹饪工艺制作出最精美、最丰富的菜点，成为意大利人对美食的理解与追求。在1475年编撰出版的烹饪书籍 PLATINA 中载有一位名叫 Martino 的厨师手写的菜谱。这位厨师在菜谱中不仅描写了意大利面食的地位和宴会在宫廷生活的角色，而且提到了威尼斯和罗马的龙虾，佛罗伦萨非常著名的蔬菜和油炸菜肴，还抛开烹饪工艺极其复杂的菜肴，着重记述了烹饪工艺简单、适宜家庭使用的菜肴，"试图通过仔细地调味和适度的烹饪做出单一成分的风味"。《牛津食物指南》引述安妮·韦伦的评价说："他对它们的异常熟悉表明了 15 世纪前一个能够被承认的意大利烹饪风格已经发展起来。"由于 PLATINA 的广泛传播，使这名厨师的菜谱随处可见，也由于这名厨师和其他烹饪艺术家的不懈努力，意大利烹饪呈现出繁荣兴盛的局面，并强烈地影响着其他西方国家，成为古代西方饮食烹饪的领导者和鼻祖。如美第奇家族的凯瑟琳公主嫁给法国的王储亨利二世时以 50 名私人厨师作陪嫁，而这些厨师把意大利先进的烹饪方法和新的原料带到法国，极大地影响和促进了法国烹饪的发展。意大利烹饪的这种繁荣兴盛局面保持到 16 世纪末到来以前。

当 16 世纪末或 17 世纪初时，"那些在很多领域包括在厨艺上都展现了天赋才华的意大利艺术家们开始现出疲态，甚至可以说是江郎才尽。……大约就是那个时候，欧洲烹饪艺术的领导地位开始从阿尔卑斯地区转移到法国去了。"从此以后，意大利烹饪突飞猛进的发展阶段基本过去，它在保持自己烹饪特色与风格的基础上进入了长时间的平稳发展时期。

（二）近代西餐的代表：法国菜

在近代，西餐发展中取得辉煌成就、举世瞩目的是法国菜。法国菜也是西餐中历史悠久的重要风味流派之一。它深受意大利烹饪的影响，但在极大地吸收意大利烹饪特色的基础上结合自己的优势发展壮大，最终形成了有别于意大利的法国特色，并青出于蓝而胜于蓝，成为 17 世纪到 19 世纪西餐的绝对统治者，被誉为西餐的国王、欧洲烹饪之冠。

1．法国菜的形成

法国菜在形成过程中一直受到意大利菜的影响，并且这种影响早在罗马帝国时期就已经开始。在古代，法国人的祖先高卢人在最初烹饪时十分原始、粗犷，所用原料以麦面和猎获的野味为主，最擅长的烹饪方法是烤，如烤野猪、烤野兔、烤鸡、烤面包等。而与此同时，罗马人的烹饪已较为高超、奢华，如在原料上选用夜鹰舌、鸵鸟脑、骆驼蹄、大象鼻等。于是，法国人开始向罗马人学习，逐渐脱离了原始状态，烹饪时讲究以大取胜。如当时最流行的一款菜的制作方法是禽类套烤，即在飞禽鸹的肚中装天鹅，天鹅中装家鹅，家鹅中装鸡，鸡中装百灵，然后上火烤并加调料制成。在宴会上，人们常常将鱼、肉、家禽烹饪、拼装成一个庞大的菜肴，由身强力壮的仆人抬出来，放在宴会桌上供欣赏、享用。到中世纪时，法国烹饪在意大利菜的影响下用料非常广泛，烹饪日趋精致，开始追求滋补与欣赏的双重目的。在神圣罗马帝国时期，意大利对法国饮食影响最大的是葡萄藤的移入，法国的波尔多、勃艮第、马赛等地区大量种植葡萄，并发明了橡木桶，酿造出优质的、耐储存的、香醇的葡萄酒，促进了法国烹饪的发展。到 8 世纪至 9 世纪，由于地中海各国贸易的发展、十字军东征等原因，法国食物原料的种类越来越丰富，如从国外引入的椰枣、开心果、无花果等，而香料更成为烹饪时不可缺少的调味品。14 世纪末期，国王查理五世的首席厨师古叶劳姆·蒂雷尔首次整理、总结法国烹饪，口授了一本名为《食物供应者》的烹调书。作者在书中介绍了给食物上色、加香料的方法、用面包屑增浓调味汁的方法、糖醋混合使用的方法，也介绍了当时奇特菜品烤天鹅、烤孔雀的制法。烤制天鹅或孔雀时，要在其嘴中放入小块燃烧的樟脑；烤熟后要在身体上插洁白的或五光十色的羽毛，看起来栩栩如生，恰似一件艺术品。不过，这一时期，法国人的吃法还很原始、不文雅，缺乏关于吃的礼仪。可以说，这一时期的法国菜基本受意大利的影响，亦步亦趋，还没有多少自己的特点。

2．法国菜的发展

17 世纪时，法国菜有了飞速的发展。一方面，它仍然深受意大利烹饪的影响，吸取意大利烹饪的精华，另一方面则结合自身的优势进行改革、发展、创新，真正拥有了自己独特的烹饪风格，从而与意大利烹饪术彻底地分道扬镳。

法国烹饪的发展、壮大，在很大程度上要归功于两大事实：一是 1533 年意大利美第奇家族的凯瑟琳公主嫁给法国的王储亨利二世。公主是位美食家，出嫁时以 50 名私人厨师作陪嫁，而这些厨师把意大利先进的烹饪方法和新的原料带到法国，极大地影响和促进了法国烹饪的发展。亨利二世即位后，法国经济与文化日益昌盛，讲究美食的凯瑟琳成为宫廷宴会的核心，宫廷内外掀起了一股强大的学习意大利烹饪之风。接着，凯瑟琳又为王子亨利三世娶进意大利的另一位公主玛利亚。到 16 世纪末，在两位公主的大力推动下，意大利的菜肴和面食被大量引入法国，人们公认的最优秀的意大利厨师也向法国人传授了众多烹饪技艺，使法国烹饪有了极大的发展。二是法国历史上一直有一个美食之都——巴黎，起到了非常关键的作用。巴黎不但聚集着全国各地的优质烹饪原料，而且拥有许多重视美食、具备高超鉴赏能力的美食家，更有工作认真、具备改革与创新精神的烹饪制作者，正如《牛津食物指南》所言，"美食的所有资源都集中在那里：最好的烹饪原料、最好的烹饪制作者和最敏感的味觉鉴赏力都能在这里找到"。法国在欧洲是土地广阔的国家之一，有着良好的气候和多种多样的耕作环境，还有从大西洋到地中海的漫长海岸线，出产着丰富的植物原料、畜禽肉类和令人羡慕的海产品。而巴黎就被一个高质量的烹饪原料市场环绕着，几乎能够取法国各地环境气候和海陆之精华入烹。在巴黎，可以选用全法国最好的鱼类等海鲜，它们产自西北部的布列塔尼和诺曼底，最著名的是贝隆牡蛎；也可以看到无与伦比的蔬菜和水果，它们来自有着"法国农场"之称的西南地区，如普罗旺斯的大蒜、樱桃、罗勒。此外，还有卢瓦尔河的鲑鱼、索米尔的野生蘑菇和诱人的草莓、李子，科利尤尔的鱼子酱，勃艮第的葡萄酒，罗克福尔奶酪等，让人目不暇接。这些丰富的优质烹饪原料成为坚实的物质基础。然而，仅有资源是不够的，还需要有人的创造与欣赏。当时的国王和贵族大多是美食家，非常重视饮食，尤其是路易十四、路易十五更为突出。路易十四建立凡尔赛建宫，用豪华的宴会来显示国威，便有了超过 200 道菜的宴会菜单，开启了法国奢华饮食之风，还常派专人在餐桌旁讲解每道菜的来历、原料、制法等。他开创了全国性厨艺大赛，技艺高超的获胜者被招入凡尔赛宫、授予"蓝带奖"（CORDON BLEU）。此后，获得"蓝带奖"成为全法国厨师追求和奋斗的目标。在重视饮食、尊重厨师的环境下，法国厨师们有着很强的敬业精神，竭力在继承的基础上改革、创新，"常常感到一种超越过去的责任，通过更新观念和采用新的味道来推进烹饪艺术"（《牛津食物指南》），对烹饪技术精益求精，工作非常认真，以至于走向极端。如 1671 年，贡代亲王宴请路易十四，他的领班厨师瓦泰尔得知送来的鲜鱼无法满足宴会的使用时，认为这将导致菜肴出现缺陷，以至于拔剑结束了自己的生命。这样，法国烹饪在广泛吸收意大利烹饪精华的基础上出现了显著变化，逐渐形成了精致、华美的烹饪风格，强调选料精细、味美形佳，菜点豪华繁多。它的标志是 1651 年弗朗索瓦·德·拉瓦伦编撰出版的《法国厨师》一书。书中指出了此时法国烹饪的许多变化，"最显著的是对中世纪的辣味的放弃而偏重于以本地香料作为调料"（《牛津食物指南》）；还记录了许多菜单，其中一个招待外宾的菜单包括 22 道大汤、64 道小汤、21 道主菜、44 种烤肉、63 种小菜、36 种沙拉和 12 种调味汁，菜品组合十分繁多、豪华。总结起来，法国烹饪的成长、壮大，至少有两个重要的因素：一个是物产，作为坚实的物质基础；另一个是人，而且起着决定性作用。正如《牛津食物指南》所言，"法国烹饪不仅有它的英雄（力求改革的厨师）和它的伟人（鼓励和批评厨师的美食家），而且还有它的殉道者""而事实上，法国厨师提出问题的意愿和基于传统的改革、创新和修正，使得法国烹饪在西方国家的烹饪里一直保持着卓越和优秀，并成为世界上最伟大的烹饪之一"。

到了 18—19 世纪，法国菜已十分成熟，在西方国家极负盛名，影响遍及欧洲各个角落。当时，法国厨师被西方各国高价聘请去烹饪，各国厨师纷纷到法国学习烹饪。一时间，法国菜成为西餐的绝对统治者，是西方人饮食生活中最热门的话题。这时的法国烹饪依然保持着使它成长、壮大的良好传统，除了继续大量而广泛地使用优质的烹饪原料外，人们更加重视饮食、尊重厨师，厨师也有更强烈的责任感和改革、创新精神。法国美食主义奠基人、美食家萨瓦兰（Savarin）曾说："对于人类而言，发现一种新的烹饪方法，更胜于发现一颗星球。"美食家们认为，烹饪不单单是一种乐趣的源泉，更是一门内涵丰富、多姿多彩的学科，并且把历史学、社会学和生物学、营养学的因素综合起来，编织成他们关于烹饪品味的哲学。人们非常尊重厨师，给成就突出的著名厨师授予勋章和各种荣誉，以他们的名字命名街道，为他们编写歌曲，使之家喻户晓。而厨师们越发有了在继承的基础上改革、创新的强烈欲望。1733 年，夏贝尔（Chapelle）在《现代烹饪》一书中说，"如果今天大地主的桌上还摆放的是 20 年前的菜肴，他的客人肯定不会满意"，由此宣布了一种"新式烹调法"（NOUVELLE CUISINE）的诞生，即要求法国烹饪应进行定期的净化、提纯，不断创出新品种，以使自己永远处于变革状态之中，从而始终充满活力。而在改革、创新方面成绩卓著、名声显赫的厨师层出不穷，有精致烹饪的代表人物如卡莱姆（Careme）和艾斯科菲耶（Escoiffer）等，也有新式烹饪的代表人物如费尔南·普安（Fernand Point）、保罗·博古斯（Paul Bocuse）、普罗斯帕·蒙塔内（Proser Montagn）以及阿兰·杜卡斯（Alain Ducasse）等。如卡莱姆在烹饪上注重豪华、气派，不仅像以前的厨师一样讲究数量的气派，还将建筑的结构原理和美感运用在烹饪中，讲究"秩序"和"味道"的气派；不仅重视餐桌布置，也注重食物的装饰。他设计了在世界上广为流传的高耸的厨师帽，撰写了《十九世纪法国菜的烹饪艺术》等书，为后世厨师留下许多烹饪技艺和数百种食谱，影响极其深远，被后人称为"法国菜厨师的摩西"。在他死去半个世纪以后，随着逐渐民主化和工业化的影响，法国烹饪开始了新的变革，艾斯可菲脱颖而出，提出了"高雅的简单"主张，积极简化菜单，合理调整菜点分量，创制许多名菜，提升菜点装饰艺术，为法国烹饪的进一步发展做出了重大贡献。

20世纪以后，法国菜不仅在西方十分著名，还扩大到全世界，成为举世闻名的西方重要风味流派。法国厨师被世界各地的大饭店广为聘请，法国菜和法国餐厅成为高级烹饪的代名词，几乎在每一个经济比较发达的国家都能看到它们的身影。可以说，20世纪的法国菜虽然没有路易十四时的豪华，但它的影响力和传播范围却超过此前的任何时代，算得上是西餐的国王。然而，尽管如此，在20世纪时，法国菜的尊贵和权威地位也遇到了新的挑战，那就是简约、大众化的烹饪流派——英国菜和美国菜。它们逐渐使法国菜丧失了绝对的统治地位。

（三）现代西餐的代表：英国菜与美国菜

在现代西餐中，虽然意大利菜、法国菜仍然兴盛、繁荣，但让人耳目一新、感受到强烈震撼的却是英国菜和美国菜。它们都是西餐中历史相对短暂的重要风味流派，或多或少地受到意大利和法国菜的影响，但最终与当地的固有特点有机结合，并且运用现代科学技术和思想，使传统的烹饪方式、烹饪工具发生质的变化，拥有了自己的烹饪风格，因此成为现代西餐最重要的代表之一。就英国菜与美国菜在现代西餐中的作用和影响而言，英国菜主要起到桥梁作用，而美国菜大约到20世纪中叶时才逐渐与意大利菜和法国菜抗衡而部分地成为西餐潮流的领导者，可以说是真正的新贵。

1. 英国菜的形成与发展

英国菜在其形成与发展过程中长期受到意大利菜和法国菜的极大影响。在古代，英国人的祖先朱特人和盎格鲁—撒克逊人最初的烹饪都十分原始、粗犷，他们对菜点的数量要求比质量要求更高。到1066年，诺曼底公爵威廉征服英国，成为英国的国王，开始了英国历史上的"诺曼征服时期"。而诺曼人进入英国是英国烹饪发展的转折点，因为他们带来了法国、意大利的生活习惯、生活方式和烹饪技术，使英国烹饪走上了文明之路。英国的一些烹饪研究者认为，威廉一世和英国许多贵族的大部分食物制法是向诺曼人学习的。从11世纪到13世纪，由于十字军东征带回了大量香料、海枣、无花果、杏仁、果子露、蜜饯等原料及其使用方法，英国菜也同意大利菜、法国菜一样经常使用香料和其他调味品。14世纪时，英国手抄食谱记载的许多精制菜肴和对香料与其他调味品的使用，显示着法国菜对英国菜在术语和烹饪技法上的巨大影响。当时的宴会崇尚豪华、气派，与其规模和华丽程度可以相提并论的仅仅只有盛大的马术比赛。莉齐·博里德《英国烹饪》一书中记载了英王爱德华四世时期大主教内维尔的就职宴会菜单，菜品分6道上桌，每道都有一二十种，并且都配有一款或多款制作精良似工艺品、称作"雅结"的菜肴，它的豪华与气派非同凡响。如头道菜就有圣乔治雅结、烤野鸭、维安西普雷斯汤、香草派、烤鹧鸪、烘山鹑、烤鹿腿、鹧鸪肉片、烤天鹅、叶形海豚（雅结）、吉斯阉鸡、哈脱雅结等12种菜肴。第二道菜也有11种菜肴，包括塔斯京汤、香草鱼、克莱尼汤、烘烤鹿肉、烤兔子、龙形雅结、烤雏鹭、猪肉面包、烤麻鹬、莱奇、香木参孙（雅结）等。

16—17世纪是英国烹饪发展的重要时期。一方面，英国王室和贵族的大部分成员热衷于法国菜，另一方面，由于两个重要的历史事件使得英国烹饪在受意大利、法国影响的同时，形成了自己独特的烹饪风格。一个事件是1534年国王亨利八世拒绝罗马教皇的控制，解散了教堂。与罗马和许多天主教国家关系的破裂减少了外来因素对英国的影响，从而使英国的民族个性和特色有所发展，促进了英国烹饪形成自己的特色。另一个重要的历史事件是16世纪60年代的清教徒运动，其宗旨之一在于抗议新成立的英国教会主教派组织。清教徒认为，任何肉体上的享受都是污浊的、功利主义的，都负有破坏英国优良精神传统的罪名，对烹饪没有兴趣且不支持，取消了所有的筵席和宴会，也反对使用香料和酒，甚至取消了圣诞节。受此影响，当时的英国烹饪呈现出两种烹饪风格并存的局面：上层社会的烹饪，以法国菜极其精美的风格为主；中下层社会尤其是下层社会的烹饪，则更多地沿袭和推崇英国古老的传统，讲究简朴、实惠，不是按名厨的菜谱做菜，而是按照家常菜烹制的习惯，做简单的烤肉、布丁和馅饼等，初步形成了简约的烹饪风格，强调简单而有效地使用优质原料，并尽可能地保持其原有的品质和滋味。在普通人家中，所用原料基本上是当地土产，配菜方法也很传统，如土豆和咸肉、咸肉和鸡蛋、凝乳和奶油、猪肉和豌豆布丁、奶酪和燕麦饼、面包和奶酪、洋葱和啤酒等。只是在集市、饭店、酒馆以及餐饮摊点等地，才有制作较为精细、比较丰富的菜点品种，但常见的仍然是烤牛肉、腌鱼虾、馅饼、面包、奶酪等。

在18—19世纪，由于工业革命的影响，使得英国烹饪的风格有了更进一步的发展。此时出现的食品工业就是英国烹饪简约风格与工业革命结合的产物。莉齐·博里德《英国烹饪》一书指出，在1760年至1830年期间，英国纺织机器的发明、钢铁工业的发展、蒸汽机的改进共同产生了机器时代，从"革命"一词的运用可以看出机器对国家的整个结构和人民生活影响之大，最突出的一点是越来越多的农民失去土地，成了产业工人。如著名的圈地运动把农民赶出了自己的家园，土地变成了牧场，以满足羊毛的工业化生产与加工需求，农民则在失去土地后只能大批流入城市，成为廉价的产业工人，促使城市的规模迅速扩大。而在城市中，这些产业工人住房条件极差，炊餐器具简陋又没有时间做饭，并且面临着燃料昂贵、缺水等问题，不得不放弃原来的许多生活方式，降低生活水平，需要和喜爱那些节省时间和劳力的食品，于是人们一方面有意识地选用传统的制作简单、实惠的菜肴，一方面则将机器用于食品生产中，从而产生了食品工业。莉齐·博里德在《英国烹饪》中指出："虽然各城市的生活水平高低不一，但都普遍依靠现成食品和食品商的服务。不断增长的城市人口的吃饭问题成了食品工业发展的新动力。因为难以大量储藏和销售易腐食品，所以要求食品工业发展新的储藏方法。经过多年的试验和失败，脱水食品、罐头食品及冷冻食品终于成功地送上餐桌"。这些新型食品的发展同时带来了面包、黄油和牛奶加工技术的改进，也使得食品厂商生产出罐装炼乳和奶粉。英国人西博姆·郎特里曾在《贫困——城市生活考察》（1901）一书中系统研究了19世纪末、20世纪初约克郡贫困情况的总貌和程度，将约克郡的家庭按照收入的高低分为三类，详细记录了三类家庭一日三餐日常菜肴在质与量上的变化。其中，第一类是每星期的收入低于26先令的劳工家庭，基本上以面包、黄油、茶及一些快餐为主，几乎没有什么烹调的必要，只有星期日的正餐稍微例外；第二类是每星期收入达到或超过26先令的中下层家庭，其食物品种明显增多，除了一些传统的菜肴如烧羊肉、约克郡布丁、洋葱酱等菜肴外，最突出的是成批生产的食品如罐装肉、罐装鱼和廉价的果酱等；第三类是中产阶级家庭，他们有足够的炊具、燃料和做饭的佣人，日常的主要食品是传统菜肴，但是对于菜肴的制作仍然比较简单。当时的人们普遍认为，新菜肴的试验和发展只限于最富裕的人家。

到了20世纪，工业化的食品不仅成为英国烹饪简约风格的重要体现，在英国人生活中占据着显著的地位，以至于一些英国人自嘲说："英国人只会开罐头。"但是，英国菜简约的烹饪风格和它的突出代表食品工业仍在西方国家产生了不同程度的影响，其中美国受到的影响最大，并且进一步发展而产生了更大的震撼力。

2．美国菜的形成与发展

美国菜主要源于英国菜，但在其发展过程中也受到法国、意大利等国烹饪的影响。美国是一个移民国家，仅有300多年的历史。自1607年开始的早期移民当中，英国人占了很大的比例，其中有许多是清教徒。如1607年第一批英国移民到达了弗吉尼亚的詹姆士城，1620年载有数十名英国清教徒的五月花号轮船到达美洲的新英格兰海岸等。可以说，英国人是美洲大陆上早期移民的主体，他们利用当地的食物原料烹饪出英国风格的菜肴，使得这里的饮食烹饪具有浓厚的英国气息。一位旅行家在英国一家杂志上描述他在弗吉尼亚的见闻时说："所有的移民在餐桌上吃饭时都讲着一种古旧的英语。他们的早餐桌上放有咖啡、茶、巧克力、鹿肉馅饼、啤酒、苹果汁。正餐有上等的牛肉，还有鹿肉、火鸡、鹅、水牛肉、羊肉、布丁等"（《美国百年烹饪录》）。此外，由于早期移民的生活条件十分艰苦，食物原料相对缺乏，主要以栽种的粮食、蔬菜、水果和猎获的火鸡、鹿肉等为食，依料烹饪，也使他们在烹饪上不得不承袭英国烹饪简单、实惠的传统特色。到18世纪和19世纪，西方各国的移民大量涌入美国，英国移民和爱尔兰、德国等移民大力开发着美国这块原始大陆上丰富的资源，使美国国土从1790年的35万平方英里扩展到1860年的183万平方英里，人口从300万增加到3000万，经济日益繁荣，与欧洲的交流更加频繁，于是在饮食烹饪上也融入了更多的风格。如爱尔兰移民在宴会上仿效法国人的习惯，将每道菜都配上相应的酒。托马斯·杰佛逊更是饮食烹饪大融合的积极实践者。他在当美国总统之前，游历了法国、意大利、荷兰等西方国家。他学过荷兰的蛋烘饼制法，并把烘锅带回美国；他也将意大利著名的通心粉、法国人吃牛肉配薯条的方法带回美国；甚至最早从法国带回了冰淇淋配方，并在一次州议会晚餐上将其介绍进了白宫。如此一来，在美国的上层社会，人们醉心于欧洲贵族的生活方式，法国菜成为展示地位的标志，法国厨师在许多大城市深受欢迎。可以说，在这一时期，美国烹饪深受英国、法国、意大利烹饪的多重影响，是积极的学习者。

但是，当20世纪到来以后，这种局面发生了变化。美国从一个农业社会转型为工业社会，机器加工和科学技术使得美国经济出现了飞速发展，也使得美国的烹饪脱颖而出，形成了自己鲜明的特色，即简单、方便、快捷，而最具代表性的就是工业化生产的各种饮料和现代快餐食品、速冻食品等。以饮料为例，在1886年，亚特兰大的一名药剂师发明了一种类似汽水的甜味饮料。这种饮料即是现在人们所说的"可口可乐"，最初由非洲古柯果和古柯混制的提取液制成。1891年，盖得勒买下此配方后开始生产，但由于使用没有瓶盖的玻璃瓶盛装，难以长时间保质，也就无法大量生产。但到20世纪初，出现了瓶盖，他便开始大规模工业化生产可口可乐，销量迅速增加，产品也很快进入欧洲市场并获得青睐。再以现代快餐为例，当20世纪50年代之时，第二次世界大战以后的新一次科技革命使美国经济再次迅速发展，进入高度繁荣时期，一方面，科技革命和管理革命极大地提高了劳动生产率和劳动者的收入水平，使人们在大量的情况下迫切需要简单、方便、快捷的食品，也渴望并且有条件实现家务劳动包括家庭烹饪的社会化，另一方面，机器加工和科学技术造就了生产的自动化，它促进了传统的手工烹饪在一定程度上向现代的工业烹饪转变，同时也促进了食品加工技术与手段的提高，于是出现了麦当劳、肯德基、哈帝等快餐。它们所制作的食品集现代科学与机器加工技术于一身，以标准化、规模化、工业化的手段，制作出简单、方便、快捷的食品，极大地满足了人们的需要，因而发展十分迅速。速冻食品开始大量涌现，人们只需将其加热即可食用；电动搅拌器、绞肉机、榨汁机等小型厨房设备也层出不穷，使手工烹饪变得较为简单、容易。此后，美国成为世界超级大国，这些美国特色浓郁的烹饪成品和机器在美国强大实力经济支持下进入欧洲，逐渐成为西方饮食烹饪的重要组成部分并产生极大影响，最终使美国菜跻身于当今西餐领导者行列。

三、西方饮食未来的发展趋势

面对人类交流十分频繁、竞争异常激烈的未来，西方饮食必须在继承和发扬自身优势、克服不足的同时，利用其他国家和流派的有益经验与科技成果，将饮食科学与艺术完美结合，才能创造新的辉煌。

（一）发展原则

人类对饮食的需求有极大的共通性，都希望满足自身生理与心理需要，因此世界上不同饮食流派的发展原则也应该是大致相同的，那就是以人为本，以安全、营养和美味为纲，以烹饪技术为目，三位一体。西方饮食的发展原则也应如此。

以人为本，就是注重人的生理与心理需要。这是人类饮食烹饪追求的最高目标。为此，应当注重研究食品安全、营养科学和味觉艺术，以满足不同人的不同需要或同一人在不同情况下的不同需要，从而使营养和美味成为饮食烹饪的纲。有纲必有目，精湛而繁多的烹饪技法是实现食品的安全、营养和美味的基础和保障。这个三位一体的原则在过去、现在、未来都没有必要、也不可能完全改变，只是在不同的时代、不同的国家，其实现形式和菜点呈现的风格会有不同的变化与发展。

（二）发展方向

西方饮食的发展方向应该是在坚持"以人为本，以安全、营养和美味为纲，以烹饪技术为目"的基础上，通过具有现代意义的工业烹饪与手工烹饪两种制作方式和异彩纷呈的菜点风格，实现科学化与艺术化的完美统一，满足人们对饮食科学合理、方便快捷、愉快有趣的新要求。具体而言，其发展方向至少包括以下两个方面：

1．现代意义的手工烹饪与工业烹饪完美结合

这一结合主要表现在食品的生产与加工制作上。现代意义的工业烹饪，是指用现代高科技设备和生产技术生产各种食品，其特点是用料定量化、操作标准化、生产规模化，科学卫生、方便快捷。如生产各种快餐食品和方便食品等。工业烹饪主要是满足人的生理需求，但也不能忽视人的心理需求，应在注重科学的基础上辅以艺术，在保证高效稳定的前提下让人们愉快地吃。而现代意义的手工烹饪，是指利用现代科学理论与方法，对传统手工烹饪进行改革式继承与发扬，生产出个性化的特色食品，其特点是个

性化、创造性。手工烹饪重在满足人们的心理需要，但也不能忽视人们最基本的生理需要，将在注重艺术性的基础上辅以标准化，力求在特色突出的前提下让人们吃得更科学。

2. 安全营养与美感完美结合

这一结合主要表现在食品的品质与风味特色上。它也是手工烹饪与工业烹饪相结合的必然结果。随着时代的进步、科技的发展和人们生活水平的不断提高，人们更加追求饮食的安全营养与美感，以利于人的健康和快乐。要实现这个目标，除了手工烹饪与工业烹饪相结合之外，运用现代自然科学知识、技术和社会科学知识等则是必不可少的手段。如在原料的选择和配搭上，利用现代农业科学技术、微生物学和营养学等，尽量选择和使用天然、无污染、无公害、安全、优质的绿色食物原料；在食物的加工制作过程中，采取更科学的烹调方法、操作程序，最大程度地减少营养损失，同时规范、合理地使用食品添加剂和各种风味调料，再根据人们的审美心理和美学原则等，制作出安全营养、富有美感的食品。

☀ 本章特别提示

本章不仅阐述了西方饮食科学的形成及原因，阐述了西方饮食思想、西方饮食科学技术与管理，而且论述了西方饮食历史的特点及成因、主要发展状况及未来趋势，以便使学生能够较为系统地领会西方饮食科学的主要内容、了解饮食历史进程，更好地运用相关知识设计营养健康饮食，把握饮食发展趋势，助力餐饮食品行业创造辉煌的未来。

📝 本章检测

1. 西方饮食科学是怎样形成的？
2. 西方饮食观念及表现有哪些？
3. 西方饮食历史的特点及成因是什么？未来有怎样的发展趋势？
4. 对国内西餐市场进行调研，并撰写调研报告。

⊷ 拓展学习

1.（美）斯坦迪奇. 舌尖上的历史［M］. 译. 北京：中信出版社，2014.

2.（美）希薇特萝. 餐桌上的风景［M］. 译. 台北：脸谱出版社，2008.

3.（澳）杰克·特纳. 香料传奇［M］. 译. 北京：生活·读书·新知三联书店，2007.

教学参考建议

一、本章教学要求

通过本章的教学，要求学生了解西方饮食历史的特点及成因、把握发展趋势，系统、深入地领会西方饮食科学的形成、重要内容，并且能将相关知识运用于营养健康饮食的设计和餐饮食品行业的发展。

二、课时分配与教学方式

本章共 6 学时，采取"理论讲授＋实训"的教学方式。其中，理论讲授 4 学时，实训 2 学时。

第五章

西方馔肴文化

🎯 学习目标

1. 了解西方主要风味流派的特点及著名品种。

2. 掌握西方馔肴制作技艺的各自特点及重要内容。

3. 运用西方馔肴制作技艺的相关知识对传统名品进行传承创新设计。

☆学习内容和重点及难点

1. 本章的教学内容主要包括两个方面,即西方馔肴制作技艺和西方馔肴的主要风味流派。

2. 学习的重点和难点是西方馔肴制作技艺的特点、西方馔肴主要风味流派的特点与著名品种的传承创新。

西方馔肴，习惯上称为西餐，是世界上著名的风味流派之一。其中，又包括西方各个国家的风味菜肴，主要有意大利菜、法国菜、英国菜、美国菜以及德国菜、俄罗斯菜、西班牙菜等。它们既有各个特点，也具有许多共同属性。本章不仅重点阐述西方馔肴制作技艺的总体特色及主要风味流派之个体差异，也将简要阐述集中反映西方馔肴制作技艺水平的西方筵席与宴会。

第一节　西方馔肴制作技艺

西方馔肴制作技艺是西方国家人们在馔肴烹制过程中创造并积累的各种技艺，是西方馔肴文化的重要组成部分，主要包括用料技艺、刀工技艺、调味技艺、制熟技艺和装盘技艺五个方面，各自有着不同的重要内容与特点。

一、西方用料技艺及特点

原料的品质决定着菜肴质量。西餐烹调十分重视原料本味的表现，因此，对于原料的选择和使用，尤其是动物原料的选择和使用有着很高的要求。

（一）常用的重要原料

1. 动物性原料

动物性原料在西方馔肴制作中的用量极大，主要有畜类、禽类、鱼类、其他水产品等。

（1）畜类原料

它是西餐最常用的肉类原料，以牛肉为主，其次是小牛肉、羊肉、猪肉等。

① 牛肉：根据部位不同，牛肉分为牛颈脖肉、上脑、牛腩、膝圆、臀肉、肋条肉、胸肉、眼肉、西冷、牛柳等。西冷、牛柳等活动较少的部位，质地细嫩柔软，适合煎、扒等。牛的腿部肉等活动较多的部位，肉质较粗而坚硬，但富含胶质，适合炖、煮等长时间加热的方法。在选择牛肉时，一般以色泽鲜红而有光泽、质地细致而较紧密、脂肪白色而有光泽、硬度适当者为宜。

② 小牛肉：小牛肉，也称牛仔肉，指出生后 2~10 个月期间屠宰而得的牛肉，是西餐中的高级肉类。与普通牛肉相比，小牛肉肉色略淡，呈微白色或桃红色，脂肪极

少，肉质十分柔软，味道清淡。小牛肉的小腿骨和肋骨富含胶质，而且没有任何异味，特别适合制作高级汤汁。在选择小牛肉时，一般以肉色呈微白色或桃红色、鲜红者为佳。

③ 羊肉：有成羊与仔羊两种。仔羊，通常是指出生后一年内宰杀的羊，色泽明红，肉质十分软嫩，几乎没有膻味；成羊，是出生一年以上宰杀的羊，肉色深红，膻味比较重。羊的背部肉、马鞍肉（腰部肉）以及羊腿，是最常使用的部位，通常用于扒、煎或者烧烤等。在选择羊肉时，以色泽明红而有光泽、脂肪白色而有一定硬度者为最佳。

④ 猪肉：猪肉的背部和腰部的外脊、里脊肉，质地细嫩，常用于烧烤、煎炒、烤等；肩部、大腿等活动比较多的部位，纤维比较粗糙，但富含胶质，常用于长时间加热的方法，或者用于制作猪肉制品。在选择猪肉时，以肉质好、呈淡红色而且有光泽者为佳。

（2）禽类原料

禽类原料也是西餐的重要原料，常见品种有鸡、火鸡、鸭、鹅、鸽等。其中，鸡肉是最常使用的原料。由于饲养期不同，鸡肉一般分为三种类型：一是仔鸡：不满3个月，肉质柔软，味道清淡。二是育肥鸡：饲养期一般在3~5个月，肉质紧实，味道浓郁。三是老鸡：饲养期一般5个月以上，肉质粗老，适合制汤。在西餐中，一般将鸡肉分为鸡腿、鸡胸（翅）、鸡架三个部分，鸡架通常用于做汤。在选择鸡肉时，以鸡皮薄、淡黄而有光泽、肉质紧实、脂肪呈黄色者为好。

此外，在西餐中，禽类还根据肉色的不同分为白色肉和红色肉。鸡和火鸡的胸部和翅膀部分的肉称为白肉，含脂肪和结缔组织少，烹调时间较短；而其腿部及鸭、鹅的所有部位称为红色肉，含脂肪和结缔组织比较多，烹调时间比较长。

（3）鱼类原料

鱼类原料可以分为淡水鱼和海水鱼，各有一些常用品种。

① 淡水鱼：西餐常用的淡水鱼品种有鲤鱼、鳗鱼、梭子鱼、鲑鱼、真鳟、鳟鱼以及河鲈、白鱼等。其中，鳗鱼，身体细长，肉质结实，在欧洲各国的烹饪中比较常见。梭子鱼，体形细长如同梭子，肉质鲜美，常用于烤、煮、焖等。鲑鱼，属于洄游鱼类，肉质结实多油，细嫩可口，肉色从粉红到深红都有，可以烟熏、腌制、煎、烤等，也可生吃。真鳟，形状与鲑鱼相似，也是洄游鱼类，肉质细嫩，呈淡粉红色，以温煮为佳，可以做冷盘等。鳟鱼，肉质坚实，味美、刺少。

② 海水鱼：西餐常用的海水鱼品种有银鱼、鲱鱼、沙丁鱼、鲭鱼、鲷鱼、鳕鱼、海鲈、鳐鱼、金枪鱼以及鳎、鲽、大比目鱼等。其中，鲱鱼，含油脂丰富，在夏季质量最好，适合腌制、烟熏，也可用于烤、焗、扒和制作沙拉等。沙丁鱼，一般而言，sardine 指小沙丁鱼，而大沙丁鱼为 pilchard，含脂肪多，特别适合与酸味

调味品搭配。鲭鱼，质地肥美，肉色较深，适合于明火烧烤等。鲷鱼，脂肪含量比较少，味道鲜美。鳕鱼，肉质紧实，味道鲜美，新鲜的鳕鱼适合于煮或烤，冷冻的通常用于炸、扒、烤等。海鲈，味道清淡，夏季时脂肪比较多，是味道最鲜美的季节。金枪鱼，种类很多，常见的是黑金枪鱼，个体最大，肉身鲜红，味道鲜美。

（4）其他水产品

西餐中常用的水产品还有甲壳类、软体类、头足类和腹足类等原料。

① 甲壳类水产品：常用的有淡水小龙虾、都柏林湾虾、龙虾、大虾、小虾、中国龙虾以及海蟹等。其中，都柏林湾虾，又称长臂螯虾、小龙虾，产于海水中，具有一对长而细的螯。淡水小龙虾，又称螯虾，主要生活在淡水中，有一对螯，虾体较小，虾壳呈暗红色，常见于法国菜，用于炸或煮，是制作南塔酱、螯虾泥的主要原料。龙虾，主产于大西洋，体型较大，具有一对粗大的螯，肉质地鲜美。大虾，体积中等、无螯，产于海水中，常见的有对虾、竹节虾等。小虾，体积比较小、无螯，产于海水中。海蟹，品种很多，如蜘蛛蟹、可食蟹、蓝蟹等，肉质细嫩、鲜美。

② 软体类水产品：西餐常用的品种有扇贝、牡蛎、贻贝、蛤等。扇贝，闭壳肌十分发达，是食用的主要部位，质地细嫩、鲜美，干制后称"干贝"。牡蛎，也称为蚝，外壳粗糙而不规则，上壳扁平，下壳呈碗状，品种很多，常根据产地命名，一般用于生食，也可用于扒、烤、煮、焗等。贻贝，也称淡菜，壳呈暗褐色，肉色橘红，常用于沙拉、制汤和水煮。蛤，品种很多，在西餐中运用较广。

③ 头足类和腹足类水产品：西餐常用的头足类水产品有鱿鱼、墨鱼、章鱼等，可以用于烧、煨、炸、煮等烹调方法，也常用于填馅。腹足类水产品中比较常用的原料是蜗牛，一般用于开胃菜。

（5）奶和乳制品类

奶和奶制品是西餐原料中最有特色的一类。从冷菜到热菜以及甜点，从制汤到制少司，都大量使用奶和乳制品。其常用的乳制品有牛奶、奶油、奶酪。

① 牛奶：根据脂肪含量的不同，它分为全脂牛奶、低脂牛奶、脱脂牛奶 3 种。牛奶在西餐中的运用广泛，一般用于制作少司、汤菜，特别是大量用于各种面点的制作中。

② 奶油：它是淡黄色的半流体，广泛用于西餐的各种汤、菜肴和点心制作。奶油常用的有四种，即普通奶油、配制奶油、浓奶油和酸奶油。普通奶油，含 18% 乳脂，用于制作汤、少司、伴随咖啡等。配制奶油含有 10% ~ 12% 的乳脂，用于咖啡。浓奶油，也称为抽打的奶油，含有 30% ~ 40% 的乳脂，这种奶油可打成泡沫状，用于制作点心和菜肴。酸奶油，是经发酵制作的普通奶油，带有酸味，用于制作少司、汤和面点等。

③ 奶酪：是牛奶等在凝乳酶的作用下浓缩、凝固，再经过自然熟化或人工加工而成。奶酪通常是白色和黄色、固体状态，味道丰富，香味浓郁，是西餐最具有特色的原料之一，运用广泛，可以制作菜肴、少司、甜点以及沙拉等。

2. 植物性原料

西餐常用的植物类原料主要有粮食类、蔬菜类以及果品类。

（1）粮食类

西餐常用的粮食类原料主要有大米、面粉等。

① 大米：主要包括含支链淀粉比较多的粳米与含直链淀粉比较多的籼米。籼米的米粒比较长，烹煮后米粒分离而膨松；粳米形状短圆，糯性比较强，烹煮后米粒黏合在一起。在西餐中，较常用的是籼米类品种，可以作为制作沙拉、布丁、蛋糕等的原料及咖喱菜肴、炖、烩等菜肴中的配菜，还可用于增稠汤汁等。

② 面粉：常见的面粉主要有高筋面粉和低筋面粉两种。在西方菜肴的制作中，面粉多用于增稠，还用于煎、炸类菜肴的裹料以及酥皮等。在西点中，面粉应用十分广泛，可以制作各种面包、蛋糕等各种面食制品。

（2）蔬果类

按照食用部位的不同，西餐常用的蔬菜分为六大类：一是根菜类，包括红菜头、辣根、萝卜等；二是茎菜类，常用的有芦笋、土豆、洋葱；三是叶菜类，常用的有生菜、水田芥、菠菜、酸模、苦苣、圆白菜、葡萄叶等；四是花菜类，常用的有洋蓟、西蓝花；五是果菜类，常用的有番茄、甜椒、青豆、菜豆等；六是低等植物类，主要是菌类等，常见的有蘑菇、块菌。

除了蔬菜外，西餐还常使用各种水果，如核果类的桃、樱桃、李子，浆果类的黑醋栗、红醋栗、蓝莓、黑莓、草莓，柑橘类的橙子、葡萄柚、柠檬以及苹果、梨、葡萄、甜瓜等。

3. 调味原料

（1）咸味调料

西餐常用的咸味调料主要有两种：一是食盐，它是主要的咸味调味原料。二是辣酱油，也称伍斯特酱油或少司，由醋、糖、香辛料等多种原料制作而成，颜色深棕，除了咸味外，还具有香、酸、辣、甜多种味道。

（2）甜味调料

西餐常用的甜味调料主要有两种：一是食糖，它是最常用的甜味调料。二是饴糖，又称麦芽糖等，有软、硬两种，主要用于糕点的制作。

（3）酸味调料

西餐常用的酸味调料主要有四种：一是醋，品种很多，以葡萄酒醋和苹果酒醋比较常见。二是番茄，色泽红亮、细腻，广泛用于西餐的少司、汤以及菜肴的制作中。三是柠檬汁，由柠檬取汁而来，味极酸，具有果实香气，富含维生素，广泛用于西餐烹调中。四是酸豆，又名水瓜柳等，味道酸而涩，常用于少司、沙拉以及海鲜菜肴的制作中。

（4）鲜味调料

西餐常用的鲜味调料主要是各种原汤，也称为基础汤或鲜汤，根据制作原料的不同，有白色鸡原汤、白色牛原汤、白色鱼原汤与褐色鸡原汤、褐色牛原汤等。

（5）辣味调料

西餐常用的辣味调料主要有五种：一是墨西哥辣椒，也称天椒，原产于墨西哥，味极辣。二是辣味少司，也称美国辣椒汁，以辣椒、番茄以及其他原料制作的调味少司，色泽鲜红，味道比较辣。三是辣椒粉，用辣椒果实制作的调味品，呈红色，主要用于肉类菜肴的调味与染色（红色）。四是芥末酱，由芥末粉、醋等调制而成。五是胡椒，其种类很多，按照颜色不同，有白、黑、绿等，白色胡椒色泽白、味道温和，黑色胡椒黑色、味道强烈，绿色胡椒多用于菜肴的装饰。

（6）香味调料

西餐常用的香味调料非常多，主要有香叶、番芫荽、百里香、牛至、番红花、罗勒、龙蒿、莳萝、肉桂、薄荷、迷迭香、马佐莲、咖喱等。其中，咖喱非常特别，它不是单一原料制作的香料，而是以姜黄、小茴香、香菜、茴香子、肉豆蔻、小豆蔻、丁香、肉桂、姜、辣椒等多种原料制作而成的混合调味品，原产于印度，色泽姜黄，味道香辛而辣，并且有咖喱酱、咖喱粉等多种形式，主要用于烹饪牛肉、羊肉、禽类以及蔬菜等。

（二）用料技艺的重要内容

1. 原料的选择

西餐烹调十分重视突出原料的本味，因此对原料的选择尤其是动物原料的选择和使用有着严格的要求，除了考虑原料自身品质、特点外，还要考虑以下两个方面。

（1）根据馔肴特点选择

西餐对原料选择的主要原则之一，就是根据馔肴特点选择原料。例如，开胃菜，要求菜肴具有开胃和刺激食欲的作用，因此，一般选择新鲜的蔬菜和海鲜制作，以达到成菜效果。制作蓉汤时，选择含淀粉比较多的蔬菜原料，例如土豆、豌豆等，以使菜肴更容易达到细腻滑爽的特点。而制作主菜时，则一般选择含蛋白质丰富的原料，如畜类、禽类、鱼类等，满足主菜分量大、营养丰富的特点。

（2）根据烹饪方法选择

在西餐中，许多原料尤其是动物原料适合多种烹饪方法，但原料不同部位有很大差异，而各种烹饪方法也有不同特点，因此，常需要根据烹饪方法的不同来选择与之相适应的原料。以牛肉为例，如采用烩、炖等以水为介质且长时间加热方法，可选择结缔组织含量高、肉质粗老的牛肩等部位的肉；而采用铁扒、烧烤等烹饪方法，则宜选择质地细嫩的牛腰柳肉。

2．原料的初加工

由于西餐对原料选择较严格，特别注重原料新鲜度，因此，基本不采用干货涨发，这使得西餐初加工技术简单快速，原料通常在清理后就直接进行刀工处理。

（三）用料技艺的特点

1．选料严格

西餐对原料的选择十分严格，不仅注重原料自身的品质、特点，而且根据成菜特色、烹饪方法选择原料。常用的动物性原料多取自牛、羊、猪、鸡、鸭、鱼、虾等原料各部位的净肉，如 T 骨牛排、西冷牛排、鸭脯、鸡柳、菲力鱼等，基本上不使用头、蹄、爪、内脏、尾等副产品。只有法国等少数国家例外，如使用鸡冠、鹅肝、牛肾、牛尾等。

2．讲究新鲜

在西餐中，有许多菜肴是生吃的，因此，对原料的新鲜度的要求非常高。例如，各种沙拉，常用生菜、洋葱、黄瓜等生拌而成，同时还用生鸡蛋制作沙拉酱等，必须选择新鲜的原料。即使在烹调牛肉时，也常常根据要求，制作成七八分熟、半成熟、二三分熟，甚至全生，同样要求牛肉的新鲜度。

3．乳制品多

在西方，乳制品的种类非常多，有鲜奶、奶油、黄油、奶酪等，而每一类中又有许多不同的品种，如奶酪就有上百种之多。乳制品在西餐中的选择与使用非常广泛。鲜乳，除直接饮用外，在烹调中还常用来制作各种少司，也常用于煮鱼、虾或谷物等原料，或拌入肉馅、土豆泥中。在西点制作中，鲜奶也是不可缺的重要原料。奶油，在西餐烹调中常用来增香、增色、增稠或搅打后装饰菜点。黄油，不仅是西餐常用的油脂，还可以制作成各种少司，并用于菜肴的增香、保持水分以及增加滑润口感。奶酪，经常直接食用，或者作为开胃菜、沙拉的原料，在热菜的制作中则起到增香、增稠、上色的作用。

二、西方刀工技艺及特点

（一）西方常用的刀工工具

西餐在对原料进行刀工处理时使用的工具非常多，常常是不同的原料、不同的规格或刀法对应不同的刀具。其常用的刀工工具有以下 10 余种。

1. 厨刀（Chef's knife）

厨刀，是西餐主要的刀工工具。一般长约 25cm，刀身比较宽，适用于一般的切割，特别是肉类等质地柔韧原料的切割。

2. 沙拉刀（Salad knife）

沙拉刀，比厨刀的规格小，轻巧灵便，一般长 15cm 左右，刀身比较窄，适用于切割蔬菜、水果等质地脆嫩的原料。

3. 屠刀（Butcher knife）

屠刀的刀身重、刀背厚，主要用于分割大块的动物原料。

4. 剔骨刀（Boning knife）

剔骨刀的刀身窄而硬，刀尖锋利，用于畜肉、禽类原料的剔骨和切片。

5. 片刀（Slicer）

片刀的刀身窄而长，主要用于切割熟肉类菜肴。

6. 锯齿刀（Serrated knife）

锯齿刀刀身窄而长，刀刃是锯齿形，适用于切割面包、点心等食品。

7. 蚝刀（Oyster knife）

蚝刀的刀身很短，坚硬无刃，用于撬开蚝壳等贝壳。

8. 削皮刀（Vegetable knife）

削皮刀的刀身短，刀身中部有缝隙，刀刃在缝隙的两侧，使用时旋转刀身，就可以削掉水果、蔬菜的外皮。

9. 拍刀（Clapping knife）

拍刀长约 15cm，宽约 10cm，刀身重，主要用来拍打肉排，使其扁平、质地松软。

10. 磨刀棍（Steel）

磨刀棍是表面粗糙的钢棒，通过刀刃在钢棒上的摩擦使刀刃锋利。

11. 菜板（Meat board）

菜板，一般以木材、塑料制成，多为长方形，常作为刀工处理时的衬垫工具。

12. 擦板（Grater）

擦板是多用途工具，可将脆性的植物原料、奶酪等加工成丝、末、片等形状。

（二）刀工技艺的重要内容

1. 用刀的基本原则

（1）根据原料特点选择刀具

西餐讲究根据原料的特点和性质选择刀具。在切割韧性比较强的动物原料时，一般选择比较厚重的刀，比如厨刀；而切质地细嫩的蔬菜和水果原料，则选择规格小、轻巧灵便的刀，如沙拉刀。

（2）刀工成形简洁、整齐

西餐的刀工处理相对简单，刀法和原料成形的规格较少，在刀工的技巧上也比中餐稍逊一筹。西餐的刀工成形，一般以条、块、片、丁为主，虽然成形规格较少，但常常整齐一致、干净利落。

2．常用刀法

刀法是指对原料切割时具体的运刀方法，西餐常用的刀法有以下四类。

（1）直刀法

直刀法，指刀与原料呈 90° 角进行切割的刀法，是西餐中运用最为广泛的刀法。根据原料的性质和烹调要求的不同，直刀法又可以分为切、剁、砍等几种。

（2）平刀法

平刀法，又叫片刀法，是指刀与原料呈 180° 角切割原料的方法。利用平刀法切割原料，可以使原料的厚度达到很薄的程度。平刀法在西餐中运用较少。

（3）斜刀片法

斜刀片法，是指刀与原料呈 90°～180° 角切割原料的方法。按其夹角的方向，又可分为正斜刀法、反斜刀法。

（4）其他刀法

其他刀法是指除了平、直、斜刀刀法以外的各种刀法，常见的有拍、撬等。

（三）刀工技艺的特点

1．工具众多

西餐的刀工工具很多，通常情况下，根据不同的原料、不同的成形要求来选择、使用不同的刀具。如有专门切肉的刀、专门去鱼骨的刀，有专门切蔬菜和水果的刀，还有专门切熟食的刀、专门切面包的刀。根据原料的特点，使用不同的刀具，不仅便于操作者的操作，也使原料成形的规格更加整齐。

2．成形简单

西餐在原料成形上具有简洁、大方的特点，尤其是动物性原料的成形常常比较大。由于西方人习惯于使用刀叉作为食用餐具，原料在烹调后，食者还要进行第二次刀工分割，因此，许多原料尤其是动物原料，在刀工处理上通常呈大块、片等形状，如牛扒、菲力鱼、鸡腿、鸭胸等，每块（片）的重量通常在 150～250g。除了以上两点外，随着科学技术的发展和在烹饪中的运用，使得西餐刀工技艺有了新的特点，即操作的机械化和成形的规格化。西餐已经大量使用现代化的设备来完成原料的成形任务。如常用切片机、切块机等切割蔬菜，使其成形更加统一。

三、西方调味技艺及特点

（一）调味技艺的重要内容

西餐在调味时，不仅要使用各种基本的调味料，如咸味、甜味、酸味、鲜味、辣味、香味等调味料，还要使用一些特殊的调味料，如酒和少司等。其中，少司，也称沙司，是 Sauce 的音译，即调味汁，一般是具有丰富味道的黏性液体。在西餐中，有许多菜肴如开胃菜、配菜、主菜甚至甜点，都需要少司来调味和装饰。可以说，少司是西餐调味中最重要、最具特色的原料，而调制少司是西餐调味技艺中最重要的内容。因此，在这里着重介绍少司的构成、分类与调制等内容。

1. 少司的构成

少司，主要由液体原料、增稠原料和调味原料三种原料构成。

（1）液体原料

它是构成少司的基本原料之一，常用的有基础汤、牛奶、液体油脂等。

（2）增稠原料

也称为稠化剂或增稠剂，也是制作少司的基本原料。一般来说，液体原料必须经过稠化产生黏性后才能够成为少司。西餐的增稠原料种类很多，常用的有六种，即油面酱、面粉糊、干面糊、蛋黄奶油芡、水粉芡、面包屑。

（3）调味原料

构成少司的调味原料主要有盐、糖、醋、番茄酱以及各种香料、酒等。

2. 少司的分类

少司的类型很多，它们在颜色、味道、黏度、温度、功能等方面都各有特色。按照颜色的不同，少司可以分成白色、黄色、棕色、红色等多种；按照温度的不同，少司可以分为冷少司和热少司。

（1）冷少司

根据制作工艺不同，冷少司主要有马乃司少司、醋油汁两大类。

① 马乃司少司（Mayonnaise）：也称沙拉酱、蛋黄酱，由色拉油、鸡蛋黄、酸性原料和调味品搅拌制成。以马乃司少司为基础，可以变化出许多少司。

② 醋油汁（Vinaigrette 或 Vinegar-and-Oil Dressing）：又称醋油少司、法国沙拉酱或法国汁，是由色拉油、酸性物质和调味品混合而成。以醋油汁为基础，也可以变化出许多少司。

（2）热少司

按照烹调中的作用不同，热少司又可分成基础少司和变化少司。

① 基础少司：是西餐调味的基础。几乎所有的变化少司，都是以基础少司为原料，

经过再加工和调味变化而成。因此，基础少司在西餐中又称为"母少司"。有的基础少司可以直接用于菜肴的调味，有些则常用于制作变化少司。西餐常见的基础少司有 5 种，即醋油汁、白色基础少司、褐色基础少司、牛奶少司、乳化少司等。

②变化少司：是由基础少司为原料，通过再一次调味变化发展而成。其数量极多、风格各异，各自具有独特的颜色与味道，因此经常直接用于菜肴的调味，而菜肴通过它们调味后也变得丰富多彩。变化少司一直在不断的发展之中，品种继续增加，但常见的变化少司是奶油少司、芥末少司、干达奶酪少司、白色鸡少司、白色鱼少司、匈牙利少司、咖喱少司和曙光少司、贝尔西少司、罗伯特少司、马德拉少司、科瑞奥少司、葡萄牙少司、西班牙少司、马尔泰斯少司、毛司令少司和秀荣少司等。

3．少司的调制

（1）基本少司的调制

基础少司的制法各异：醋油汁（Vinaigrette 或 Vinegar and Oil Dressing），又称醋油少司、法国沙拉酱或法国汁，是由色拉油 1500g、白醋 500mL、盐 30g、胡椒粉 10g 混合而成。白色基础少司（Veloute Sauce），是先将融化的黄油 110g 与面粉 110g 煸炒，再加入白色基础汤 2.5L 煮制而成。褐色基础少司（Brown Sauce），是用融化的黄油 125g 与洋葱碎 250g、胡萝卜和西芹碎 125g 煸炒，再加入褐色基础汤 3L、番茄酱和番茄碎各 125g 及香料等炖制而成。牛奶少司（Bechamel Sauce），是将融化的黄油 120g 与高筋面粉 120g 煸炒，再加入煮沸的牛奶 2L、去皮小洋葱 1 个及丁香、香叶和盐、白胡椒粉煮制而成。西餐中常见的乳化少司是马乃司少司（Mayonnaise），一种浅黄色、呈膏体状的少司，也称沙拉酱、蛋黄酱，由色拉油 500g、鲜鸡蛋黄 2 个、盐 2g、白醋 15mL、柠檬汁 15mL 以及芥末酱等混合搅拌制成。

（2）变化少司的调制

通常而言，西餐常见的五类基础少司都有以它们为基本原料，经过再一次调味而制成的相应类别的变化少司。其中，醋油汁为基础，加不同调味品混合调制而成的变化少司有芥末法国汁、罗勒法国汁、意大利法国汁、浓味法国汁等。如芥末法国汁，是将醋油汁和芥末酱混合即成。以乳化少司中的马乃司少司为基本原料，加入不同调味品等调制而成的变化少司有千岛汁以及路易士汁、奶油马乃司等。千岛汁，是以马乃司少司为基础，加入鸡蛋、洋葱、酸黄瓜、香菜及番茄少司、白醋、辣椒酱、柠檬汁和胡椒粉搅拌均匀即可。此外，以白色基础少司为基础原料，加入不同调料加热调制的变化少司有蛋黄奶油少司、奶油鸡少司、匈牙利少司、贝尔西少司、咖喱少司等。如蛋黄奶油少司，是在白色牛肉少司加入蛋黄、奶油加热并以柠檬汁、盐和胡椒粉调味即成。以褐色基础少司为基础原料，加入不同调料加热调制的变化少司有褐色水粉少司、浓缩的褐色少司、罗伯特少司、马德拉少司等。如马德拉少司，是将浓缩的褐色少司煮制后水分减少、加马德拉酒即成。以牛奶少司为基本原料，再加加入不同调料加热调制的变化少司有干达奶酪少司、奶油少司、芥末少司等。干达奶酪少司，是将牛奶少司与干达奶酪、盐、胡椒粉、干芥末混合加热即成。

（二）调味技艺的主要特点

1．重视少司制作

少司是专门制作的调味汁，在西餐中具有三个重要作用：一是丰富菜肴的味道。作为菜肴的重要组成部分，少司可以丰富菜肴的味道，增加人们的食欲。二是增加菜肴的滑润感。少司具有较好的润滑作用，特别可以增加扒、炸、煎、烤等菜肴的滑润性。三是美化菜肴的外观。各种少司具有不同色泽、稠度、形状、特色，与不同菜肴搭配，可以美化菜肴，具有良好的装饰作用。由于少司有着十分重要的作用，因此，西餐非常重视少司的制作。法国菜之所以闻名世界，与法国厨师善于制作少司有密切的关系。

2．讲究加热后调味

菜肴的调味，一般有加热前调味、加热中调味、加热后调味。制作种类繁多的少司，是西餐重要的调味技术。而西餐少司由厨师单独制作，一般不与主料、配料一同加热，只在装盘时浇在主料上，或者装在少司斗中与主料一同上桌。因此，在西餐的调味技艺中，更注重、更主要的是加热后调味。

3．广泛使用酒与香料

西餐的烹调特别着重于动物原料，而动物原料的腥、膻等异味比较浓重，因此，西餐在调味上十分强调用酒与香料去异增香。以酒为例，制作鱼虾等浅色肉菜肴，常使用浅色或无色的干白葡萄酒、白兰地酒；制作畜肉等深色肉类，常使用香味浓郁的马德拉酒、雪利酒等；制作野味菜肴则使用波特酒除异增香；而制作餐后甜点，常用甘甜、香醇的朗姆酒、利口酒等。

四、西方制熟技艺及特点

（一）制熟工具与设备

西餐在对原料进行刀工处理时使用的工具与设备非常多，常常是根据不同的原料、不同的烹饪方法选择不同的工具或设备。其常用的制熟工具有少司锅（Sauce Pan）、平底煎锅（Sauce Pan）、汤勺系列（Ladle Series）、锅铲系列（Slotted, Perforated, Solid）、肉叉（Fork）、蛋抽（Wire Whip）、过滤器（Colander）、肉槌（Meat Mallet）、抹铲（Spatula）、温度计（Meat Thermometer）等。西餐常见的制熟设备西餐灶（Range）、条扒炉（Griller）、平扒炉（Griddle）、烤箱（Oven）、焗炉（Broiler）、炸炉（Fryer）、蒸箱（Steam Cooker）等。

（二）制熟技艺的重要内容

西餐的制熟技艺内容较多，但是，最核心的是对制熟方法的了解和恰当运用。西餐常用的制熟方法即烹饪方法有以下四类。

1. 以水为传热介质的烹饪方法

这类方法适合于烹饪含结缔组织比较多的原料，常用的有以下五种。

（1）煮（Boil）

煮是指在一个大气压下，原料在100℃的水或其他液体中加热成熟的方法。根据水温的不同以及加热的目的和原料的特点，煮又分为冷水煮或沸水煮。冷水煮，是将原料直接放在冷水中加热煮熟的方法，适合于制汤或形状较大的肉类等。沸水煮，是将原料直接放在沸水中加热煮熟的方法，适合于烹饪形状较小或容易成熟的肉类以及蔬菜、意大利面等。

（2）氽（Poach）

氽是指在一个大气压（1atm）下，原料在75～95℃的水或其他液体中加热成熟的方法。与煮相比，它具有自己的特点，即使用的液体数量相对比较少、水温比煮低，适合质地细嫩以及需要保持形态的原料，如鱼片、水波蛋、海鲜以及绿色蔬菜等。

（3）炖（Simmer）

炖与煮、氽相似，也是在一个大气压下，将原料放入水或其他液体中加热成熟的方法。一般来说，炖的水温比氽略高、比煮略低，通常在90～100℃。

（4）烧或焖（Braise）

它是将原料用煎的方法（或其他方法）定形或上色后，放入少量汤汁中加热成熟的方法。

（5）烩（Stew）

烩是将原料用煎的方法（或其他方法）定形或上色后，放入少司或汤汁中加热成熟的方法。烩，与烧或焖的基本工艺流程比较相似，但也有自己的特点，即烩的原料通常形状比较小、时间比较短。

2. 以油为传热介质的烹饪方法

以油为传热介质的烹饪方法，是主要通过油为传热介质将原料加热成熟的方法，大多适合含结缔组织比较少、肉质细嫩的原料或部位，主要有两种。

（1）煎（Pan fry）

煎是使用中等油量将原料加热成熟的方法。其中，又有两种常用的煎法：一是将原料码味后，直接在油中煎熟。二是将原料码味后，粘上其他原料，再入油中煎熟，如粘面粉、面糊、鸡蛋等。也可以在原料码味后，先粘上面粉，再粘上鸡蛋，最后粘上面包屑。

（2）炸（Deep fry）

炸是将原料放在多量的油中加热成熟的方法，与煎虽然都是使用油为传热介质，分类、工艺相似，但炸具有油量大、口感大多外酥脆、内软嫩的特点。

3．以空气为传热介质的烹饪方法

以空气为传热介质的烹饪方法，是主要通过热空气为传热介质，将原料加热成熟的方法。它适合含结缔组织比较少、肉质细嫩的原料或部位，西餐常用的主要有两种。

（1）烤（Roast）

烤，是将原料放入烤箱，利用四周热辐射和热空气对流，将原料加热成熟。

（2）焗（Broil）

焗，与烤类似，也是利用热辐射等将原料加热成熟的方法。但是，与烤不同，使用焗法烹饪时，原料只受到上方热辐射，而没有下方的热辐射，因此，焗也称为"面火烤"。此外，焗的温度高、速度快，特别适合质地细嫩的鱼类、海鲜、禽类等原料以及需要快速成熟或上色的菜肴。

4．其他传热介质的烹饪方法

这类方法最典型的是铁扒（Grill）。它是将原料直接放在扒炉（条扒或平扒炉）上，利用铁板或铁条的温度以及下面火源的热辐射，直接将原料加热成熟的方法。这种方法一般适合形状扁平的原料，也是西餐常用的烹饪方法。

除了对制熟方法的运用之外，西餐制熟技艺的另一个重要内容就是对火候的掌握。随着时代的发展、科学技术的进步，西餐在制熟过程中大量使用可以人工调节温度、时间的各种烹调工具和设备，减少了技术上的不可控因素，对火候的掌握已经可以做到比较科学、精确的计量。

（三）制熟技艺的主要特点

1．工具多样，设备现代化

西餐的烹饪工具数量、品种以及规格都比较多，而且常常是专用。如有专门用于煎制原料的各种规格尺寸的煎盘，有专门用于制作少司的各种规格尺寸的少司锅，还有专门用于制作基础汤的汤锅，以及搅板、汤勺、蛋抽、切片机、粉碎机、搅拌机等。如今，大多数西餐设备的机械化、智能化程度较高，如切片机、粉碎机和万能蒸烤箱等，比较容易操作。依靠这些机械设备，大大降低了操作中的不可控因素，使菜肴成品容易达到标准化和规格化。

2．主料、配料、少司通常分别制作

在西餐制作中，主料、配料（配菜）、少司（调味汁）在许多情况下是分别烹制的，而不是一锅成菜。通常的做法是，先将主料、配料（配菜）、少司分别烹调成熟，

然后放在一个盘子中，将它们组合到一起。

3．擅长以空气传热的烹饪方法

根据传热介质的不同，烹饪方法一般分为以水为传热介质的烹饪方法、以油为传热介质的烹饪方法和以空气为传热介质的烹饪方法等。其中，西餐比较擅长的是以空气传热的烹饪方法，尤其是常见的烤和焗。在西餐中，以烤和焗制作出的菜点非常多。如面点类的各种面包、蛋糕等，菜肴类的烤火鸡、烤羊腿、焗鱼等，都是用烤和焗制作而成，并且是西餐的特色菜点。此外，铁扒也是西餐很有特色的一种烹饪方法。

五、西方装盘技艺及特点

（一）装盘技艺的重要内容

1．开胃菜的装盘技艺

开胃菜，也称作开胃品、头盘或餐前小食品，是西餐中的第一道菜肴，或主菜前的开胃食品，包括各种小份额的冷开胃菜、热开胃菜和开胃汤等。它的特点是菜肴数量少，菜肴味道清新，色泽鲜艳，开胃和刺激食欲。因此，开胃菜在装盘时应当注意两点：一是控制好装盘的时间、温度和用量，以保持开胃菜的颜色、味道和新鲜品质，防止浪费；二是造型简洁大方，不要过分装饰。

2．汤菜的装盘技艺

汤菜，是以基础汤或水为基本原料，通过加入不同的配料和调味原料制作而成的。它可作为开胃菜后的第二道菜，也可以直接作为第一道菜，具有开胃润喉、增进食欲的作用。汤菜在装盘时应注意两点：一是通常使用汤盅或汤盘进行装盘，分量以较小为宜；二是点缀原料的色泽、质地、味道等，应与汤菜相得益彰。

3．沙拉的装盘技艺

沙拉是 Salad 的音译，其含义是一种冷菜。传统上，沙拉作为西餐的开胃菜肴，主要由绿叶蔬菜制作而成。而如今，沙拉在欧美人的饮食中起着越来越重要的作用，甚至可以作为任何一道菜肴，如开胃菜、主菜、甜菜、辅助菜等。沙拉的原料也从过去单一的绿叶生菜发展为各种畜肉、家禽、水产品、蔬菜、鸡蛋、水果、干果、奶酪甚至谷物。沙拉在装盘时，一般由四个部分构成，即底菜、主体菜、装饰菜或配菜、少司。一般情况下，四个组成部分在沙拉中可以明显分辨出来。但是，有时也可以混合在一起，甚至可以省略底菜或装饰菜等。

4．主菜的装盘技艺

主菜，是西餐中含蛋白质比较多的菜肴，一般由牛肉、猪肉、鸡肉、鱼肉、海鲜等原料制作而成。主菜一般由三个部分组成，即主体菜（以动物原料居多）、配菜（以植物原料居多）、少司，在装盘时应当注意三点：一是突出主体菜，占据盘子的主要部位，但一般不能超过盘子的内边缘；二是根据主体菜的质地、色泽、味道，选择相应的配菜种类和数量，不能喧宾夺主；三是将少司淋在菜上，或者放入少司斗中，与主体菜、配菜一同上桌。

（二）装盘技艺的主要特点

1．主次分明，和谐统一
西餐的装盘，强调菜肴中原料的主次关系，主料与配料层次分明，和谐统一。

2．几何造型，简洁明快
几何造型，主要是利用点、线、面进行造型的方法，也是西餐最常用的装盘方法。几何造型的目的是挖掘几何图形中的形式美，追求简洁、明快的装盘风格。

3．立体表现，空间发展
西餐的摆盘，除了在平面上表现外，也在立体上进行造型。从平面到立体，展示菜肴之美的空间扩大了。这种立体造型的方法，也是西餐摆盘常用的方法，是西餐装盘的一大特色。

4．讲究突破，回归自然
整齐划一、对称有序的装盘，会给人以秩序之感，是创造美的一种手法，但常常缺乏动感。西餐在装盘上常采取各种手段打破常规，力图将美感与动感结合起来，使菜肴的造型更加鲜活、美妙。此外，西餐在装盘、装饰时喜欢使用天然的花草树木作为点缀物，并且遵从点到为止的理念，目的是回归自然。

第二节　西方馔肴的风味流派

由于自然条件、物产、文化、经济发展状况的不同，西方馔肴即西餐形成了不同的风味流派，拥有不同烹饪特色与著名品种。其中，最有特色、最具影响力的有意大利菜、法国菜、美国菜，此外，还有德国菜、西班牙菜、俄罗斯菜以及英国菜、葡萄牙菜等。

一、意大利菜

意大利菜，是西餐重要代表流派之一，是意大利悠久历史和丰富文化的结晶。早在2000多年前，古罗马人在烹饪上就显现出他们的才华和对饮食的热爱。古罗马人举办的宴会，丰富多彩，制作水平相当高，特别在面食制作方面，在世界领先。更值得一提的是，当时的厨师并不是奴隶，而是拥有一定社会地位的人，这为当时烹饪的发展提供了有力的保障。在哈德连皇帝时期，罗马帝国甚至在帕兰丁山建立了一所厨师学校以发展烹饪技艺。此外，意大利位于欧洲大陆的南部，意大利半岛形如长靴，伸入地中海腹地，三面临海。优越的地理位置，使得意大利的物产十分丰富，也为意大利菜的发展奠定了坚实的物质基础。因此，意大利菜在很早以前就逐渐形成了自己独特的风格，并且在西方世界产生了巨大影响。

（一）意大利菜的主要特点

1. 原料特点

意大利菜在原料选择与使用上的特点是区域特色明显。意大利的物产十分丰富，各地都有许多优质的特色原料。如沙拉米肠，是意大利的著名原料之一，有百种之多，肠身呈深色，布满白色圆点的油脂，味道干香；白松露，仅在意大利北部的埃蒙特地区才有生长，具有特殊浓郁的香味，价格昂贵，是西餐烹调中的珍贵原料。但是，在1861年以前，意大利并不是统一的国家，而是一直由许多各自为政的不同的小国家组成。在这种独特的背景之下，意大利菜在烹饪原料的选择与使用上便呈现出强烈的地域性，不同地区的烹调多选用当地的特产原料。

2. 调味特点

意大利菜在调味上的特点是大量使用橄榄油与醋，因为意大利盛产优质的橄榄油与醋。橄榄油的质量，决定于橄榄的品质以及生产工艺。位于地中海地区的意大利，橄榄资源丰富，而且压榨橄榄油有着悠久的历史和高超的技术，可以生产出品质上乘的橄榄油。醋的制作，在意大利也具有悠久历史，并且生产了许多品质优异的醋，例如黑醋。而意大利菜肴的调味，在很大程度上依赖橄榄油与醋，许多意大利菜肴的制作都缺少不了橄榄油与醋起到的增香作用。比如意大利最普通和流行的沙拉，就是将橄榄油和醋与各种蔬菜拌和而成；用火腿片或香肠片制作的经典意大利开胃菜，也只需淋上橄榄油增香即可。

3. 烹法特点

意大利菜在烹饪技法上的特点是简洁明快、突出本味。意大利的烹饪原料丰富而鲜美，这使得菜肴无需过多烹制，其味道也非常诱人。以海鲜烹调为例，意大利三面环海，有丰富的海产资源，鱼虾贝类等十分新鲜。由于原材料新鲜、质量上乘，为了充分发挥原材料的色、香、味，人们经常采取简单的烹调方法，大多是烧烤、煎炒、油炸、烩或焖等，以突出其本味。如对于各种鱼类原料，有时是切块后用烧烤、煎或粘上面粉煎制成菜，有时则将整鱼进行烧烤或煮、烩而成。与海鲜一样，意大利的肉类菜肴也倾向于简化各种不必要的操作程序，烹饪方法简单而没有太多的花样。常见的肉类菜肴主要有各种肉扒，大多是利用香草的香味进行烧烤，或用番茄煮、用红葡萄酒烩等。

4．成品特点

意大利菜在制成品上的特点是面食品种多。意大利面食多而常见，以至于有些人认为面食即为意大利菜肴的代名词。仅意大利面条的品种就有数十种之多，一般可分成两大类：一是面条或面片，二是带馅的面食，如饺子、夹馅面片、夹馅粗通心粉等。烹饪面条的方法很多，除用沸盐水煮熟、食用时与调味汁拌匀外，还可以放在烤炉焗，或者凉拌等。而意大利比萨也有数十种，根据加入的馅料不同，风味也有差异。

（二）意大利菜的著名品种

意大利菜品种繁多，有许多著名品种。这里按照开胃菜、汤或面、饭，以及主菜、甜品等类型，分类介绍其中的部分名品。

1．开胃菜类名品

意大利的开胃菜十分众多，但通常可以根据温度分为两大类，即冷盘和热盘。在食用时，大都把冷食菜肴和热食菜肴分别装盘。近年来，意大利开胃菜的形式有了许多变化，品种也在逐渐增多，但其主旨仍然是促进食客的食欲。因此，意大利开胃菜的用量较少，而且十分追求颜色的鲜艳和口味的变化，其著名品种有火腿蜜瓜和生牛肉片等。

火腿蜜瓜（Prosciutto Ham with Melon and Fig），其制法是选用帕尔马生火腿片放入盘中，加入莫泽雷勒干酪和罗勒香草；蜜瓜去皮、切成厚片，鲜无花果剜成十字花，与蜜瓜分别摆入盘中，撒胡椒碎和柠檬汁即可。

生牛肉片（Beef Carpaccio），其制法是将牛柳以保鲜纸卷成长筒形，放入冰箱内冷藏约4h后取出、切成薄片，铺在盘中，放上生菜、香草、柠檬及帕尔马干酪，淋橄榄油、撒黑椒碎即可。

2．汤或面、饭类名品

汤或面、饭常常作为开胃菜之后上桌的第一道菜。意大利的汤很有特色，内容很丰富，通常可分为四大类：其一是杂菜汤，用大量的蔬菜和意大利粉或米饭煮制而成；其二是鱼虾海鲜汤，这种汤大都用薄面包片作装饰品；其三是清汤；其四是用蔬菜酱和鲜奶油制作的蓉汤。意大利的面食不仅数量多，而且名闻遐迩，仅仅用通心粉制作的面食就有上百种。而米饭主要流行于稻米产区。它们的著名品种有意大利蔬菜汤、肉酱意大利粉、利梭多饭等。

意大利蔬菜汤（Potage Minestione），其制法是先将土豆、胡萝卜、韭葱、洋葱、圆白菜切成方片，西芹去筋、切片，番茄去皮、去子、切成块，四季豆切成段，培根切成小片；再将这些原料入厚底锅煸炒后转入汤锅，加入牛肉清汤熬制20~30min，加入盐和胡椒粉调味，装入汤盘内，撒上干奶酪粉即可。

肉酱意大利粉（Spaghetti Bolognaise），其制法是先将意大利粉放沸水中，加黄油、盐煮熟后捞出、控去水分，加少许精炼油拌匀；再将洋葱碎、蒜蓉用黄油炒香，加入牛肉炒熟，加番茄酱、胡萝卜碎、西芹碎、番茄碎、香叶、百里香稍炒，加入布朗少司，用小火收稠，加盐、胡椒粉调味，制成肉酱；最后将意大利粉用精炼油略炒，调味后卷放入盘中，上面放肉酱（也可将肉酱与意大利粉一同炒匀），撒芝士粉，放焗炉中将芝士粉焗上色即可。

3．主菜类名品

主菜，通常是开胃菜后的第二道菜，主要包括鱼类菜肴和肉类菜肴。由于意大利位处地中海，故海鲜品种及烹调方式、菜式变化也比肉类更多。除了肉类和鱼类菜肴外，第二道菜肴还包括煎蛋卷等各种蛋类食品。一般来说，意大利的主菜与其配菜不摆在同一个盘中，而常常单独装盘。鱼类和肉类菜肴常用的配菜有蔬菜沙拉、油炸或烤的薯类、焖或炒的蔬菜等。意大利主菜的著名品种有茄汁猪排、罗马鸡、酥炸海鲜等。

茄汁猪排（Pork Chops with Tomato and garlic），制法是先在去骨猪排中加入蒜、盐、胡椒粉、橄榄油混合均匀，腌渍30min后放入锅中煎至成熟；再将芹菜、胡萝卜、洋葱粒和蒜碎、黑橄榄、绿橄榄用橄榄油炒至蔬菜微软，加干白葡萄酒及汤、番茄汁和阿里根努等调料，制作成少司；最后，将猪排放入盘中，淋上少司，配新鲜蔬菜和意大利面条即可。

罗马鸡（Roman Chicken），制法是先将橄榄油烧热，放入带翅鸡胸煎上色后取出；再将蒜碎、洋葱丝炒软，加胡椒粉、甜椒丝、橄榄和番茄少司炒匀，放入鸡肉，加盐、胡椒粉、马佐莲和鲜汤炖制成熟，装盘后配酥脆面包即可。

酥炸海鲜（Deep Fried Seafood），制法是先将番茄去皮、制成汁，与柠檬汁、盐、胡椒粉一同入锅，慢慢加入橄榄油混合均匀，制成少司；再将鱼肉切成大块，鱿鱼切成圈，虾去掉皮、保留头尾，分别放入面粉中沾匀；节瓜切成条，放入由面粉、水、鸡蛋制作成的面糊中搅拌均匀；最后，将橄榄油加热，放入鱼肉、鱿鱼、虾、节瓜炸成金黄色后捞出，放入盘中，淋上少司和黑醋，用柠檬角、番芫荽装饰即可。

4．甜品类名品

意大利甜品款式琳琅满目、缤纷多姿，包括糕饼、烘焙美点、雪糕和酒香水果等。其中，最著名的品种有提拉米苏等。

提拉米苏（Tiramisu），制法是先将马士卡彭芝士倒入碗内、搅软成黏稠的奶油状，鲜奶油放入不锈钢盆中，隔冰水搅打至发泡、定形后备用。接着，将蛋黄和糖放入盆中，隔水加热并打匀至色泽乳白、黏稠，加入搅化的马士卡彭芝士、打发的鲜奶油和意大利马色拉酒拌匀，制作成芝士奶油蛋黄浆；将意大利浓咖啡和剩下的意大利马色拉酒混合均匀。最后，将意大利手指蛋糕蘸上咖啡酒汁，放入模具底部铺平，淋上少许咖啡酒汁、适量芝士奶油蛋黄浆，然后铺上一层蘸有咖啡酒汁的意大利手指蛋糕，再淋上适量的芝士奶油蛋黄浆，重复这个步骤，直到模具装满后用密封、送入冷冻室内冷冻4h

以上取出，撒满无糖的可可粉。

二、法国菜

法国菜，是西餐的重要代表流派之一，也是对意大利菜继承、发扬和创新的杰作。早在公元 3 世纪前后，罗马人高超精湛的烹调技术就对当时法国饮食文化的发展有一定促进作用。而法国菜真正的发展和繁荣是从 17 世纪开始的，这在很大程度上得益于意大利公主嫁入法国王室，将意大利文艺复兴时期盛行的烹调方式、技巧、食谱及华丽餐桌装饰艺术带到了法国，使法国菜获得了一次最好的发展良机。而法国菜的进一步发扬光大，则是在路易十四、十五时代。法国大革命以后，宫廷豪华饮食逐渐走向民间，大量宫廷厨师在巴黎等地开设餐厅，精美菜品和高超技艺以及华丽的就餐风格让人们惊叹，法国菜以其华美、精致、浪漫、品位征服了世界，巴黎成为西方美食中心。近年来，法国菜不断精益求精，将传统与现代相互融合，在菜肴烹调上更加讲究风味、个性、天然以及装饰和颜色的配合。

（一）法国菜的主要特点

1．原料特点

法国菜在原料的选择与使用上具有三个显著特点：

（1）用料广泛

与中餐相比，西餐的许多重要流派在选料上一般比较严格，许多原料如动物内脏等副产品，是很少用于烹调的。但是，法国菜却是例外，它在原料选择与使用上非常开放和大胆，牛胃、鹅肝、鸡胃、鸡冠等都可以作为食物原料，制作出味道鲜美的法国菜。

（2）选料新鲜

法国烹饪讲究口味的自然和鲜美，许多原料使用简单的方法烹调，甚至无需动火，直接食用。比如牛肉，用它制作的牛扒有多种成熟度，而法国比较偏爱五成熟左右、比较生的牛扒；法国人甚至将生牛肉切碎，制作成圆饼形的鞑靼牛扒，直接食用。不进行过度烹调，是为了避免破坏原料本来的味道。所以，法国菜在原料的使用上十分注重新鲜度，力求将原料最自然、最美好的味道呈现给食客。

（3）乳制品多

在法国烹饪中，奶和乳制品的使用频繁而广泛。比如法国的奶酪闻名于世界，也是法国烹饪的骄傲，种类将近 400 种。不同的奶酪拥有的特色不同，用法也各异，有些直接食用，有些制作成少司，还有一些作为菜肴的原料。由于奶酪的广泛使用，使得法国菜肴丰富多彩、香味浓郁。

2．调味特点

法国菜在调味上具有以下两个明显的特点：

（1）少司多样

少司，是西餐中的调味汁，西餐菜肴的最终味道绝大部分取决于少司的味道。因此，少司的制作是西餐调味的关键。一个国家烹调水平的高低，与少司种类的多少有密切关系。法国人最早对少司的制法进行科学的总结、归纳，找到了其中的方法和规律，从而制作出大量的少司，使法国少司不仅种类最多，而且味道丰富、颜色多样，也使得法国菜异常丰富多彩，被称为西方烹饪之冠。

（2）重视用酒

在法国烹调中，非常注重酒的使用，有人形容说，法国菜"用酒如同用水"。这与法国酒特别是葡萄酒的产量大、风味独特、品种多、品质优有极大的关系。法国菜用酒，既广泛又巧妙。在开胃菜、汤菜、主菜、甜品、少司等的制作中，经常用酒来除异增香。许多法国著名菜品多使用了酒，如红酒蜗牛、普罗旺斯海鲜汤、红酒煨梨等。在酒的使用上，人们还会根据原料和菜肴的特色选择不同的酒，为菜肴增添无穷魅力。

3．烹法特点

法国菜在烹饪技法上具有两大特点：

（1）传统菜肴制作工序复杂

法国的传统菜肴，对菜肴的品质要求十分严格。因此，在制作过程中，对每一道工序都要求精益求精，尤其是对少司的制作更加认真，选择什么原料、原料之间如何搭配、使用的火候、烹调的时间等都有明确的要求。制作法国少司，不仅原料多，而且工序复杂，花费的时间较长。此外，法国菜讲究配菜的制作，一道菜常常有3个以上的配菜，为了突出不同配菜的风味，法国烹饪常将配菜分别制作，有时甚至采取不同的烹调方法，以求得最佳搭配。

（2）现代菜肴制作讲究简单、健康

现代法国菜起源于20世纪70年代。新派法国菜在烹调上着重原汁原味、材料新鲜，口味比较清淡。特别在20世纪90年代后，人们对健康逐渐重视，由米歇尔·格拉德（Michael Guerard）倡导的健康法国菜在法国乃至西方十分盛行。这类菜肴采取简单直接的烹调方法，减少油的使用，少司多用原肉汁调制，或者使用新鲜水果、蔬菜、香料制作，非常强调简单、健康。

4．成品特点

目前，法国菜在制成品上的最大特点是有三种不同的风味流派并存：一是古典法国菜派系。它起源于法国大革命前，是皇胄贵族中流行的菜肴，对烹调的要求十分严格，从选料到最后的装盘都要求完美无缺。二是家常法国菜派系。它源于法国平民的传统烹调方式，选料新鲜，做法简单。三是新派法国菜派系。它起源于20世纪70年代，在烹调上着重原汁原味、材料新鲜，口味比较清淡。

此外，法国菜肴在食用时，非常注重与酒的搭配。由于酒的风格与菜品的特色各异，因此，法国人认为，要使菜品的风味更加完美和谐，就必须认真选择合适的酒。法国在酒与菜的搭配上，不仅有基本原则做指导，甚至对每一道菜与酒的搭配都有建议。在法国的菜谱上常常标明，甲菜最好搭配 A 酒，乙菜最好搭配 B 酒等，以使酒和菜都达到最佳效果。

（二）法国菜的著名品种

1．开胃菜类名品

开胃菜，在法国也有冷盘、热盘之分。在传统的法国菜中，鸭肉、牛仔核、鹅肝都是主菜的专用材料，而现在法国的许多头盘也开始使用这些材料，常与沙拉或水果组成拼盘。法国开胃菜的著名品种有什锦鹅肝冻、尼斯沙拉、法式焗蜗牛等。

什锦鹅肝冻（Pressee De Legumes Au Foiegras），制法是先将胡萝卜、芦笋切条后焯水至熟，根芹切成长片，鹅肝切长条块；把鸡肉胶冻汁加热融化，加入用水泡开的结力冻片搅匀；另将约 100g 的胶冻汁倒入青豆蓉中搅匀。接着，在方形模具的内壁，依次、逐层地放入青豆蓉、胡萝卜条、芦笋、鹅肝条、四季豆、根芹片和番茄块，每铺放一层，就浇一层结力胶冻汁，直至铺完后进行冷藏。最后，将冷藏的鹅肝冻脱膜取出，切厚片，放入盘中，淋上酒醋汁，用香草、番茄等点缀即成。

尼斯沙拉（Salade Nicoise），制法是先将土豆去皮、切成 2.5cm 大的块，放入冷盐水中煮熟后取出；四季豆煮熟、漂冷后切成 3cm 的段；番茄去蒂、去皮，切成三角形；金枪鱼切片，青椒、红椒分别去蒂、去子后切成丝。接着，洋葱碎、芥末酱、红酒醋、橄榄油、盐和胡椒粉调匀，制成法式醋油汁。最后，将主料与醋油汁拌匀后入盘，可加凤尾鱼、蛋角、番茄角、黑橄榄片和番芫荽点缀。

法式焗蜗牛（Baked Snai），制法是先将洋葱、胡萝卜、西芹切块；蜗牛治净、入锅，加洋葱、胡萝卜、西芹、水等，将蜗牛煮至熟软。接着，将 50g 黄油放入少司锅中加热，加入洋葱碎及蒜蓉炒香，放入蜗牛煸炒，放入干白葡萄酒及香叶、百里香、黑胡椒碎炒至蜗牛入味；将剩余黄油搅拌至松软，加入部分蒜蓉、番芫荽碎、盐搅拌均匀，制作成填馅黄油。最后，将蜗牛放入蜗牛壳内，用填馅黄油将蜗牛壳封严；取一瓷盘，先放适量土豆泥，将蜗牛逐个摆入盘中的土豆泥上，放入焗炉中，用 180～200℃烤至蜗牛表面黄油融化出香、上色即可。

2．汤菜类名品

在传统法国菜中，汤是展示烹饪技艺的重要品种。法国的汤菜种类多，制作技术高超，特别是高级清汤类菜肴，是西餐制汤技术的顶峰。随着时代的发展，在现代法国菜中，汤类发生了很大的变化，虽然在技术上没有太多的突破，但在装饰上却有了发展，盛装的器皿越来越精致、点缀越来越讲究等。法国汤菜最著名的品种有法式洋葱汤、普罗旺斯海鲜汤等。

法式洋葱汤（French Onion Soup），制法是先将洋葱切成细丝、香草切成碎；面包切成厚片，抹上少许的黄油和香草碎，放入150℃的烤炉中烤15min至金黄色时取出。接着，将黄油放入厚底锅中加热融化，加入洋葱丝煸炒至出香、变为棕褐色，放入汤锅中，加入牛肉清汤煮制30～40min，加入盐和胡椒粉定味。最后，将汤装入汤盅内，表面放二三片香草味的面包片，撒上芝士粉，放入180℃的烤箱中烤制10～20min，使芝士粉变黄、上色后即成。

3. 主菜类名品

法国主菜，是法国烹调技艺精华的体现。除了选择原料广泛以外，在制作方法上也很独到，尤其是在少司的制作和开发上更是引领西餐的潮流。同时，法国特别重视配菜的制作和搭配。在法国主菜中，配菜不仅品种丰富，如土豆就有10多种做法，而且一个主体菜通常要配多种配菜，以丰富主菜的口味、色泽和质地。其著名品种有法式白汁烩鸡、香橙烤鸭等。

法式白汁烩鸡（Fricassée De Volaille à L'Ancienne），制法是先将鸡肉切成块，撒上盐和胡椒粉，放入热的黄油中煎定形，再放入锅中烩制；蘑菇和小洋葱分别用黄油炒香。接着，煎锅内入洋葱碎、黄油炒香，加面粉炒匀，再加鲜鸡汤煮沸，一同倒入烩制锅内，调味后加盖焖煮30min至鸡肉熟透。最后，将蛋黄和奶油调匀，倒入烩鸡肉的汤汁煮至浓稠，加入蘑菇和小洋葱同烩入味，用盐和胡椒粉即成少司；将鸡肉装入盘中，淋上少司，用黄油米饭和时令蔬菜装饰即成。

香橙烤鸭（Canetons àl'orange），制法是先将仔鸭去头、脚、颈骨和内脏，用线捆扎成形，撒上盐和胡椒粉腌渍入味；胡萝卜和洋葱切碎，柠檬皮和橙皮切细丝、焯水后加橙味利乔酒浸泡。其次，煎锅中加油烧热，放入仔鸭煎至鸭肉表皮定形、呈金黄色，将仔鸭腹面向上放入烤盘中，撒上胡萝卜碎、洋葱碎，送入200℃的烤炉中烤约1h，中途适当地取出淋油，至烤熟后保温备用。接着，锅中加糖和红酒醋熬制成金红色的焦糖汁，加布朗鸭肉汤煮出味，用稀释的淀粉汁调剂浓度，再加入烤鸭的原汁和浸泡后的柠檬皮丝和橙皮丝煮沸且出味，调味成橙汁少司。最后，将仔鸭入烤炉内烤至皮面金红色时取出，剔下鸭肉装入盘中，淋上橙汁少司，配黄油煎薯片，用草莓、猕猴桃、薄荷叶、橙子等装饰即成。

4. 甜品类名品

法国的传统烹饪注重甜品的制作，甜品的种类多、味道丰富，其中有许多成为西餐的经典品种，而现代的法国甜点更加重视甜点的造型，在色泽、形态等方面，给人以美感。法国甜品的著名品种有苹果塔、红酒烩梨、香橙薄饼等。

法式传统苹果塔（Tarte Aux Pommes），制法是先将面粉过筛，放入盐、糖粉、鸡蛋黄和水搅匀，加入化软的小片黄油，和、压成形，至面团光滑、不粘手时将面团用保鲜膜包好，送入冰箱冷藏，制成酥皮面团；将杏仁果酱、苹果白兰地和适量水混匀后煮沸、过滤，制成杏仁少司。其次，将苹果去皮、去核、切成小片，放入热的黄油中炒匀，加糖、水和柠檬汁煮至苹果软熟、呈棕褐色时出锅装盘。接着，在塔模内抹上黄油，取出酥皮面团擀成厚约 3mm 的面皮，放入塔模中压紧实，在面皮底部又出无数个小洞，放入冰箱冷藏 20min。最后，取出塔模，在面皮上放一层锡纸，送入烤炉内烤 15min 后取出，去除锡纸，再放入苹果馅泥压紧实；另将剩余苹果去皮、去核、切成半圆片，排放于苹果泥上呈风车形，表面刷鸡蛋液，入 200℃的烤炉内烤约 30min 后取出，刷上杏仁少司。

红酒烩梨（Poires Au Vin Rouge），制法是先将红酒、砂糖、肉桂、香子兰香草、橙皮和黑胡椒粒一同放入锅中，加热煮沸，并将红酒汁浓缩至浓稠发亮时即成少司，冷透备用。接着，梨去皮、去核、切成两瓣，放入红酒汁中，加盖后用小火焖煮 40min 至雪梨软熟、呈深褐色时取出、装盘，淋汁即成。

三、美国菜

美国菜之所以能在众多西方风味流派中脱颖而出，与美国独特的气候、地理和人文风俗有密切关系。美国位于北美洲南部，东临大西洋，西濒太平洋，北接加拿大，南靠墨西哥及墨西哥湾。辽阔的土地、充沛的雨量、肥沃的土壤、众多的河流湖泊，是美国菜形成与发展的物质基础。除此之外，美国菜的形成与发展，还得益于美国是一个多民族的国家。其人口的构成，除了来自以英国为主的欧洲各国移民外，还有来自世界其他地区如非洲、南美洲、亚洲等的移民，以及美国本土的印第安人。来自不同地区的人，带来的是不同的文化和风俗。在这样独特的人文环境下，美国菜呈现出以英国烹饪为基础、融合不同国家烹饪的多姿多彩的风格。

（一）美国菜的主要特点

1. 烹法与调味特点

美国菜用料朴实、简单，制作过程也不复杂，尤其是在烹饪方法上比较简单并且偏重拌、烤、扒等简单迅速的制作方式；调味追求自然、清淡，美国少司的种类比起法国要少得多。比如沙拉的制作，常常选择蔬菜和水果比较多，制作的过程也非常简单，特别受到人们的欢迎。沙拉在美国菜中占有重要地位，可以作为开胃菜、主菜、副菜、甜菜等。

2. 成品特点

美国菜在制成品上的总体特点是风格多样、时代感强。由于美国是一个多民族国家，不同地区的移民带来了有着不同文化背景的菜式，在饮食上通常采取开放、兼容的思维和态度，因而使得美国菜不仅是各流派并存、风格多样，而且禁锢较少、时代感强。在这些菜肴中，有的来源于法国，比如普罗旺斯式鸡沙拉，这道菜吸收了法国普罗旺斯地区善于使用香料的特点，但以美国人最喜爱的生拌形式（即沙拉）表现出来；有的来自意大利，如脆皮奶酪通心粉，主要原料和做法都源于意大利，而奶酪却使用了产于美国的切德奶酪；还有受到南美洲影响而创造出的各种辣味菜式，如辣味烤肉饼、辣椒牛肉酱、炖辣味蚕豆等。

美国菜的时代感突出表现在两个方面：一是注重营养。饮食不当容易引起各种慢性疾病，近年来，人们越来越注重自身的健康。美国菜适应着这种趋势，烹饪的菜肴中大量使用了果品和蔬菜，尤其是新鲜水果，以达到更多地摄取维生素等营养素的目的。以苹果为例，用苹果创作的美国特色菜肴就有二三十种，如苹果炖鸡、苹果泥、苹果蛋糕、苹果饺子、炸苹果片、苹果霜、烤苹果、糖粉苹果条、苹果千层酥、苹果馅饼、糖蜜苹果馅饼、苹果少司等。二是打破传统，创新菜肴。美国菜在沙拉的烹调和使用上，突破了欧洲烹饪中沙拉多在宴席中作辅助角色的传统，而将沙拉大胆地使用在各种场合，作为开胃菜、甜菜、辅助菜甚至主菜。在这种开放思维的引导下，美国为世界创造出了五彩缤纷的新式沙拉。

（二）美国菜的著名品种

在众多的美国菜肴中，最能代表美国菜的特点、最为著名的品种是各式各样的沙拉，如华尔道夫沙拉、恺撒沙拉等。

华而道夫沙拉（Waldorf Salad），制法是先将苹果和西芹切成 2.5cm 见方的块，加柠檬汁拌匀，核桃仁烤香；马乃司少司加柠檬汁和糖粉调匀。接着，将少司倒入主料中拌匀，再生菜放入盘中垫底，装入主料，撒上葡萄干即成。恺撒沙拉（Caesar Salad）的制法是，首先将土司面包切成方粒；煎锅中放黄油加热，加入一半蒜蓉炒香，放入面包粒炒至面包粒金黄酥脆，撒少许盐、胡椒粉调味。接着，将培根切碎、煎熟；银鱼柳搅拌成蓉。最后，将剩余蒜蓉及法国芥末、鸡蛋黄、柠檬汁、银鱼柳及橄榄油及辣椒汁、盐、胡椒粉拌匀调味，再放入生菜拌匀，盛入盘中，加培根碎、面包粒、芝士粉，用番芫荽装饰即成。

四、西方其他风味流派

除了意大利菜、法国菜、美国菜之外，西方国家还有其他著名的风味流派，如德国菜、西班牙菜以及俄罗斯菜等，也有各自的特色和名品。

（一）德国菜

由于气候和地理的原因，德国菜受到许多邻国菜肴的影响，但是又有自己的特点，既不像法国菜那样加工细腻，也不像美国菜那样清淡，在西餐中以经济实惠而著称。它在原料上较多地使用猪肉，口味重而浓厚，菜肴分量足，土豆是常见的配菜。德国菜的著名品种有德式烤猪肘、德式烧猪排、维也纳式牛仔吉利、汉堡牛扒、酸甘蓝菜汤以及各种香肠菜肴等。

（二）西班牙菜

西班牙处于地中海地区，四面环海，内陆山峦起伏、气候多样，因此西班牙的物产丰富，为西班牙菜的发展奠定了物质基础。另外，西班牙在历史上屡受外族入侵，又受不同宗教的影响，使得西班牙的菜肴融合了外族的特色，丰富多彩。从总体上讲，西班牙菜有着明显的地中海特色，善于使用海鲜、橄榄油以及地中海的特色香料，烹法简洁，口味清新自然，菜式丰富多彩。西班牙菜有浓郁的地域风情，其著名品种较多，最具特色和知名度的是西班牙海鲜饭、西班牙冷汤等。

（三）俄罗斯菜

俄罗斯菜，主要指俄罗斯、乌克兰和高加索等地方的菜肴。从历史发展来看，俄罗斯的烹饪受西方其他国家影响很大，许多菜肴都是从法国、意大利、奥地利和匈牙利等国传入后融合而成。据资料记载，意大利人 16 世纪将香肠、通心粉和各种面点带入俄罗斯；德国人 17 世纪将德式香肠和水果带入俄罗斯；法国人 18 世纪初期将少司、奶油汤和法国面点带入俄罗斯。由于地理位置和气候寒冷的原因，俄罗斯菜在总体上具有油大和味浓的特点，注重以酸奶油调味，菜肴具有多种口味，如酸、甜、咸和微辣等。在俄罗斯菜肴中，以冷开胃菜最有名，其中黑鱼子酱更是享有很高的声誉。其他著名的菜肴品种还有俄式炒牛柳、罗宋汤等。

第三节　西方筵席与宴会

一、筵席与宴会的概念、关系

筵席是指在宴会上供人们饮用和食用的各种饮食品的组合，包括整套菜肴点心及茶酒饮料等，是时代、地区、饭店（餐馆）、家庭的烹饪技艺的集中反映。筵席非常重视饮食心理、饮食习俗、饮食审美和饮食文化，要求主题鲜明、配菜科学、工艺丰富、形式典雅和接待服务讲究礼仪。宴会是人们为满足习俗和社交礼仪的需要，以餐饮为主要活动的聚会，是国际、国内政府、社会团体、单位、公司或个人之间进行交往的一种常见的交际活动形式，是饮食、社交、娱乐相结合的一种高级形式。宴会非常重视社交功能和接待礼仪，要求主旨鲜明、突出礼仪、气氛好、服务周到细致。由于宴会中必备筵席，两者性质与功能相近，密不可分，因而常被合称为筵宴。

二、西方筵席与宴会的分类及特点

（一）西方筵席的分类及特点

1. 西方筵席的分类

西方筵席有很多种分类方法，但是最主要、最常见的有两种：一是按风味流派进行划分，有法式筵席、美式筵席、英式筵席等；二是按质价高低进行划分，有高级筵席、中级筵席和普通筵席等。

2. 西方筵席的特点

西方筵席除了具备筵席的一般特点即聚餐式、规格化、程序化、社交化之外，还有自己独具的特点，主要表现在三个方面。

（1）在筵席格局上，强调以菜为中心、酒与菜相配

西方筵席的格局主要由菜肴、点心、果品、咖啡和酒等组成。西方人认为菜肴各有品质，酒也如此，因此在设计筵席菜点时，常常根据不同的菜肴选择与之协调的不同品质的酒来配搭，尤其注重各种葡萄酒的配搭，使为数不多的菜与酒相得益彰、异彩纷呈。法国人编撰的《法国风情录》一书中说，上牡蛎和鱼的时候必须用干白或带泡沫的葡萄酒，上家禽肉时要配低度的红葡萄酒或初次发酵的香槟酒，上牛羊肉及干酪时要配辣口的红葡萄酒，上餐后点心时要配甜的或带泡沫的葡萄酒等，并且指出："每种名葡萄酒均有其品格，因此在席间要随机应变，同从头道正菜到餐后点心的各道菜完全协调。"

就一般情况而言，葡萄酒与菜肴的具体搭配如下：

开胃菜（包括干酪、泡橄榄等）配搭酒品：雪利酒

汤类配搭酒品：雪利酒

海鲜类菜肴配搭酒品：夏布里或沙特尼干白葡萄酒、勃艮第葡萄酒等

禽肉类菜肴配搭酒品：香槟酒或沙特尼干白葡萄酒

畜肉类菜肴配搭酒品：勃艮第红葡萄酒、玫瑰葡萄酒

甜品类配搭酒品：甜沙特尼葡萄酒、香槟酒

（2）在菜点组合上，讲究简洁实用

西方筵席在菜点组合上讲究数量少、品质精，重视营养、反对浪费。其筵席菜点的数量较少，通常只有5道，即开胃冷盘、汤、开胃热盘、主菜和餐后甜点。但是，西方筵席非常重视菜点的品质，尤其在原料的选择上更是要求新鲜。按照西方餐厅的习惯，厨房所采用的原料多为成品与半成品。为保证原料的新鲜，在运输与保藏的过程中对各种原料的温度有严格限制。如冷冻食品，要求的温度为 –18 ~ –7℃；乳制品，要求的温度为 3 ~ 8℃；肉类和禽类，要求的温度为 –1 ~ 3℃；鱼类和贝类，要求的温度为 –5 ~ –1℃。新鲜的原料为优质菜品打下了良好基础。此外，西方筵席尤其是以法式筵席为代表，时常选用一些珍贵原料，如鹅肝、法式蜗牛、黑松露、鱼子酱等，这些原料既丰富了菜肴的味道，又提升了菜点和筵席的品质。

西方筵席重视营养及营养素的搭配。通常而言，蔬菜大多是生食，或用沙拉酱拌食，以保证营养素不受破坏；菜肴中的配菜也以蔬菜为主，对主菜的营养起到很好的补充作用。在整个筵席中，冷菜、汤、热菜、甜品的组合常常考虑满足大部分营养素的需要、做到营养均衡。此外，西方筵席反对浪费。西方人习惯的是，根据自己的喜好选择菜品的量，可以少量多次地选用，避免浪费。

（3）筵席菜单的设计突出个性化

西方人非常重视筵席菜单，不仅注重内容美，也注重形式美。在西方筵席上，几乎每一位客人的面前都要摆一份菜单，它编排有序，配有文字、图案或图画，附有菜点、饮品的图片，色彩雅致、形状美观、引人注目，更让人爱不释手。美国人阿尔滨·西博格在《菜单设计与制作》中明确指出："菜单不仅是餐台上的一种必要点缀，更是餐馆的重要标记。因此，菜单必须精心制作，使之真正起到点缀和标记的双重作用。"而西方筵席菜单的设计突出强调个性化，主要体现在内容的个性化和形式的个性化两个方面。其中，内容的个性化，主要是指菜点品种组合的个性化，常常是根据进餐者的特点、筵席特点进行独特的设计。形式的个性化，主要包括菜点的说明文字、图片和菜单的材质、形状、书写方法、使用地等方面的个性化，也是根据进餐者的特点、筵席特点进行设计的。正是这些独具个性的菜单为西方筵席增加了绚丽的光彩。

（二）西方宴会的分类及特点

1. 西方宴会的分类

西方宴会的种类繁多，有许多不同的分类方法，但是最主要、最常见的分类方法有三种。一是根据宴会的形式，可以分为正式宴会、鸡尾酒会、冷餐会等；二是根据宴会的规模，可分为大型宴会、中型宴会和小型宴会；三是根据宴会的主题，可以分为婚宴、生日宴、节日宴、迎宾宴等。此外，还常常根据宴会的档次，划分为高档、中档、大众化宴会等。

2．西方宴会的特点

西方宴会与世界其他地区和国家的宴会一样都非常讲究，从宴会的邀请发出之日起，一直到宴会的结束，伴随着众多的礼仪和要求。但是，相比而言，它还有自己的独特之处。

（1）宴会服务细致且富有个性化，在服务的过程中伴随着制作

西方宴会除了常规服务细致周到外，非常重视在服务中的制作，以突出个性化。这种现场制作具有较高的表演性和欣赏性，对服务人员的要求相当高，不但要熟悉和了解一定的烹调、切割原理，还必须掌握一些基本的操作方法。西方宴会的现场操作表演主要有三种：一是在宾客面前烹制开胃菜、沙拉、主菜、甜品。这些菜肴可以完全由生的原料制成，也可以在厨房经过前期加工，然后由服务员在餐厅进行最后一道工艺的生产和制作，以增加用餐气氛。典型菜品有恺撒沙拉、阿卡雄生蚝、黑椒牛柳和橙味薄饼。二是在宾客面前燃焰制作甜品、饮料。将食品用银托盘从厨房送入餐厅，放在手推车上，然后用酒精炉将食物加热，烹入酒精度数较高的酒，使锅中产生火焰，以增加气氛。常用的品种有糖腌水果，可选用的水果包括菠萝、香蕉、梨等。三是餐厅切割，主要指烧烤的畜禽如烤鸡、烤鸭以及大块的烤羊腿、烤牛排等的切割装盘操作。此外，还有一些特殊的现场操作表演，如沙拉吧、开胃小菜车、花式鸡尾酒调制等。

（2）宴会的目的重在聚会，在宴会的组织上有利于宾客交流

西方宴会最重要的目的就是聚会，无论哪种形式的宴会甚至宴会中所设计的活动均以有利于聚会、交流为宗旨。如在安排座位上，常常是男女宾客穿插落座、夫妇穿插落座，同时尽量把志趣相投的宾客安排在临近位置，这样一来，不仅扩大了交际范围，而且可以保证在餐桌的小范围内有谈话的中心。为了更好地让宾客交流，还在宴会上安排一些活动。如在鸡尾酒会和冷餐会上，常常有跳舞和其他娱乐活动。而鸡尾酒会、冷餐会这两种特殊的宴会形式本身就是以方便宾客交流为目的而产生的。

三、西方筵席菜单的设计

就西餐厅的经营与餐饮服务而言，菜单是整个西餐经营的关键点，是西餐厅整体风格、经营特点、高雅服务的具体体现，也是餐饮经营管理信息的重要表现形式。而对于筵席来讲，设计一份合理、个性突出的菜单是整个筵席的灵魂所在，是制作和成功举办筵席的基础，而筵席菜单的设计则包括内容和形式两个方面。

（一）筵席菜单的内容设计

在内容设计上，首先应当确定恰当的筵席格局，其次必须使菜点的排列与组合具有合理性与多样性。其中，筵席的格局是菜点排列组合的基础，而菜点排列组合是对筵席

格局的充实、完善。在确定了恰当的筵席格局及其相应的菜点形式与顺序后，就必须根据东道主的需要、宾客和承办者各自的实际情况合理地组合菜点，使筵席上的菜点具有制作工艺的丰富性和成品特色的多样性，从而使筵席丰富多彩。

1．菜点排列与组合的合理性

菜点排列与组合的合理性主要是指在设计菜点时，必须以东道主的需要和宾客、承办者的实际情况为依据，重点做到因人配菜、因价配菜和因艺配菜等。

所谓因人配菜，主要是指根据宾客情况和东道主需要组合配搭菜点。宾客情况包括国籍、民族、宗教信仰、职业、习俗、年龄、营养需求及个人爱好等因素。因价配菜，是指根据筵席价格组合配搭菜点。各种筵席通常是根据价格确定等级与规格，并且分为高、中、低三个档次，而筵席的价格又直接受原料成本、工艺难度等因素的制约，原料越珍贵奇特，价格越高，制作加工越精细，则筵席的价格以及档次就越高，相反则筵席的价格以及档次就越低。可以说，不同档次、不同价格的筵宴必然导致菜点的品种、质量、数量的截然不同，因此在设计筵宴时，必须进行原料与工艺等方面的成本核算，并且根据筵宴的价格组合菜点的品种、质量、数量等，力求质价相称、公平合理。因艺配菜，主要是指根据承办者的烹饪技艺水平组合配搭菜点。承办者所拥有的技术力量和设备、所擅长的菜点及制作方法，直接影响到筵宴的成败。因此，一方面，承办者不能为了追求轰动效应而好高骛远，仅凭个人主观愿望而不考虑自身烹饪技艺水平组合菜点，将会因达不到质量要求而影响筵宴的整体效果，甚至砸了招牌。另一方面，承办者应极力发挥优势，结合地区、餐馆自身的技术特长组合菜点，突出独特的风格或地域特色，使宾主品尝到与众不同的菜点，达到耳目一新、心满意足的效果。

2．菜点排列与组合的多样性

筵席所展示的烹饪技术与某一种或某一类馔肴所表现的烹饪技术有明显区别。馔肴表现的烹饪技术是个别的、单独的，而筵席展示的应是整体的、全面的技术水平，所以组合筵席菜点时除了遵循上述原则和依据，还必须注重菜点制作工艺的丰富和成品特色的多样。

菜点制作工艺的丰富，主要包括用料、刀工、烹饪方法、装盘等方面的丰富。一桌筵席若用料单一，即使原料都十分名贵、烹饪技艺异常精湛，人们在经历了惊奇赞叹后也会感到单调、呆板，索然无味。因此，筵席菜点的组合必须追求各个工艺环节的多种变化，以达到整个工艺的丰富。如在用料上，应当讲究鸡、鸭、鱼、肉、蔬、果等的配合；在烹饪方法上，可以有煎、炖、焗、炸、烤等的区别。菜点成品特色的多样，则包括菜点的色、味、形、养等方面的多样组合。原料本身拥有自然天成的颜色、味道、形状、质地与营养价值，但经过烹饪工艺加工处理后会发生一些变化，形成成品特色。设计单一菜点时不必过分拘泥于成品特色，而设计一桌筵席菜点时就必须根据各个菜点的成品特色合理组配，使整个筵席菜点丰富多样。如在颜色上，要有赤、橙、黄、绿、青、蓝、紫的变换；味道上有咸、甜、酸、苦、香的穿插；形状上有条、块、圆、整、方的配合；营养上则需要蛋白质、脂肪、糖类、矿物质、膳食纤维和水的平衡。与此同时，菜点的这些组合不能杂乱无章、烦琐堆砌，而应按照美的原则协调配合、互相穿插，使整桌筵席色泽和谐、香飘四方、滋味美妙、形态美观、营养丰富，从而形成高低起伏、多姿多彩的变化态势，让人心旷神怡、充分领略到筵席之美。

（二）筵席菜单的形式设计

在形式设计上，不仅包括菜点的说明文字、图片的设计，而且包括对菜单的封面、材质、形状、使用地等方面的设计。这里主要论述以下四个方面。

1. 菜单的文字及字体

菜单需要借助文字向顾客传达一些信息，同时也是自我宣传的、很好的工具。通常在筵席菜单上的文字至少应当有两类：一类是介绍菜点名称的文字，这类文字要尽量做到形象、准确，同时可以带有一定的艺术性，让顾客产生联想；另一类是菜点的描述性文字，这类文字通常是用来描述菜品具体特征的词语，可简可繁。此外，筵席菜单上还可以有适当的该餐厅的宣传促销文字，可以描述餐厅的历史以及发生过的重大事件或著名厨师等。

确定了菜单的文字之后，就必须选择相应的字体或字号。选用恰当的字体或字号也是非常关键的工作。西文字体一般有罗马体、现代印刷体和手写体之分。罗马体秀丽，一目了然；现代印刷体简洁，线条无粗细变化，形状较正规；手写体流畅，但难以辨认，故通常作为类别的标题，给菜单增色。无论选择哪种字体，都一定要注意：所有字的大小不能小于 12 点（相当于汉字中的小四号字），行与行之间的距离至少应有 3 点以上。这样，才能方便顾客阅读。

2. 菜单的材质

可以用于制作菜单的材质非常多，但最主要、最常见的仍然是纸张。而菜单纸张的类型和质量是反映筵席规格、档次的标志，它决定了菜单制作的成本。一般来讲，若用于一次性普通筵席，则菜单通常选用普通的打印纸；若是用于高级筵席，则菜单多选用光泽度较好且平滑柔和的铜版纸印刷，必要时还要做防水处理，以便清洁、不易污染。菜单是否压膜、是否烫锡，都应与整个筵席的总体设计相协调。此外，有些餐厅在特殊场合还要用非常特别的材质制作菜单，比如酒瓶、装饰性的木框等。这类菜单往往会给客人留下深刻的印象，起到非常好的装饰效果。

3. 菜单的封面

菜单封面不仅体现了餐饮企业形象的要素，也是筵宴文化的重要表现，极具特色并设计和谐的菜单封面往往是一家经营有方的餐厅和筵席艺术的醒目标志。菜单封面的艺术装饰不仅要与餐厅的风格相适应，还必须与筵席的特点相一致。如在传统餐厅中的筵席菜单，可选用具有古典风格的油画、水彩画等作装饰；而现代的大众型西餐厅，筵席菜单的封面就可选用一些具有时代特征的绘画作装饰。对于高档筵席，菜单封面的设计应该透着典雅的气息；而对于中低档筵席，菜单封面就可以设计得比较活泼、另类。此外，菜单的封面还可以印上餐厅地址、电话号码等内容。

4．菜单的形状

通常而言，筵席菜单的形状大多是正方形、长方形和多边形，显得规整、大方。但是，也有许多餐厅根据不同时间、不同主题的宴会设计出别具一格的异形菜单，往往会突出一些带有特色的菜单，如心形、月亮形、卡通形等。这些菜单往往配上粗大的黑体字或其他独特、张扬的字体和具有煽动性、诱惑力的促销文字与图片，极易调动顾客的消费情绪。

四、西方宴会的形式与组织

（一）西方宴会的形式

在西方宴会中，最主要、最具影响力的宴会形式有三种，即正式宴会、鸡尾酒会和冷餐会，它们都有各自显著的特点。

1．正式宴会

正式宴会是西方宴会中占据绝大多数的宴会形式，其特点是以固定座位上进餐的形式进行，设置了长台、方台或圆形餐桌，并且配有座椅，每人有固定的座位，由服务人员统一上菜。其服务方式严格，对宾客也有一定程度的要求，尤其是参加的时间，不能迟到或早退。

2．鸡尾酒会

鸡尾酒会是西方传统的一种宴会形式。它的特点是以酒水为主，略备小吃，不设专门的餐台和座椅，仅设小桌或茶几，宾客可以随意走动，有利于广泛的接触交谈。鸡尾酒会的举行时间比较灵活，中午、下午、晚上均可，而且进行时间相对短暂，为 1h 左右；服务方式也比较灵活，气氛轻松愉快，宾客到达和离开的时间也很自由，可早可晚，可迟到或早退，不受约束、不拘泥于礼节，比较适合现代节奏，越来越受到人们的欢迎。

在鸡尾酒会上，通常应当准备较多的饮品，包括各种鸡尾酒及其混合饮料、果汁、汽水、矿泉水等，一般不用或少用烈性酒。宴会的食品多为三明治、面包托、小香肠等各种小吃，以小叉、小竹签等取食。在酒会进行过程中，饮料和食品主要由服务员用托盘端送。

3．冷餐会

冷餐会也是西方经常采用的一种宴会形式，其特点是菜肴以冷食为主，也可冷、热兼备，连同餐具一起陈设在专门的餐台上，供客人自取，一般不排席位，但是对于年老体弱者，要准备桌椅，并由服务人员招待。冷餐会的举办地点可在室内，也可在室外花园里，客人通常站立进餐，活动自由，边吃边谈。其就餐方式比较活泼，宾客的挑选性强，不拘礼节，特别适宜于宴请人数众多的宾客，并且有利于宾客的相互交流。由于冷餐会的食品和饮料均事先放置在专门的餐台（菜台）上，便与正式宴会、鸡尾酒会有了极大的区别。从某种意义上说，冷餐会也是自助餐的一种形式。冷餐会一般时间较长，为 90min 左右，因此要求宴会的准备工作必须做到尽量充分、服务始终如一。

（二）西方宴会的组织

在西方国家，不同的宴会形式都有不同的组织方式，而且各自包含着许多不同的内容。这里主要从宴会的经营者和组织者的角度，简要阐述一下正式宴会的组织方式和内容。

1．宴会前的准备

（1）明确任务

宴会的组织者应清楚了解宴会的举办单位、规格、标准、参加人数、进餐时间和来宾的国籍身份、宗教信仰、生活特点、饮食禁忌等。必要时，还应了解来宾有无特殊喜好、要求和在餐前会客室的饮品等。掌握了这些信息，也就有了明确的任务，此时组织者就可以召集参与宴会的工作人员，分配具体任务，明确每个人员的职责，提出具体要求和注意事项等。

（2）确定菜单、准备酒水

宴会的组织者应根据所掌握的来宾情况、宴会的标准，协助厨师长设计好宴会的菜单。当菜单设计好后，要征求宴会举办单位或主人的意见，如有改动，应及时向厨房反馈信息。菜单确定后，应把相关信息以书面形式送至宴会主办方、厨房、服务人员、财务人员以备核查。接着，根据菜单提前备齐酒水。

（3）布置和整理

餐厅西餐宴会场地一般由休息室和餐厅两个部分组成，如果没有休息室，可临时设计布置一个休息的地方。休息室一般根据参加宴会宾客的人数、主办单位的要求和客厅的具体情况布置。具体而言，餐厅和休息室的布置主要包括三个方面：一是墙饰。宴会厅墙壁的装饰必须符合整个宴会的主题，所选用的装饰画一定要符合西方人的欣赏习惯和艺术特色，还可以选用一些小巧玲珑的工艺品。二是灯光及色彩的调节。灯光及色彩是西餐宴会厅装饰的关键，西餐宴会厅可选用的灯具种类很多，通常有壁灯、吊灯，一般选用比较柔和的灯光；蜡烛在宴会中的装饰作用也很大，特别是晚宴，可以把宴会的台面衬托得更加华丽。另外，根据宴会厅的大小还可选用装饰壁炉，并且带壁炉的装饰面可以作为整个宴会厅的正面。三是休息室酒水的布置。可以根据客人的需求，在休息室摆放不同的饮品。如有鸡尾酒的话，就应将休息室布置成鸡尾酒会的形式，但通常比较简单。

（4）备齐各种物品

根据宴会的菜单、人数，列出所需用具的种类、名称、数量，分别进行准备，还要准备一定数量的备用餐具，其数量不低于总数的 10%。台布、鲜花或瓶花按台数准备。小叉、牙签等物品一般按照 4 人一套的比例进行准备。

（5）设计、布置台形与台面

根据宴会的性质、人数、餐厅面积及设备情况设计台形及台面。西餐宴会一般使用长台，摆放的台形通常是一字形、马蹄形、U 形、工形、T 形、E 形、正方形、鱼骨形、星形、梳子形等。餐台由长台拼合而成，椅子之间的距离不得少于 20cm。

宴会台面的布置主要包括四个方面：

一是铺桌布。一般选用毡、绒等软垫物，按餐台的尺寸铺台面，然后用布绳扎紧，再铺台布，台布要熨平整，一般选用白色等浅色系，一定要洁净，台布下垂 30～40cm即可。

二是摆餐具。宴会中使用的餐具一般为盘、刀、叉、匙、酒杯。其中，刀又分为鱼刀、肉刀、中刀、黄油刀、水果刀，叉分为鱼叉、肉叉、中叉、点心叉，匙分为汤匙、咖啡匙、茶匙、点心匙，酒杯分为水杯、红酒杯、白酒杯、香槟杯等。餐具的选择应根据菜单来进行，其具体摆放的要求是：菜盘居中，盘前横匙，左叉右刀，刀口朝盘，酒杯在盘子的右上方。各种刀、叉的摆放顺序则根据菜单中菜品的顺序依次从外向里摆放。

三是摆放餐台花草及烛台。对于长台、方台而言，餐台鲜花最好摆插成半橄榄形；若是圆台，鲜花则最好摆放成半球形。为增加情趣和浪漫色彩，烛台是西餐宴会餐台中必不可少的装饰，正式宴会上所选用的蜡烛大多为白色，放置在 3 支或 5 支大烛台上，并且在选用蜡烛时应当注意和烛台相配，高烛台常常配矮蜡烛，矮烛台配高蜡烛。

四是摆放台上共用物品。共用的物品主要是调味瓶、纸巾盒、少司盆等，通常的原则为 4 人一组。

2. 宴会的服务

在整个宴会进行过程中，服务人员必须按照程序做好服务工作。通常情况下，西方宴会的服务程序主要有六个环节。

（1）引宾入座

一般在开宴前 10min，由餐厅的负责人主动询问宴会的主人是否可以开席，经主人同意后即通知厨房准备菜品，同时请宾客入座。在引宾入座的时候，应注意要按照宾主次序进行，并主动为来宾拉开座椅。

（2）斟酒和饮料

西方宴会一般使用多种酒品和饮料，斟酒前要示意来宾选择，并且按照宾主次序依次从来宾的右边斟酒。此外，在正式宴会开始前 5min，还应当把来宾需要的黄油、面包摆放在面包盘、黄油盘中。

（3）上菜

宴会正式开始以后，应当按照上菜的次序一道一道地上冷盘、汤、主菜、甜点、水果、咖啡等。上菜时，应按照先女宾后男宾再主人的次序，并且从来宾的左侧进行。

（4）撤盘、增添餐具

宴会撤盘时，应当看到绝大多数客人将餐刀、餐叉并放在一起后方能进行。在上特殊菜点、需要特殊餐具时，必须在撤盘之后、上菜之前增添餐具。

（5）上香巾

在宴会中，当来宾吃完需要用手剥的虾、蟹等菜品之后，应当用托盘送上洗手盅和香巾，盅内盛凉开水；而当来宾吃完水果后，也应当按照来宾人数将香巾放在小碟中，送给每人一碟，并且放在宾主的左侧。

（6）礼貌送客

当来宾进餐完毕起身时，应主动为其拉开椅子，以方便出走。同时，还应当热情相送、礼貌道别。

本章特别提示

本章不仅阐述了西方馔肴制作技艺的各自特点及重要内容，而且较为详细地叙述了西方三个主要风味流派在原料、调味、烹饪方法和成品等方面的主要特点及许多著名的传统品种，以便使学生能够较为系统地传承西方馔肴制作技艺及名品，并在此基础上结合新时代的多重饮食消费需求，相互借鉴，不断创新发展。

本章检测

1. 西方馔肴制作过程中的主要技艺有哪些？各自的特点是什么？

2. 意大利菜、法国菜及美国菜的主要特点及名品有哪些？它们相互之间有何借鉴之处？

3. 西方筵席与宴会的特点有哪些？怎样设计西方筵席菜单？

拓展学习

1.（意大利）马里诺·安东尼奥. 来吃意大利菜：一场华丽的美食行走［M］. 译. 北京：电子工业出版社，2016.

2.（法）皮特. 法兰西美食［M］. 译. 北京：中国人民大学出版社，2007.

3.（美）阿尔滨·西博格. 菜单设计与制作［M］. 译. 杭州浙江摄影出版社，1991.

教学参考建议

一、本章教学要求

通过本章的教学，要求学生了解西方主要风味流派的特点及著名品种、西方筵席与宴会的分类、各自的特点，系统掌握西方馔肴制作技艺的特点、重要内容，运用西方馔肴制作技艺、西方筵席的相关知识进行传统名品的传承创新、筵席菜单的设计等。

二、课时分配与教学方式

本章共 6 学时，采取"理论讲授 + 实训"的教学方式。其中，理论讲授 4 学时，实训 2 学时。

🎯 学习目标

1. 了解西方酒与咖啡的发展历史、制作原料及工艺。

2. 掌握西方酒与咖啡的品类及主要鉴赏方法。

3. 运用西方咖啡文化、西方茶文化的相关知识设计创制新品种。

☆ 学习内容和重点及难点

1. 本章的教学内容主要包括西方酒文化、西方咖啡文化与茶文化。

2. 学习的重点和难点是西方酒与咖啡的发展历史、制作工艺、品类及其鉴赏方法等。

在西方国家，主要的饮品是酒和咖啡，其次是茶。虽然各自的起源、产地不尽相同，西方的酒直接起源、出产于这片土地，而咖啡和茶都来自其他地方、出产于其他地方。但是，它们在这里都受到西方人的喜爱，并且在长期的饮食消费过程中形成了独具特色、丰富多彩的饮品文化。

第一节 西方酒文化

人类自从开始人工酿酒以后，酒在人们的生活中就占据了十分重要的地位，并且经过不断的努力，出现了众多品种，也因此有了多种分类方法。如按生产工艺、生产原料、餐饮服务性能以及产地、颜色等分类。目前，世界上公认的较规范的分类法是先依据酒的生产工艺将酒分为酿造酒、蒸馏酒和混配酒三类，再按原料、颜色、含糖量等分类。所谓酿造酒，又称原汁酒，是指通过酵母的发酵作用生成的酒，特点是酒度低，西方主要有啤酒、葡萄酒等。蒸馏酒，是指以糖和淀粉为原料，经糖化、发酵、蒸馏而成的酒，西方主要有白兰地、威士忌、金酒、朗姆酒和伏特加等。混配酒，即混合配制的酒，包括配制酒和混合酒。其中，配制酒有开胃酒、甜食酒、利口酒等，混合酒主要是鸡尾酒。酒作为一种饮品，得到大多数西方人的喜爱，创造出了辉煌灿烂的西方酒文化。这里主要以西方国家最具代表性的葡萄酒、啤酒和鸡尾酒进行阐述。

一、葡萄酒

（一）葡萄酒的起源与历史发展

1. 有关葡萄酒起源的传说

在希腊神话传说中有一个与葡萄酒起源相关的著名的酒神传说。相传，塞墨勒与众神之王宙斯相爱、怀孕却被害致死，宙斯便把胎儿放入自己的大腿中养育，孩子出生后取名为狄俄尼索斯，希腊语意为"宙斯跛子"；而在后来的罗马神话中称"巴科斯"，意为"再生"。他历尽磨难方才成年，含泪埋葬因决斗死去的好友，没想到友人的墓上长出一株结满紫红色果实的葡萄树。他采下果实榨成汁，喝来甘甜爽口，这就是最初的葡萄酒。他急忙把这玉液琼浆献给奥林匹斯诸神，同时也赐给希腊人民，并且走到哪里就把葡萄的种植与酿酒技术传授到哪里。于是，西方各国都有了葡萄酒的酿造。而希腊人最早受其恩惠，便奉他为酒神，到公元前7世纪左右就出现了祭祀活动，称作酒神节。

2．人工酿造葡萄酒的起源与历史发展

葡萄酒实际上是新鲜葡萄的果汁经过发酵酿制而成的一种酒精饮料。最早人工酿造葡萄酒的确切时间和地点众说纷纭。多数历史学家认为，古代的波斯（即今伊朗）是最早酿造葡萄酒的国家。考古学家在伊朗北部扎格罗斯山脉一个石器时代晚期的村落遗址里挖掘出一个公元前 5415 年的罐子，里面装有残存的葡萄酒和防止葡萄酒变质的树脂，证明人类至少在距今 7500 年前就已经开始酿造和饮用葡萄酒了。伊朗发现的一幅古代浮雕表现的是古代波斯神话传说中的仙王詹姆希德手捧葡萄酒杯的情形，也间接地证明古代波斯人很早就开始酿造和饮用葡萄酒了。在埃及古墓中发现的大量珍贵文物，如陶罐的碎片、壁画等，记载了古埃及人栽培、采收葡萄和酿造葡萄酒的情景。其中，最著名的是 Phtah-Hotep 墓址中的壁画，距今已有 6000 多年的历史。西方学者认为，这是葡萄酒业的开始。

在欧洲，最早开始种植葡萄并酿造葡萄酒的国家是希腊。在希腊克里特岛的青铜时期迈锡尼文化遗迹中出土了大量与葡萄酒有关的文物，充分显示了 3000 多年前这一地区的葡萄栽培和葡萄酒酿造业已经发展到相当高的程度。此时，葡萄从小亚细亚和埃及传到希腊的克里特岛，又逐渐传遍希腊及其诸海岛，而希腊的葡萄酒则已经出口到埃及、叙利亚、黑海地区、西西里和意大利南部地区。大约在公元前 6 世纪，希腊人把小亚细亚原产的葡萄酒通过马赛港传入高卢（即今法国），并将葡萄栽培和葡萄酒酿造技术传给了高卢人。与此同时，罗马人从希腊人那里学会了葡萄栽培和葡萄酒酿造技术，很快在意大利半岛全面推广。到古罗马时代，罗马帝国的葡萄种植已经非常普遍，颁布于公元前 450 年的"罗马法"规定：若行窃于葡萄园中，将施以严厉惩罚。而随着罗马帝国的扩张，葡萄栽培和葡萄酒酿造技术迅速传遍法国、西班牙、北非以及德国莱茵河流域地区，并形成很大的规模。直至今天，这些地区仍然是葡萄和葡萄酒的重要产区。

到公元 15—16 世纪，葡萄栽培和葡萄酒酿造技术传入南非、澳大利亚、新西兰、日本、朝鲜和美洲等地。1861 年，美国从欧洲引进 20 万株葡萄苗木，在加利福尼亚建立了葡萄园。在美国独立战争时期，一场蔓延整个欧洲的葡萄根瘤蚜病使绝大多数的欧洲葡萄园毁于一旦。然而，在北美地区，用美洲种葡萄做砧木嫁接过的葡萄品种却幸免于难，这使得许多酿造葡萄酒所需的优良葡萄品种得以在美洲大陆保存，以致最终回归欧洲。直到现在，在欧洲，仍然有很大部分用于酿造葡萄酒的葡萄都是以美洲种葡萄做砧木嫁接的。如今，南北美洲都在酿造葡萄酒，阿根廷、美国的加利福尼亚州以及墨西哥均为世界闻名的葡萄酒产区。

随着葡萄种植技术不断推广，葡萄酒酿造技术源源不断地传入了已经开始种植葡萄的地区，一种崭新的葡萄酒文化也逐渐在世界各地蓬勃地发展起来，几乎让世界的每一个角落都充满了甘醇、芬芳的葡萄酒气息。其中，西方葡萄酒文化的璀璨与辉煌尤其让

世人瞩目。

（二）葡萄酒的酿制

决定葡萄酒优劣的关键有两个方面：一个是酿酒原料即葡萄的品种和质量，一个是酿造工艺。

1. 酿酒原料

葡萄在植物分类上属于葡萄科葡萄属。葡萄科共有 600 余种之多，但世界葡萄总产量的 90% 以上都是欧亚种这一个种。葡萄品种数以千计，但从使用角度上可分为两大类：一是日常鲜食的葡萄，皮薄、多汁且甜度高；二是酿酒葡萄，通常外皮较厚，水分含量较少，酸、涩味浓烈。因此，酿酒葡萄大多是经过多年培育而成、专门作为酿酒原料的，而且不同的葡萄品种和质量直接决定着酿造出来的葡萄酒的种类和品质。其中，通常用于酿造红葡萄酒的优质葡萄品种有赤霞珠、黑品诺、席拉、梅洛、格连纳什、添普兰尼洛、桑吉奥伟谢等；通常用于酿造葡萄酒的优质葡萄品种有霞多丽、雷司令、森美戎、白萧伟昂等。

（1）酿造红葡萄酒的代表性优质葡萄品种

赤霞珠（Cabernet Sauvignon），又译作卡本妮萧伟昂，是高贵的红酒葡萄品种之王。原产于法国波尔多地区，因其对各种气候和土地适应力强，世界各国广为种植。其果实颗粒较小，皮厚、颜色深紫，单宁含量特别高，味浓，口感酸涩粗糙，但具有丰富多变的特质，通过橡木桶孕育则更能增加其深度和内涵。酿造出来的酒在初期有明显的黑加仑子果香，随着陈放时间的推移，其中的单宁和酸逐渐变得柔和，黑加仑子的果香慢慢消失，形成更多的香与味，如莓类、香草、咖啡等，展现出多层次的口感。赤霞珠可以单独作为原料来酿酒，如美国的银橡树酒阁（Silver Oak Cellars）和罗伯特·蒙达维（Robert Mondavi）酒商酿造的葡萄酒；但是，也常以它为主要原料、再添加其他葡萄品种混合酿酒，增加其芳香和柔顺，如法国的拉菲·罗斯柴尔德庄园（Chafeau Lafite-Rothschild）、意大利的卡斯特林庭园（Castellin Villa）等酿造的葡萄酒。

黑品诺（Pinot Noir），名贵红酒葡萄品种之后，法国勃艮第红酒采用的唯一红葡萄品种，可以说是勃艮第的代名词。黑品诺的果皮特别细薄、脆弱，果味充盈而复合，具有草莓、樱桃的芳香，果实的单宁含量不高、果酸甚浓。它在栽培和酿造过程中对温度要求比较严格，栽培环境适宜温和的气候，酿造时发酵需较高的温度以求其迷人的香味，但温度过高则带有闷焦味，温度不够又会使香味平庸而缺乏魅力。许多著名的红葡萄酒，如罗马内 - 孔蒂酒庄（Domaine de la Romanee-Conti）酿造的罗马内 - 孔蒂（Romanee-Conti）和拉塔什（La Ta che）两款世界顶尖地位的红酒，都是由黑品诺配制而成。

席拉（Syrah），是古典红酒葡萄品种中的王子。原产于法国罗纳河谷北部，适合温和的气候。果实的单宁含量极高，更具藏酿价值。酒色深红近黑，酒香浓郁，丰富多变，年份短时以紫罗兰花香和黑色浆果为主，随着陈放时间变久而慢慢发展成胡椒、焦油及皮草等成熟香味。在酿酒时，席拉可单独酿造，如法国的克罗西·赫尔米塔治（Croies Hermitage）酿造的红葡萄酒，但主要是与其他品种混合酿造，澳大利亚的亨施克（Hens Chke）和法国的罗蒂瑞地（Cote Rotie）红葡萄酒等就是用席拉与其他品种混合配制而成。

（2）酿造白葡萄酒的代表性优质葡萄品种

霞多丽（Chardonnay），又译作谐同耐，是世界上酿造白葡萄酒的最知名葡萄品种。霞多丽对气候和土地的适应能力很强，因而世界各国广为栽培。用它酿造葡萄酒，在未成熟时果味酸涩寡淡，但藏酿成熟后却香味浓郁，在澳大利亚可以具有热带水果的香味，在法国勃艮第则常是口感清新、具有蜂蜜的香味。另外，霞多丽是少数耐储藏的白葡萄品种，酒劲有力，浅酒龄时颜色浅黄中带绿，果香浓郁而爽口，随着酒龄增加，颜色转变为黄色或金黄色，新鲜的水果味消失而变为多彩多姿的复杂口味，韵味无穷。

雷司令（Riesling），雷司令是世界上酿造白葡萄酒的最好的白葡萄之一，原产于德国，甚至可以说是德国酒的代名词。它的品种丰富多样，以产地和藏酿的不同，从无甜味到有甜味，从轻清花香、水果味到油质、蜡质等皆有。雷司令葡萄喜欢冷凉、干燥、日照充足的环境，若气温较高的环境则成熟过快、品质较低、香味减少。在酿造时，雷司令通常只用单一品种，最能显现出其丰富的内涵。在所有的白葡萄酒中，只有雷司令可以藏酿到数十年。

2. 酿制工艺

葡萄酒常根据酿造不同原料采用不同工艺酿制。其酿制工艺虽然较复杂，但环节大同小异，都是将新鲜葡萄去梗、压榨、发酵，取出汁液后藏酿、装瓶即可。

去梗：即是将葡萄果粒从枝梗上取下来，常由去梗器来完成。其原因在于葡萄中的单宁主要存在于枝梗、表皮和种子中，果梗中含有较高的单宁，虽然适当的单宁含量有利于葡萄酒的存放，使葡萄酒的风味稳定，但单宁过高则会使酒产生生硬、苦涩的味道，因此酿制葡萄酒时必须首先去掉葡萄的枝梗。

压榨：将果实中的汁液压榨流出，以利于其发酵。古老的压榨方法是由人赤着脚踩碎葡萄而出汁。如今，绝大多数是采用机器压榨，一台大型的压缩机每小时可以压榨处理 50t 以上的葡萄。

发酵：将葡萄汁装入发酵缸发酵，就可以得到葡萄酒。这是一个化学过程，通过酵母菌在 12~30℃ 的温度下，将葡萄汁中所含的糖分转化成酒精和二氧化碳制成。要酿造出高品质的酒，发酵非常关键，在控制发酵温度、发酵时间、酵母菌量、糖分含量等方面，酿酒师都会一丝不苟地对待。生产红葡萄酒时，由于需要果皮的红色，所以常常带皮发酵，酿制的酒为红色、单宁含量也较高，有利于储藏。生产白葡萄酒时，必须去皮、去籽后再行发酵葡萄汁液，而且要经过反复沉淀、过滤使酒澄清。

藏酿、装瓶：新酒在装瓶前需要装入橡木桶或不锈钢罐中，再放进酒窖藏酿，使酒中的有机物进一步转化、风味变得成熟完美。藏酿时间的长短则根据酒的品种、品质而定。一般来说，红葡萄酒比白葡萄酒需要更长的时间，因为白葡萄酒更注重清爽芳香，红葡萄酒更需要醇和甘霖。当葡萄酒成熟后要离桶、装瓶，用软木塞封口，然后将酒继续储藏在酒窖中，并且瓶口稍向下、平放在酒架上，使软木塞被酒浸湿而不至于干燥开裂，影响酒的品质。葡萄酒的藏酿和装瓶储藏都是在酒窖中，酒窖是葡萄酒的最佳栖息地，它决定着葡萄酒的最终品质。

在整个葡萄酒的酿制工艺过程中，酿酒师的技术贯穿始终，其高超技艺主要体现在对原料演变过程的最佳时机把握上。当葡萄成熟时，需及时采摘、精心挑选，然后压榨和取汁，使其直接发酵；而当发酵完成后的酒装入橡木桶藏酿，要定时、准确地查看桶中酒质的变化，一旦发现葡萄酒在桶中藏酿成熟，就要立即装瓶、小心储藏，同时还要密切注意酒窖的状况，为葡萄酒创造良好的储藏环境。

（三）葡萄酒的等级与分类

1. 葡萄酒的等级划分

世界各地区、各国对葡萄酒的等级划分大多有不同标准。如欧盟把葡萄酒分成两类，即餐桌酒（LES VINS DE TABLE）和限定产区优良酒（VQPRD）。意大利把葡萄酒从低到高分为四个等级、呈金字塔结构，分别是日常餐酒（VDT）、地方餐酒（IGT）、法定地区酒（DOC）、保证法定地区酒（DOCG），并且对DOC酒的区域分布、加糖的政策、商标等都有相应的法律。但是，在世界范围内，最成熟、最受各国认可和效仿的则是法国的葡萄酒分级标准。它从低到高分为四个等级，即日常餐酒（VIN DE TA-BLE）、地区餐酒（VIN DE PAYS）、优良地区餐酒（VDQS）、法定产区葡萄酒（AOC），具体内容如下。

日常餐酒（VIN DE TABLE），这是最低档的葡萄酒，作日常饮用，其产量占法国葡萄酒的一半。这类酒没有特别的质量要求，只对葡萄品种、酒精含量、酸度进行管理，要符合欧盟关于葡萄酒的最低要求。可以由法国不同地区的葡萄汁勾兑而成，也可以用欧盟国家的葡萄汁勾兑而成，但不能用欧盟以外国家的葡萄汁，酒瓶标签标示为"Vin de Table"。

地区餐酒（VIN DE PAYS），1973年由法国国家葡萄酒跨业机构L'ONIVINS制定颁布，对葡萄品种、产量、酿制方法都有严格规定和质量评定。地区餐酒因所在地区、省份不同而带有地理特色，最初只限于当地消费，但后来的产量占法国葡萄酒的20%，并以物美价廉的优势出口到世界各国。地区餐酒的标签上可以标明产区，可用标明产区内的葡萄汁勾兑，但仅限于该产区内的葡萄。酒瓶标签标示为"Vin de Pays+产区名"，法国绝大部分的地区餐酒产自南部地中海沿岸。

优良地区餐酒（VDQS），等级略在 AOC 之下，1949 年由法国国家原产地研究院 INAO 确立。对葡萄园的地理范围、葡萄品种、产量有非常严格规定，需要专家品尝后才能获得此称号。法国目前只有 2% 的此类酒，并随着 VDQS 晋升为 AOC 葡萄酒而减少。酒瓶标签标示为"Appellation+ 产区名 +Qualite Superieure"。

法定产区葡萄酒（AOC），是法国葡萄酒的最高级别。AOC 在法文里的意思为"原产地控制命名"，需由 INAO 对葡萄园地理位置、葡萄品种、最低酒精含量、最高亩产量、葡萄培植修剪方法、酿酒方法和陈酿方法等进行严格界定，所有 AOC 葡萄酒还要定期接受 INAO 对葡萄酒的品尝和分析。这些非常严格的规定确保了 AOC 级葡萄酒的高质量和来源的真实性，酒瓶标签标示为"Appellation+ 产区名 +Controlee"或者"产区名 +Appellation Controlee"。

2．葡萄酒的分类

葡萄酒数量众多，分类方法也多种多样，可以根据酿造原料、酒的颜色、糖分含量、酿造方法以及是否含有二氧化碳等进行分类。但是，最常见的分类方法有以下三种。

（1）根据葡萄酒的颜色分类，可分为白葡萄酒、红葡萄酒和桃红葡萄酒。所谓白葡萄酒，是用白葡萄或浅红色果皮的酿酒葡萄酿造出来的葡萄酒，其色泽近似无色，或者浅黄带绿、浅黄、禾秆黄。红葡萄酒，是用皮红、肉白或皮肉皆红的酿酒葡萄酿造出来的葡萄酒，其色泽为天然宝石红、紫红、石榴红等红色。桃红葡萄酒，介于红葡萄酒、白葡萄酒，是选用皮红、肉白的酿酒葡萄酿造出来的葡萄酒，其色泽为桃红色、玫瑰红或淡红色。

（2）根据葡萄酒中含糖量分类，可以分为干葡萄酒、半干葡萄酒、半甜葡萄酒和甜葡萄酒 4 种。干葡萄酒，是酒中糖分几乎全部发酵的葡萄酒，每升葡萄酒中含糖量低于 4g，品饮时无甜味、酸味明显，又分为干白葡萄酒、干红葡萄酒、干桃红葡萄酒。半干葡萄酒，每升葡萄酒中含糖量在 4~12g，口感微甜，又分为半干白葡萄酒、半干红葡萄酒、半干桃红葡萄酒。半甜葡萄酒，每升葡萄酒中含糖量在 12~50g，口感甘甜。甜葡萄酒，每升葡萄酒中含糖量在 50g 以上，口感甘醇浓郁。

（3）根据是否含有二氧化碳分类，可以分为静态葡萄酒和起泡葡萄酒两种。其中，静态葡萄酒，是指不含二氧化碳的葡萄酒。起泡葡萄酒，是含有二氧化碳的葡萄酒，产于法国香槟地区的起泡葡萄酒特称为香槟酒，而其他地区所产的起泡葡萄酒则称为葡萄汽酒。

（四）葡萄酒的著名产地与品种

1．葡萄酒的著名产地

气候、地形及土壤皆适合种植葡萄且葡萄酒产量达到一定水平的地方，就是葡萄酒产地。决定葡萄酒质量好坏有六大因素，即葡萄品种、气候、土壤、湿度、葡萄园管理和酿酒技术。要酿造好的葡萄酒，必须有适合酿酒的葡萄。而为了栽种葡萄，必须具备良好的气候、地形及土壤条件。葡萄是温带植物，热带及寒冷地方无法种植，而排水不良及日照不佳的地区，无法收获到含有适当酸甜度的葡萄。从地图来看，北纬30°～50°、南纬20°～40°的范围内适合生产葡萄酒。当然，并非这个范围内的所有国家或地方都生产葡萄酒。由于葡萄酒的发展时间和历史，其产地有所谓"旧世界"与"新世界"之分，前者指的是欧洲产酒历史悠久的国家，目前全世界的葡萄酒大约有80%是欧洲生产的；后者则指美洲和大洋洲等新兴产酒地。这里仅叙述葡萄酒生产历史最悠久、最著名的法国、意大利两国的著名产地。

（1）法国葡萄酒著名产地

法国葡萄酒历史悠久，拥有2000多年历史的酿酒工艺，无论从文化、历史，还是从品质和产量上都是首屈一指的产酒国家，其产地命名、监督法规等都为全世界接受和仿效，是当之无愧的最具权威的葡萄酒生产国。许多售价不菲、被投资家追捧的世界名酒大部分是法国酒。在法国，有2/3的国土生产葡萄酒，产量仅次于意大利。法国的产酒地有世界闻名的11大产区，包括波尔多（Bordeaux）、勃艮第（Burgundy）、博若莱（Beaujolais）、罗纳河谷（Vallee du Rhone）、普罗旺斯（Provence）、香槟（Champagne）、鲁西荣（Roussillon）、卢瓦河谷（Vallee de la Loire）、萨瓦（Savoie）、阿尔萨斯（Alsace）、西南地区（Sudouest）。由于各大产区的葡萄品种、气候条件及地域文化的不同所产葡萄酒各有特色。如波尔多产区的柔顺，勃艮第产区的浑厚，香槟产区的芬芳等。

波尔多产区：波尔多位于法国西南部，西临大西洋，海洋性温带气候使这里的天气温和平顺。葡萄在这样的环境中慢慢成熟，全年变化不大的气候有利于酿造复杂而陈年的葡萄酒。该地区主要生产在法定产区管制下的葡萄酒，有57种AOC（Controlled Appellation of Origin）称号的葡萄酒，是法国最大的AOC酒产区。在波尔多，有各种不同风味的上乘葡萄酒，如红葡萄酒、干白葡萄酒、甜白葡萄酒、玫瑰红葡萄酒、淡红葡萄酒、起泡葡萄酒等，能满足不同的需求。波尔多最出名的是红葡萄酒，占葡萄酒总产量的80%，酒色泽亮丽、口感柔顺细雅，极具女性的柔媚气质，因而有"法国葡萄酒王后"的称谓。波尔多的葡萄酒一般要在成熟后饮用效果才好，酒质的特色是品味浓郁、风味沉着。波尔多产区的酿酒师更注重葡萄酒的勾兑，能掌握各种葡萄榨汁发酵后的个性以及未来演变，并加以创造性地勾兑。在考虑到不同类型的葡萄混合后的相互影响之后，酿酒师甚至能预计一瓶酒在今后10年、20年乃至更长时间以后的口味，从而酿造出品质绝佳的葡萄酒。在波尔多地区，有5大葡萄酒产区，其中最著名的是梅多克（Medoc），它是波尔多红酒的代表产地，有拉菲特·罗斯德酒庄（Ch.Lafite-Rothschild）、拉图酒庄（Ch.Latour）、摩登·罗斯德酒庄（Ch.Mouton-Rothschild）、玛歌酒庄（Ch.Margaux）等著名的酒庄，所生产的葡萄酒是全世界最优秀、最昂贵葡萄酒的代表，在酒的标签上都有各酒庄的名字，成为鉴别葡萄酒品质差异的标志。

勃艮第产区：勃艮第位于法国东北部，是法国古老的葡萄酒产区，得名来自勃艮第公爵，这里原属于勃艮第大公国。勃艮第产区属大陆性气候，但仍不失为好葡萄产区。勃艮第产区的葡萄酒是法国传统葡萄酒的典范，力道浑厚坚韧，恰与波尔多葡萄酒的丝滑、柔顺相对立，被称为"法国葡萄酒之王"。这里的红葡萄酒源头是教会。早期的西都教会修士沉迷于对葡萄品种的研究与改良，培育了欧洲最好的葡萄品种，也是欧洲传统酿酒灵性的源泉。大约在13世纪，随着西都教会的兴旺，遍及欧洲各地的西都教会修道院的葡萄酒赢得了越来越高的声誉。到15—16世纪，欧洲最好的葡萄酒被认为出产于这些修道院中，而勃艮第地区出产的红酒则被认为是最上等的佳酿。勃艮第的葡萄酒主产区有三个，其中，科多尔（Cote d'Or）省的夜山坡（Cote de Nuits）和波纳山坡（Cote de Beaune）是勃艮第最重要的葡萄酒产地，以红葡萄酒为主，也生产部分白葡萄酒。

香槟产区：香槟，来自法文"Champagne"的音译。香槟省位于巴黎东北部约200km处，是法国最北部的葡萄酒产地。寒冷的气候以及较短的生长季节使得葡萄的成熟略显缓慢，但葡萄的香味因而更为精致，酿出的酒的单宁含量也较低。特殊的气候环境造就了整体风格优雅细致的香槟酒，这是其他国家或产区难以比拟的。香槟酒，是将勾兑好的葡萄酒加入发酵糖浆在瓶内进行第二次发酵产生气泡的结果。由于原产地命名的原因，只有香槟产区生产的起泡葡萄酒才能称为"香槟酒"，其他地区产的此类葡萄酒只能叫"起泡葡萄酒"，而香槟就是"气泡酒之王"。在欢庆的时刻，总少不了香槟激射的泡沫、金色的液体和袭人的芳香中挥散出的祥和气氛。香槟的主产区也有三个，最有名的香槟酒玛姆（Mumm）就产于其中的兰斯山区（La Montagne de Reims）。

（2）意大利葡萄酒著名产地

意大利是全世界最早的酿酒国家之一和最大的葡萄酒生产国，在产酒世界中属于"旧世界"中的"旧世界"，其出口量与法国并列前茅。但是，葡萄品种古老，复杂、繁多、冗长的酒厂名和酒名都对其推广产生了一些负面作用，酒的质量也参差不齐。后来，通过引进外国葡萄新品种、控制产量和用法国小橡木桶替换大型旧木槽酿酒等改革措施，再加上每年的大型"Vinitaly"展览和政府严格要求酒厂遵守DOC（法定产区管制系统）特许规定，意大利的葡萄酒再次名声大振。其著名产区有皮埃蒙德（Piemonte）、威尼托（Veneto）、托斯卡娜（Toscana）等。

皮埃蒙德产区：该区位于意大利西北部，主要生产红、白葡萄酒和意大利特有的发泡葡萄酒（Asti）。在这里，酒名只是名号，可以由不同酒厂生产。其中，巴罗洛（Barolo）和巴巴列斯可（Bar baresco）是意大利杰出的红葡萄酒，而罗维雷托（Rovereto）是这里出产的意大利最好的白葡萄酒之一。

威尼托产区：该区位于意大利东北部，有柔和型的红葡萄酒，巴尔波利切拉

（Valpolicella）是著名的区域名号，还有优质的白葡萄酒索阿贝（Soave）。值得注意的是，许多意大利酒厂有意避开高级酒的法律规定，生产出的葡萄酒品质仍非常优异。本区的圣罗科·比安科（Capitel San Rocco Biance）葡萄酒就是这样一种酒。

托斯卡娜产区：该区位于意大利中部，邻近地中海。"托斯卡娜的酒会唱歌"，这句行家的评价足以说明这里酒的品质。意大利经典的甘蒂（Chanti）葡萄酒就出产在这里。该区不仅生产红葡萄酒，也生产白葡萄酒。

2．葡萄酒的著名品种

葡萄酒名品繁多、产于许多国家，但是，最著名的是法国、意大利等，而且大多产于各大产区的著名酒庄。仅以法国波尔多为例，其生产红葡萄酒名品的有拉菲特罗斯德酒庄（Ch.Lafite–Rothschild）、拉图酒庄（Ch.Latour）、玛歌酒庄（Ch.Margaux）、布里翁高地酒庄（Ch.Haut–Brion）等所产的波尔多四大名酒等；其生产白葡萄酒名品的有迪金酒庄（Ch.d'Youem）、卡尔邦女酒庄（Ch.Carbonnieux）等所产。

（1）法国红葡萄酒代表性名品

拉菲·罗斯柴尔德酒庄，是位于法国波尔多地区的世界顶级酒庄，简称拉菲。该酒庄酿制的拉菲葡萄酒则是享誉世界的法国波尔多葡萄酒之一，特别受到中国消费者厚爱。它的葡萄园面积有 95hm²，栽培的葡萄品种为 70% 的赤霞珠、20% 的梅洛、10% 的卡本妮弗兰克。由于 20 世纪六七十年代之交的年景连续平凡，其名声曾经一落千丈。1974 年，巴隆·埃里克·罗特席尔德（Baron Eric de Rothschild）接管酒庄后，咨询酿酒专家，重组酿酒队伍，进一步改进酿制工艺，增加新设备等，使拉菲特酒又恢复了昔日的典雅和神韵，色泽更深、香味更丰富浓郁。1982 年、1983 年、1988 年、1990 年、1995 年、1996 年都是近期的最佳年份，都有各具特色的优质酒。

拉图酒庄，名字源于其原有的方形石塔，那是中世纪防御盗贼抢掠的堡垒。葡萄园的面积为 43.5hm²，始建于 16 世纪，位于地势较高的碎石岸上，能够俯瞰吉伦特河口。其主要栽培的葡萄品种为 80% 的赤霞珠、15% 的梅洛、4% 的卡本妮弗兰克和 1% 的小伐多，年产红葡萄酒 20000 箱，使用新木桶藏酿。博蒙（Beaumont）家族拥有拉图酒庄的历史长达 300 多年。后几经易手，至 1993 年被工业家弗朗索瓦·品诺尔（Francois Pinault）购得。一直以来，拉图红酒被一流葡萄酒评论家评为波尔多红酒中的顶尖者。其酒质浓重、酸味稳定浓郁，和黑加仑子、黑樱桃到甘草、月桂叶等一系列香味结合，相得益彰。它是特别耐藏的波尔多红酒，特佳年份（1945 年和 1947 年）藏酿的酒在 50 年后仍然极具劲度和活力。1949 年、1959 年、1961 年、1962 年、1966 年、1970 年、1975 年、1978 年、1982 年、1990 年、1994 年、1996 年酿制的都是超级好酒。

（2）法国白葡萄酒代表性名品

迪金酒庄，它在英国波尔多统治时期的 1153 年开始由英国国王管辖，1453 年回到法国人手里。1847 年，由于用偶然出现的珍萎葡萄酿制出让世人惊叹的甜白葡萄酒，使得该酒庄顿时成为明星酒庄。1855年，在波尔多干甜白葡萄分类体系中，迪金跃然成为一等高级甜白葡萄酒的唯一皇冠所有者，并且把这一殊荣保持至今。它现有葡萄园面积101.1hm²，栽培的葡萄品种为森美戎80%和白萧伟昂20%，在生产葡萄和酿造葡萄酒的过程中，大部分工作仍用传统方法，在细节上下功夫，对葡萄的产量和品质管理很严，在收成不好的年份所酿的酒都不以酒庄的标签出售。所以，酒的年产量差异较大，酿造的葡萄酒都使用新橡木桶发酵和藏酿。迪金的甜白葡萄酒色泽金黄、清澈透明、香气十分复合、细腻甘稠、风格优雅无比，实是甜白葡萄酒的完美经典。近期的最佳年份为1989年、1993年、1997年。

卡尔邦女酒庄，是波尔多地区最佳的无甜味白葡萄酒庄之一。其葡萄园面积为85hm²，栽培的葡萄品种是白萧伟昂和森美戎。由于葡萄园有多种土壤类型和不同的微气候，葡萄的成熟期有所不同，采收时经严格挑选，只采摘成熟且未腐烂的果实，将未熟的葡萄串留在藤上继续成熟。葡萄酒的发酵在新的、一年和两年桶龄酒桶中进行，每种桶约占1/3，以保证酒中均衡的橡木香味。卡尔邦女酒庄出产的葡萄酒呈淡金黄色，十分芳香，口感优雅，清冽爽口，无甜味。近期的最佳年份为1996年、1997年。

（五）葡萄酒的鉴赏

鉴赏优质葡萄酒是一件令人身心愉悦的事，手握着无色透明的高脚郁金香酒杯，斟上1/3杯葡萄酒，对着光亮观察葡萄酒的色泽，再从聚拢香味的郁金香杯口闻一闻醇醇的酒香，最后慢慢品酌，只有将所有的嗅觉器官和味觉器官都调动起来，才能真正鉴赏和品味着这有生命的艺术品。

1．观色

葡萄酒的鉴赏，必须从眼睛开始，因为葡萄酒的外观是其健康程度、品质特性及酿造程度的一个重要指标。在一个无色透明的高脚郁金香杯中，倒入约1/3杯葡萄酒，手握住酒杯的杯底或杯脚，倾斜45°，迎着光亮，对着白色的背景，就可以很好地观察葡萄酒的外观和颜色。好酒应当是清澈明亮的，如果看上去色泽晦暗甚至有些混浊，则不是优质的酒。长期储藏的酒会有些沉淀物，这是自然现象。白葡萄酒的颜色从近乎无色到深金黄色都有，其深浅常常与气候、藏酿时间、葡萄品种和酿酒方法有关，如寒凉地区的白葡萄酒颜色通常比暖和气候的要浅一些，藏酿时间长的则颜色越深。红葡萄酒则几乎包含了所有的红色，其色度随红酒的藏酿而变化，新酒通常为深红色。另外，将酒杯倾斜或摇动后，还要观察红葡萄酒的挂杯现象，如果挂在酒杯内壁的酒流越多，下降速度越慢，说明酒精、甘油、还原糖的含量越高。对于起泡葡萄酒则必须观察其起泡状况，包括起泡的大小、数量和更新速度等。

2．闻香

闻香全靠鼻子的嗅觉。紧握杯脚，摇动酒杯，让葡萄酒在杯中转动，以释放出它具有的各种香气，接着将鼻子探入杯中轻闻几下，就可嗅出葡萄酒中的果香、花香，尤其是要嗅出特别的芳香味和诱人的美酒香气。通常情况下，新酒会释放出酿制葡萄的特有异香，而经过藏酿的葡萄酒则会散发出其浓浓的醇香。

3. 品味

品味是由口腔进行，主要是体验葡萄酒对口腔的刺激以及入口的质感。深啜一口酒，同时吸入空气，让酒液在口中转动，到达口腔的各个部位，让舌头上的味蕾能充分分辨甜、酸、苦、咸四种主要味道。当酒在口中时，也能感知一些触觉特质，根据葡萄酒种类、质地的不同，可以带给人柔顺、圆润、丰厚、架构十足、粗糙、芳醇、活泼、苦涩、辛烈、未成熟等口感。通过味觉鉴别，能够进一步证实葡萄酒醇不醇、陈不陈、爽不爽，了解酒的酸甜度、浓度和酒的构成等。

二、啤酒

（一）啤酒的起源与历史发展

啤酒，是麦芽、啤酒花、水和酵母经发酵而成的含酒精饮品的总称。啤酒既是一种配方简单的天然饮品，也是一种充满了神奇变幻色彩的复合饮品。在比利时、英国、德国等传统啤酒强国，简单的啤酒配方经历了几个世纪的洗礼，至今仍然受到人们的喜爱。

啤酒的起源众说纷纭，始于何时何地已无确凿证据可考，但比较肯定的是，啤酒是伴随着谷物的发芽、发酵而自然产生的。在欧洲，农场收割麦子后，将麦子堆放在粮仓里，而简陋的粮仓一旦遇雨、漏水等就会使麦子受潮并开始发酵，由此产生出一种液体。有人大胆而好奇地品尝了这种液体，觉得它清凉芳香、美味可口。于是，开始有人有意让麦子受潮、发酵。这也许就是最原始的啤酒。

啤酒有据可查的历史至少可追溯到公元前 6000 年以前。据考古发现表明，大约公元前 6000 年，生活在美索不达米亚平原上的苏美尔人率先掌握了啤酒酿造技术，他们用大麦、小麦、黑麦等发酵制成原始的啤酒。公元前 4000 年左右，在酿酒的陶器上就有了描绘粮食及国王用金色麦秆作吸管吸取啤酒的情景。公元前 3000 年以后，古埃及人从苏美尔人那里学会了啤酒酿造技术，在埃及古代洞穴的墙壁上有一些象形文字提到发酵工艺。公元前 2000 多年，古希腊人和古罗马人又从埃及人那里学会了啤酒酿造技术，公元前 460 年希腊的历史学家希罗多德就写有关于啤酒的论著。从此，啤酒便在欧洲大地上广为流行。

不过，古代的啤酒与现在的啤酒有很大区别。古代啤酒生产是家庭作坊式的，原料、香料也不统一。在啤酒漫长的发展过程中，人们不断地尝试着往里面加进各种东西，如蜂蜜或香料等。早在 1000 多年前，欧洲有人开始在啤酒酿造中加入啤酒花作为调味料，一直到 8 世纪，德国人开始大量使用啤酒花酿制出带有爽口苦味的啤酒，这才将使用大麦和啤酒花酿制啤酒的方法确定下来。大约 400 多年前，人们才把浓啤酒装入玻璃瓶中，并用软木塞封住瓶口。1613 年，第一家商业啤酒厂在阿姆斯特丹建成。1638 年，美国一位政治家开始大规模地运营啤酒厂。19 世纪中叶，由于加热方法改进和蒸汽机出现，以及后来冷冻机的问世和法国科学家巴斯德对啤酒酵母的研究，使啤酒生产走向科学化，并开始了工业化大生产。

如今，世界上有许多国家生产啤酒。其中，德国、英国、比利时是传统的啤酒强国；丹麦、捷克是啤酒强国中的后起之秀；而美国和中国则是啤酒产量大国。

（二）啤酒的酿制

1．原料
酿造啤酒所用原料较多的，除了水之外，最主要的是麦芽、啤酒花、酵母。

（1）麦芽

麦芽是将大麦浸水并使其发芽而成的，也是啤酒酿造最早使用的粮食原料。用小麦制成的麦芽会自然产生一种特有的果香。除了水之外，麦芽是制造啤酒所用比例最大的原料，一般达到 75% 以上。现在，啤酒可全用麦芽来酿造，也可添加大米、玉米作为辅料，甚至用大米、玉米酿造出风味各异的啤酒。

（2）啤酒花

啤酒花的英文是 Hop，拉丁学名叫蛇麻，是一种多年生缠绕草本植物，属桑科葎草属，有的植株生长期可长达 50 年，叶子呈心状卵形，常有 3～5 个裂片，叶面非常粗糙，主枝按顺时针方向右旋攀援而上。"Hop"这个单词即来自盎格鲁撒克逊语言中的 "hoppan"，意为向上攀登。只有雌株才能结出花体。每年六七月开花，花开之时，香飘十里。啤酒花的果实是一种长在雌性植株上的圆锥形球果，这些球果含有蛇麻腺体，能够提供芳香味和苦涩味，可调节麦芽的甜度，并起到防腐剂和自然清净剂的作用。啤酒花的风味和香味主要来自植物中的香精油，而其苦味则主要来自蛇麻腺松脂中所含的阿尔法酸。由于不同的酿造目的，啤酒花又可分为"滋苦型酒花"和"滋香型酒花"两种。大多数啤酒花只要量和组合适度就能达到上述的双重效果。啤酒中清爽的苦味就是酒花的贡献，这种苦味既可防止啤酒中腐败菌的繁殖，还能促进形成啤酒独特风味。

（3）酵母

酵母，自然界存在很多种，但不是所有的酵母都可以用来酿造啤酒。科学家们把对啤酒发酵有利的酵母称为啤酒酵母，在啤酒生产中酵母需要经过纯粹的培养才能获得。啤酒酵母能把麦芽糖转化成酒精、二氧化碳和其他副产品，赋予啤酒一种独特风味。啤酒酵母主要有两类：一是上发酵酵母，比较适应温暖环境，在发酵过程的后期浓集于啤酒液上部。另一种是下发酵酵母,较适应低温环境,在发酵阶段沉入发酵罐底部。它们各自都有许多品种,每一品种都使其发酵的啤酒在风味、酒体和香味等方面显示出独特性。

2. 酿造工艺

啤酒的酿造工艺在环节上相对较多,首先是制作麦芽,其次是制取麦芽汁,然后经过加热糖化、发酵、过滤、包装而成。

（1）制作麦芽

原料大麦经初选、精选、分级及除去杂物和干瘪麦粒后,放入浸麦槽内浸泡两天,然后将体积已膨胀了1.5倍的大麦送到低温及湿度适宜的发芽箱内通风发芽。5～7天后,麦芽进入干燥炉烘干,待水分降至3.5%、除去麦根后即成成品麦芽。成品麦芽经一段时间的存储便进入酿酒车间。

（2）制取麦芽汁

先将麦芽碾碎,注入65℃以上的热水混合成糊状物,装入麦芽汁桶中。此时的麦芽汁呈金黄色,有点甜。

（3）加热糖化与发酵

先将麦芽汁过滤、流入酿造罐中煮沸,同时添加啤酒花,通常煮1.5～3h。然后,将麦芽汁中的啤酒花、蛋白质过滤掉,冷却至发酵温度后输送至初级发酵罐中,加入一定量的新鲜酵母,突出发酵5～10天即成啤酒。但是,这种啤酒被称为"清"啤酒,还需要注入后熟罐,进一步净化和老化1～2周或更长时间成为熟啤酒。

（4）过滤、包装

熟啤酒还要经过过滤和包装,包括瓶装、罐装和桶装等。在包装过程中,还需要给啤酒注入二氧化碳,或加入一定量的活性酶、酵母和糖水,使其自然发酵和汽化。

（三）啤酒的分类与著名品种

1. 啤酒的分类

啤酒是当今世界各国销量最大的低酒精度饮料,品种繁多,分类方法多样。

（1）按颜色分类,可以分为淡色啤酒、浓色啤酒和黑色啤酒。其中,淡色啤酒,俗称黄啤酒,根据深浅不同,又分为三类:一是淡黄色啤酒。酒液呈淡黄色,香气突出,口味优雅,清亮透明。二是金黄色啤酒。呈金黄色,口味清爽,香气突出。三是棕黄色啤酒。酒液大多是褐黄色、草黄色,口味稍苦,略带焦香。浓色啤酒,其颜色呈棕红色或红褐色,原料为特殊麦芽,口味醇厚,苦味较小。黑色啤酒,其酒液颜色呈深红色,因大多数红里透黑,故称黑色啤酒。

（2）按麦汁浓度分类,可以分为低浓度啤酒、中浓度啤酒和高浓度啤酒。其中,低浓度啤酒的原麦汁浓度为7%～8%,酒精含量在2%左右。中浓度啤酒的原麦汁浓度在

11%~12%，酒精含量3.1%~3.8%。高浓度啤酒的原麦汁浓度在14%~20%，酒精含量在4.9%~.6%，属于高级啤酒。

（3）按是否经过杀菌处理分类，可以分为鲜啤酒、熟啤酒。鲜啤酒，又称生啤，是指在生产中未经杀菌的啤酒，但在可以饮用的卫生标准之内。此酒口味鲜美，有较高的营养价值，但酒龄短，不宜长期存放，适于当地销售。熟啤酒是经过杀菌的啤酒，可防止酵母继续发酵和受微生物的影响，酒龄长，稳定性强，适于远销，但口味稍差，酒液颜色变深。

（4）按风味分类，可以分为爱尔啤酒（Ale）、黑啤酒（Stout）、淡啤酒（Lager）、荞麦啤酒（Bock Beer）和扎啤等。爱尔啤酒，是用焙烤过的麦芽和其他麦芽类的原料制成，比普通的啤酒质浓，酒体丰满，味道也比较苦，有强烈的啤酒花味，颜色比较黑，酒精含量为4.5%，大多产于英国。黑啤酒，比爱尔啤酒颜色更黑，麦芽味重、较甜，啤酒花较多，香味极浓。酒精含量为3%~7.5%，具有滋补作用，主要产于爱尔兰和英国。淡啤酒，主要原料为麦芽，有时加入玉米、稻米，经陈年和沉淀，再经碳化而成。酒质清淡，富有气泡，因其采用低温下发酵，色澄清，味不甜，有时酒精含量也较高。该酒因常储藏于酒窖中使其老熟故而又称窖藏啤酒。美国多生产此类啤酒。荞麦啤酒，也称波克啤酒，因最初在德国的Eimbock地区酿成而得名，是一种荞麦制的黑啤酒，质浓味甜，通常比一般的啤酒黑而甜，含酒度高，冬天制而春天喝。扎啤，即是高级桶装鲜啤酒。这种啤酒的出现被认为是啤酒消费史上的一次革命。鲜啤酒即人们称的生啤酒，和普通啤酒相比只是在最后一道工序未经灭菌处理。鲜啤酒中仍有酵母菌生存，所以口味淡雅清爽，啤酒花香味浓，更有利于开胃健脾。生啤酒的保存期是3~7天。随着无菌灌装设备的不断完善，现在已有能保存3个月左右的罐装、瓶装和大桶装的鲜啤酒。啤酒的酵母菌是由多种矿物质组成的细胚体，维生素含量高，且无毒性，常饮鲜啤酒对身体大有裨益。"扎啤"是这种啤酒的俗称，"扎"来自英文的JAR，即广口杯子。这种啤酒在生产线上采取全封闭灌装，在售酒器售酒时即充入二氧化碳，显示了二氧化碳含量及最佳制冷效果。也就是说在任何条件下，啤酒都保持在10℃，因此非常适口。

此外，还有许多分类方法。如按发酵方法分类，可以分为上发酵啤酒和下发酵啤酒；按照包装容器分类，有瓶装啤酒、罐装啤酒和桶装啤酒等。根据消费对象分类，有普通型啤酒、无酒精或低酒精啤酒、无糖或低糖啤酒等，后二者适宜于老人和糖尿病患者饮用。按照原辅材料或生产工艺方面的某些改变而成的独特风味进行分类，有纯生啤酒、全麦芽啤酒、小麦啤酒等。其中，纯生啤酒是在生产工艺中不经热处理灭菌，就能达到一定的生物稳定性的啤酒。全麦芽啤酒，全部以麦芽为原料（或部分用大麦代替），采用浸出或煮出法糖化酿制的啤酒。小麦啤酒，是以小麦芽为主要原料（小麦芽占总原料的40%以上），采用上发酵法或下发酵法酿制的啤酒。

2．啤酒的著名品种

西方许多国家都有著名啤酒品种，这里仅简要列出部分啤酒生产国的名品。

（1）德国代表性名品

德国啤酒风格可谓百花齐放。随着流行时尚的变化，德国的啤酒开始从浓烈厚重型向清淡苦味型转变，著名品种有多特蒙德（Dortmund）、卢云堡（Lowenbrau）、慕尼黑（Munchen）、贝克（Berker's）等。其中，贝克啤酒起源于16世纪的布来梅古城，其酿酒技术优良，1874年，德皇费列德历克三世在一次农业展览会上给贝克啤酒颁发了金奖。1876年，在美国费城举行的国庆100周年世界博览会上，贝克啤酒获"欧洲最佳啤酒一等奖"。今天，德国贝克啤酒风行全球140多个国家，高居德国啤酒出口量的第一位。

（2）美国代表性名品

美国是世界啤酒生产大国之一，出产的啤酒口感清淡，苦味较少，富含碳酸。近年来，更是朝着开胃型清凉饮料方面发展。著名品种有百威（Budweiser）、蓝带（Pobst Blue Ribbon）、美乐（Miller）等。百威啤酒的生产商现已是一家多元化跨国公司、世界最大的酿酒商。百威啤酒引以自豪的是只采用质量最佳的纯天然材料，以严谨的工艺通过自然发酵、低温储藏而酿成，选料严、要求高，位于同行业之首。

（3）丹麦代表性名品

丹麦是啤酒著名生产国之一，著名的丹麦啤酒有嘉士伯（Carlsberg）、特伯（Tuborg）等。其中，嘉士伯啤酒厂是于1847年在丹麦首都哥本哈根创立的，迄今已有150多年的历史，是世界上规模最大的啤酒酿造厂之一。嘉士伯啤酒早在1868年就传入英国，后来成为最早行销国际市场的啤酒品牌。

（四）啤酒的鉴赏与饮用

1．啤酒的鉴赏

对于啤酒的鉴赏，主要包括色、香、味的鉴赏，有以下三个方面：

（1）外观

对啤酒外观的评估应在开瓶前，包括颜色与泡沫。可把一瓶未开启的啤酒对着光线观察其顶端大气泡的模样，由此也可鉴别该啤酒是否振荡过，否则开启时会喷涌。同样，还要检查瓶中后熟啤酒的瓶底沉淀物，是否是薄薄而密集的一层，如果是呈朦胧和模糊状，则表明该啤酒近来曾遭到激烈震动，需要竖立放置1~2天。倒出啤酒后，不同的品种会产生特定的泡沫层，应让其静置片刻，一杯好的全麦芽啤酒一般在1min钟内至少还应保持一半泡沫层。而啤酒的颜色则是随着啤酒形式的微妙变化而变化的。

（2）香味

它包括啤酒中麦芽和其他谷物的芳香和啤酒花带来的香味，常可描述成坚果味道、甜味、谷物味和麦芽味等。来自谷物发酵的芳香味称作酯味，有一种成熟水果发出的香味，如香蕉、梨、苹果、葡萄干和红醋栗的香味。而啤酒花带给啤酒的香味称为酒花香味或酒花味道，只是在啤酒刚倒出来的时候能辨别出，很快就会消失。酒花的香味并非在每一种风格的啤酒中都能体现出来，而且不同的酒花带给啤酒的香味也是不同的。

（3）口感与风味、回味等

啤酒的口感是指对酒体的感觉。受啤酒中蛋白质和糊精的影响，其口感会明显有浓淡之分。一杯经过完美调和的啤酒，应在麦芽甜度和酒花苦味之间达到平衡，从而产生和谐的风味。在大多数情况下，回味好的啤酒通常能够调和与消除啤酒花的苦味。

2．啤酒的饮用

在西方国家，对于啤酒的饮用十分讲究，特别注重以下三个方面。

（1）啤酒的饮用温度

适宜的温度可以使啤酒的各种成分平衡协调，达到最佳口感。冰镇啤酒的最佳饮用温度在 8～10℃。啤酒的冰点为 –1.5℃，冰冻后的啤酒口味不好且营养成分丧失较多、瓶子易爆裂，所以啤酒不能冷冻保存。

（2）啤酒的盛器

啤酒杯的种类很多，而且有些著名的啤酒生产商还自行设计并提供充分展示个性的杯子。只有用适当的啤酒盛器，才能最大限度地从工艺啤酒中得到感官享受。就像啤酒的种类越来越多一样，啤酒杯也从过去最简单的大啤酒杯和中世纪的陶制啤酒壶，发展到几乎不同风味的啤酒就有不同啤酒杯的地步。其中，具有代表性的啤酒杯有笛形、高脚酒杯形、郁金香花形、张开的郁金香花形、心形、有把手的大酒杯形、无柄平底玻璃杯形、矮脚小口酒杯形、直边平底玻璃杯形、皮尔森啤酒杯形、波纹边酒吧马克杯形、酒吧调酒品脱杯形、陶制啤酒杯形和中间膨胀品脱杯形。如笛形细长酒杯，最适合盛水果风味的啤酒和有葡萄酒香味的啤酒，高高的杯形使多泡啤酒的细泡缓缓上升，并使啤酒香味集中，扑鼻而来。波纹边酒吧马克杯，比较大，易于啤酒散发出英国酒花的花草芳香和水果、麦芽香，而且杯上的波纹让人更容易握住杯子，不会滑落等。

（3）啤酒的斟酒方法

开启瓶装啤酒时不要剧烈摇，倒酒时酒瓶与酒杯呈直角，啤酒应当顺杯壁注入，至泡沫升至杯口为止。一般而言，一杯啤酒泡沫约占 1/4 杯，酒液约占 3/4 杯、为 120～180mL，如果少于此将会影响品尝啤酒的香味、滋味及味觉。

三、鸡尾酒

（一）鸡尾酒的起源与历史发展

1．鸡尾酒的起源

鸡尾酒的英文名称是 Cocktail。广义地说，鸡尾酒就是酒与酒或酒与其他饮料、果汁调和而成的混合饮品。狭义而言，是一种以蒸馏酒为基酒，配以果汁、汽水、矿泉水、利口酒等辅助酒水，并配以水果、奶油、冰淇淋、果冻、布丁，加上装饰材料调制而成的混合酒。与其他单一的酒水相比，鸡尾酒又是一种色、香、味、形俱佳且充满情调的艺术酒品。而关于鸡尾酒起源以及鸡尾酒名称的来历，一直是众说纷纭，主要有以下四种说法。

第一，源于法国说。虽然鸡尾酒的英文是"Cocktail"，但法国人认为它源于法语词汇"Coquetel"。据说这是产于法国波尔多地区的过去常被用来调制混合饮料的蒸馏酒的名称。此外，还有一个起源说是与法国贵族有关。

第二，源于英国说。英国人认为，鸡尾酒最迟在16世纪伊丽莎白一世时就已在英国盛行了。而鸡尾酒的名称与当时盛行的斗鸡比赛获胜者被授予战利品——雄鸡尾毛有关。斗鸡赛结束，人们向胜利者敬酒并欢呼"On the cock'stail"，久而久之，斗鸡胜利者饮用的混合酒品便被冠名为"Cocktail"了。

第三，源于墨西哥说。墨西哥人认为，"鸡尾酒"一词曾是1519年左右住在墨西哥高原地带或新墨西哥、中美等地统治墨西哥人的阿兹特尔克族的土语。在阿兹特尔克族中有一个贵族，他有一个美丽聪明、懂得酒水的女儿叫Xochitl。贵族让她配制了一种混合酒献给国王，国王品尝后大加赞赏，遂颁布诏令，以她名字为此酒命名。后来，这种酒在传播过程中其音译被渐渐变异为"Cocktail"。此外，又相传很久以前，一艘英国船只停靠在墨西哥的坎佩切港，水手们涌进一家酒吧，看到一名酒保正用一根漂亮的鸡尾形无皮树枝搅拌着一种混合饮料。这饮料色彩美丽、芳香四溢，便好奇地问其名称，酒保误以为是问树枝名字，便回答："考拉德·嘎窖。"在西班牙语中，这便是雄鸡尾巴的意思，如此一来，美妙的混合酒就被称为"鸡尾酒"。

第四，源于美国说。相传很久以前，美国商人克里福特在哈德逊河岸开了一家酒店，有三件向人炫耀的宝贝：一是一只斗鸡，二是酒窖中世界上最好的酒，三是美丽的女儿。有一个做水手的小伙子爱上了他的女儿，而克里福特要求他当上船长再来求婚。经过几年的努力，小伙子当上了船长，在婚礼上，克里福特将所有陈年佳酿都拿出、调成极品美酒，又将那只斗鸡美丽的鸡尾羽毛装饰在酒杯杯口上，高呼"鸡尾万岁"。从此，鸡尾酒之名不胫而走。

2．鸡尾酒的历史发展

人们最早饮用混合酒的历史，可追溯到罗马帝国时代。《味的美学》一书写道：古罗马时，"最好的葡萄酒是酒精很强并且是很浓的。从酒壶中倒进酒杯时，要将这种沉淀物过滤出来，并要当场掺水饮用。即使是酒量最强的人，也要掺水喝。那些喝不掺水葡萄酒的人，都是一些不正常的人。这些人就像现在那些常喝酒精的人一样，是要受到谴责的……"在当时，喝掺水的葡萄酒是人们习以为常的事。只是在那个时候，鸡尾酒的名称还未出现，只能当作是鸡尾酒的雏形。

"鸡尾酒"一词首次出现，是在1806年5月13日美国发行的一本杂志上。该杂志称："鸡尾酒是一种任意种类的烈酒、糖、水和苦酒构成的、具有刺激作用的酒类。"从1860年开始，美国公司开始大规模生产果汁，使鸡尾酒有了充足的物质保证。不久，人工制冰机的出现又为冷鸡尾酒一年四季的饮用创造了条件，从此，真正意义上的鸡尾酒便正式地诞生了。可以说，混合酒的饮用历史虽然悠久，但现代鸡尾酒的出现也不过100多年的历史。

从鸡尾酒发展的100多年历史来看，美国是当之无愧的世界鸡尾酒中心。自19世纪末至20世纪初，鸡尾酒还只在美国国内流行，当时的鸡尾酒酒度较高，是专属于美国上流社会男士饮品。在1920—1933年美国禁酒时期，一纸法令让酒厂关门、酒吧歇业，但人们对美酒的向往却并未因此而改变，于是鸡尾酒发展史上出现了戏剧性的一幕：一方面严加禁酒，另一方面各种新式鸡尾酒暗流涌动、层出不穷，而因为辅料用得更多、酒度降低，所以女士们也参与了进来，一时间饮用鸡尾酒蔚然成风，面对查询，人们的托词是在喝果汁。因此，禁酒时期成了鸡尾酒发展的黄金时代。第二次世界大战后，美国文化向世界渗透，美国式的消费方式引领世界潮流，鸡尾酒也有了飞跃性发展，成为全世界风行的酒精饮料。在美国，也出现了很多口感清爽、酒精含量较低的新品鸡尾酒。20世纪60年代以后，随着女性饮酒人群的增加，鸡尾酒的饮用更加广泛，并进入各种社交场合，由此产生了适合妇女的甜味饮料，改变了最初鸡尾酒饮料只有男人独享的辣味饮料的局面。20世纪70年代，又掀起了热带鸡尾酒热潮。进入80年代，鸡尾酒逐步发展为一种文化、一种时尚生活，成为人们情感交流的载体。

（二）鸡尾酒的制作

1. 鸡尾酒的基本组成

鸡尾酒是由基酒配合其他酒水与辅料调制而成的混合饮品，而必不可少的材料有基酒、辅料及装饰物。其中，基酒，是指鸡尾酒中最主要的一种酒即最基本或最基础的酒，也是调制鸡尾酒最主要的材料。很多酒都可以用于鸡尾酒的调制，并无一定之规，但通常涉及较多的有六大类酒品，统称为"六大基酒"，即白兰地、威士忌、金酒、朗姆酒、伏特加、龙舌兰酒。辅料，是指调制鸡尾酒的辅助原料。可用于调制鸡尾酒的辅料很多，主要包括其他酒类、汽水、果汁、糖浆等。装饰物是鸡尾酒一个重要的角色，能够赋予鸡尾酒艳丽的色彩并提高其艺术品位。可用于鸡尾酒装饰的材料很多，常用的有蔬果、花草和调味原料，还有实用材料，如酒签、吸管、调酒棒、酒针等既实用、又能装饰。

2. 鸡尾酒的调制方法

调制鸡尾酒有严格的程序。先按配方备齐酒水，再准备好调酒用具，然后可以开始调酒。调酒要遵循标准动作，包括取瓶、传瓶、示瓶、开瓶、量酒、调制。调制鸡尾酒，通常有四种方法，即摇混法、搅拌法、调和法和掺对法。调制时，可以只用一种方法，也可以将各种方法组合使用。

① 摇混法：是调制鸡尾酒最普遍而简易的方法。其具体方法是将酒类材料用量杯量出正确分量后倒入雪克壶中，放入配料、冰块等，用力摇晃，使其充分混合即可。在摇晃时，要求力量大、速度快、有节奏、动作一气呵成。采用此法能去除酒的辛辣味，使酒温和、入口顺畅。

② 搅拌法：是将各种材料用电动搅拌机进行搅拌来调制鸡尾酒的方法。其具体方法是把酒水、冰块按序放入搅拌机中，搅拌 10s 后连冰倒入酒杯。

③ 调和法：是把各种材料直接注入酒杯的一种鸡尾酒调制方法，分为直接调和法、调和并滤冰法两种。直接调和法，是先用量杯量出基酒正确的分量，倒入鸡尾酒杯中，再用夹冰器取出冰块，放入鸡尾酒杯中，用吧匙搅拌均匀，最后倒入其他配料至满杯即成。调和并滤冰法，则是在搅拌均匀后滤出冰块，再倒入其他配料至满杯。

④ 掺对法：是将各种材料倒入调酒杯中，用调酒匙充分搅拌的一种调酒法。常用于调制烈性鸡尾酒，如调制马丁尼、曼哈顿等酒味较辛辣、后劲较强的鸡尾酒。

（三）鸡尾酒的分类与著名品种

1. 鸡尾酒的分类

如今，鸡尾酒大致有 3000 种之多，其分类方法多种多样，但是，最常见、最主要的分类方法有以下两种。

① 按照鸡尾酒的材料分类，可以分为两种：一是直接饮料（Straight Drinks）：即使用单一材料调制的鸡尾酒，常常以原味呈现。二是混合饮料（Mix Drinks）：即混合多种材料调制的鸡尾酒，口味繁多，风格千变万化。

② 按照鸡尾酒的酒精成分、饮用时间、冷热口味分类，可分为六种：一是短饮料（Short Drinks）：酒量约 60mL，三四口喝完，不加冰，10 ~ 20min 内不变味。其酒精浓度较高，适合餐前饮用。二是长饮料（Long Drinks）：放置 30min 也不会影响风味，加冰，用高脚杯，适合餐时或餐后饮用。三是硬性饮料（Alcohol Drinks）：含酒精成分较高的鸡尾酒。四是软性饮料（Non-Alcohol Drinks）：不含酒精或只加少许酒的柠檬汁、橙汁等调制饮品。五是冷饮料（Cold Drinks）：温度控制在 5 ~ 6℃的鸡尾酒。六是热饮料（Hot Drinks）：温度控制在 60 ~ 80℃的鸡尾酒。

2. 鸡尾酒的著名品种

鸡尾酒品种繁多，其中有不少著名品种。这里以"六大基酒"为序，简要叙述其中非常有代表性的鸡尾酒名品。

（1）以金酒为基酒的名品

红粉佳人：1911 年，伦敦上演了《红粉佳人》这出戏，在首演成功的庆祝酒会上，调酒师调制了这款酒献给女主角海则尔·多思，并将其命名为"红粉佳人"。点用此酒的人以女性居多，但其实此酒的酒精度很高。它是以金酒为主，加入蛋清、柠檬汁及石榴糖浆调制而成，口味中甜，呈漂亮的粉红色。

金汤力：在纽约和巴黎的酒吧中，这是恋人们首选的饮品。其名称来源于酒中调配的两种材料，即金酒和汤尼水。口味香辣，因加入了冰块而使其风格冰爽、刺激。此酒为开胃酒，淡淡的口味让人无法抗拒。

（2）以威士忌为基酒的名品

曼哈顿：据说这款酒是英国前首相丘吉尔的母亲杰妮发明的。杰妮生于美国，是纽约社交界的名人。她在曼哈顿俱乐部举行宴会，支持总统候选人，就是用这款鸡尾酒招待客人，此酒也由此而得名。它是由黑麦威士忌、甜苦艾酒、苦味液、野樱桃酒味糖水樱桃、柠檬皮调制而成，口味甜辣适中，而晶莹剔透的酒液辉映着酒吧的灯光，仿佛就是纽约夜景的写照。

爱尔兰咖啡：在寒冷的冬季，当横跨大西洋的飞机快到爱尔兰机场时，飞机上为乘客们提供了这款鸡尾酒，让乘客倍感温暖，此酒也因而得名。这款酒是由爱尔兰威士忌、砂糖、浓热咖啡、鲜奶油调配而成，口味甜辣适中。

（3）以白兰地为基酒的名品

亚历山大：英国国王爱德华七世做皇太子时，与丹麦国王的长女亚历山德拉结了婚，此酒是他献给亚历山德拉的结婚纪念酒，便因此得名。这款酒是由白兰地、可可酒、鲜奶油调制而成，略带甜味。它也是一款餐后酒，在酒店或饭店，若无特别叮嘱，餐后侍者一般都会上此酒。

边车：边车是挎斗三轮摩托的别称。据说，这款鸡尾酒就是在第一次世界大战中由一位巴黎的常骑挎斗摩托的法军大尉创造的，因而得名。还有一种说法，认为它是由巴黎哈丽兹·纽约酒吧的专业调酒师于1933年创制的。这款酒由白兰地、橘香酒、柠檬汁调制而成，口味甜辣适中。

（4）以伏特加为基酒的名品

血腥玛丽：16世中叶，英国女王玛丽一世心狠手辣，曾杀戮了很多新教徒，得到"血腥玛丽"的绰号。这款酒颜色血红，使人联想到血和屠杀，故以"血腥玛丽"命名。它是由伏特加、番茄汁、柠檬汁、柠檬片、盐、胡椒、香芹盐、塔巴斯哥辣酱油、伍斯特辣酱油等配制而成，辣度中等。

螺丝刀：曾经在伊朗油田工作的美国人为了克服暑热，在工地上因陋就简，用工具袋中的螺丝刀为搅拌器，将伏特加和橘子汁混合而成降温饮料，此酒便有了这个有趣的名字。它是由伏特加、橘子汁调配而成，口味甜辣适中，饮用时往往会错误地感觉只是一杯橘汁饮料，就会喝多，故又有"女性杀手"之别名。

（5）以朗姆酒为基酒的名品

自由古巴："古巴自由万岁"是古巴人民在西班牙统治下争取独立的口号。在1898

年美国与西班牙战争中，在哈瓦那登陆的一个美军少尉在酒吧要了朗姆酒，他看到坐在对面的战友们在喝可乐，便突发奇想，把可乐加入了朗姆酒中，并举杯高呼："古巴自由万岁！"从此，便诞生了这款鸡尾酒。此酒是由淡味朗姆酒、酸橙汁、可乐配制而成，口味甜辣适中。

蓝色夏威夷：此酒使用蓝色柑香酒调和出绚丽的蓝色，让人联想到夏威夷碧蓝的海水，因而得名。它是由白色朗姆酒、蓝色柑香酒、菠萝汁、柠檬汁调配而成，略带甜味，是一款热带鸡尾酒，具有浓郁的夏威夷风情。

（6）以龙舌兰酒为基酒的名品

斗牛士：这是一款表现拉丁激情的热带鸡尾酒。因为墨西哥盛行斗牛运动，此款鸡尾酒又采用了墨西哥特产的龙舌兰酒为基酒，故得此名。此酒是由龙舌兰酒、菠萝汁、酸橙汁调配而成，为中等甜度。

玛格瑞特：此酒曾获 1949 年全美鸡尾酒大赛冠军。其创制者是洛杉矶的简·杜雷萨，玛格瑞特是他已故恋人的名字。1926 年，简·杜雷萨与恋人外出打猎，恋人不幸中流弹身亡，死在他的怀中。为了纪念玛格瑞特，他便将自己的获奖作品以她的名字命名。据说，玛格瑞特生前喜欢吃咸的食物，故在酒中加了盐。此酒是以龙舌兰酒、橘香酒、酸橙酒、盐调配而成，为中等辣度。

除"六大基酒"外，还有不少鸡尾酒名品是以其他酒为基酒的。例如，天使之吻，是由咖啡甜酒、鲜奶油配制而成；红眼，是由番茄汁和啤酒调配而成。

（四）鸡尾酒的鉴赏

鸡尾酒是一种充满了浪漫情韵的艺术酒品，它不同于单饮的酒品，更带有人们主观的审美情趣和情感色彩。因此，品味鸡尾酒也是一种极富情趣的审美过程，常常需要按照一定的步骤和程序进行，这不仅有关社会礼仪，而且也影响到对酒品口味、气味的品尝。通常而言，品尝鸡尾酒有三个步骤，即观色、闻香、品味。

1．观色

观色是观察鸡尾酒的颜色。每一款鸡尾酒都有特定的颜色，观色可以判断其配方分量是否准确。如果颜色不对，就说明配方或调制方法有误，需要重新调制。

2．闻香

闻香是闻鸡尾酒的香气。每一种鸡尾酒都有其香味，首先是基酒的香味，其次是辅料的香味。闻香时，不能直接端起酒杯闻，而应使用酒吧匙。

3．品味

品尝，主要是对鸡尾酒味道的品尝。在品尝鸡尾酒时，需要小口慢饮细品，入口后稍微含一下，让芳香在口中散开，再慢慢吞下。只有细品，才能充分领略鸡尾酒的美妙之处，也才能在品味鸡尾酒的气氛中感觉特殊的韵味。

第二节　西方咖啡与茶文化

咖啡与茶，同属于世界三大饮品之中，并且它们通常归属于热饮一类。咖啡和茶已经成为许多人一种生活上的必需，一种生理上的享受，一种精神上的愉悦，或者一种时尚的追求。从远古充满神话般的发现，到后来普遍的人工种植、采摘、加工利用，直至深深地融入人们的生活，咖啡与茶已经不仅仅是普通的植物或饮品，还应该是物化的人类文明和文化的壮丽史诗。如今，咖啡和茶的足迹早已遍及世界各地，成为名副其实的世界饮料，并与各地的民族风情密切结合，形成多姿多彩的独特的咖啡文化和茶文化。

一、西方咖啡文化

（一）咖啡的起源与发展历史

1. 咖啡的起源

历史学家认为，咖啡树早在公元前就可能已经在东非的埃塞俄比亚高原或阿拉伯半岛南部的某处茁壮而神秘地生长着。但是，人们真正发现咖啡却是在公元6世纪。相传有一位阿拉伯的牧羊人卡尔迪（Kaldi），在牧羊时意外地发现山羊追逐嬉戏、欢蹦乱跳、无比兴奋，即使到深夜也无法入睡。他留心观察，了解到羊群是吃了某种红色果实产生的异常，便亲自尝试这种漂亮、艳丽的果实，很快感到自己的身体轻松舒爽、精神也异常欣快。事实上，牧羊人发现咖啡的故事有许多版本，但无疑都是关于咖啡的最为古老的传说。

2. 咖啡的发展历史

咖啡的发展历史其实就是咖啡的传播过程，一般可以分为以下四个阶段。

（1）初传阿拉伯半岛

咖啡豆自从被人发现可以食用以后，便最先在阿拉伯半岛开始传播。据考证，早在公元800年，阿拉伯半岛南部的也门就已经有了用于贸易的人工种植的咖啡树。世界上第一杯咖啡无疑是阿拉伯人熬煮出来的，被誉为"阿拉伯酒"，咖啡在阿拉伯半岛被当作伊斯兰教徒提神醒脑、补充精力或治疗疾病的特殊药饮。到公元15世纪左右，咖啡已经成为一种大众饮料，在阿拉伯半岛南部广为传播，并不断被到麦加朝圣的穆斯林带回家乡，开始在整个阿拉伯国家迅速传播，很快又陆续传播到土耳其和波斯。于是，世界上第一个咖啡馆在15世纪的土耳其首都君士坦丁堡诞生，而且很快就演变成人们聚会、聊天的场所，这一传统保持至今。

（2）扩散至亚洲大陆

早在 14 世纪，登陆阿拉伯半岛的欧洲人就意识到生产和买卖咖啡有很高的利润，尝试将咖啡幼苗偷运出阿拉伯半岛，而最早从事咖啡贸易的是荷兰人。当时，咖啡在阿拉伯被视为珍品受到保护，只允许剥去外壳或经过蒸、煮而不可能再发芽的咖啡豆出口。一位名叫巴巴·布丹的人将七粒咖啡豆固定在肚皮上，躲避了检查，到达印度并在印度种植成功。到 17 世纪早期，更多的荷兰人、德国人、法国人、意大利人将咖啡推销到其海外殖民地。1699 年，荷兰人扎维德克伦把一株咖啡树苗带到了爪哇岛，很快，咖啡的种植被推广到印度尼西亚的苏门答腊岛和西里伯斯岛。如今，印度尼西亚成为世界上排名第四的咖啡生产和出口国。

（3）流芳欧洲大陆

1615 年，威尼斯商人将咖啡带至欧洲大陆，从此揭开了咖啡历史上崭新的一页。虽然咖啡不能在寒冷的欧洲大陆大量种植，但作为一种饮料，咖啡给欧洲历史带来的影响却让人不能忘怀。最初，意大利神职人员称咖啡是"撒旦的杰作"，建议教皇将这种饮料逐出意大利，经大主教克雷门八世亲自品尝认可后才平息这一场纠纷。1645 年，欧洲的第一个咖啡馆在威尼斯出现。1650 年，一个犹太商人在牛津大学开设英国的第一家咖啡馆后，咖啡馆在英国就如雨后春笋般冒出来，并赢得"便士大学"的美称，因为只需支付 1 便士进入咖啡馆，就可以听到学者、诗人甚至是政治家的演讲和评论。咖啡馆成了交流思想的好场所，任何人在这里都可以畅所欲言。英王查尔斯二世因为害怕危及自己的统治，曾经禁止在咖啡馆举行政治辩论和聚会，但是 11 天后，迫于民众的压力，就不得不取消禁令。1689 年，巴黎首家咖啡馆一开张，就吸引了大批艺术家和政治家在此聚会，据说哲学家伏尔泰、法国革命领袖丹东和马拉都是这家咖啡馆的常客。

（4）远播美洲、非洲

1714 年，荷兰人将一株咖啡树苗送给法国国王路易十四。因为法国的气候不适宜咖啡树的成长，路易十四专门修建了世界上第一个温室，才使它终于存活下来并且开花结果。为了在合适的地方大量种植咖啡树，法国人选择了其殖民地加勒比小岛马蒂尼克。如今，加勒比海国家已成为世界上咖啡的主要产地。接着，巴西人劝说法属圭亚那总督夫人在花束中暗藏咖啡种子，巧妙地将咖啡输入到南美洲。于是，巴西从 1729 年开始大面积种植咖啡，并逐渐成为世界上最大的咖啡生产国。1730 年，英国人把咖啡引进到牙买加——现在著名的蓝山混合咖啡的故乡。19 世纪 80 年代，英国的种植园主在肯尼亚开创咖啡业，标志着咖啡这个神奇的植物，经过漫长的传播过程后又回到了自己的故乡。1825 年，美国开始在夏威夷种植咖啡。

（二）咖啡的制作

咖啡的制作，主要取决于两个方面的因素：一是用于制作咖啡的原料即咖啡豆的品种和质量，二是制作咖啡的工艺。

1．咖啡的制作原料

咖啡树，是茜草科植物类的一员，有 500 多个种类，6000 个品种，其中大多数是热带树木和灌木。咖啡树的果实为核果，直径大约为 1.5cm，最初呈绿色，后渐渐变黄，成熟后转为红色，与樱桃的色泽、形状非常相似，因此也被称为"咖啡樱桃"（Coffee Cherry）。需要说明的是，人们常常把制作咖啡饮品的原料——咖啡豆也简称为"咖啡"。优质咖啡豆的生长源于有适合的气候和地理条件，咖啡用量巨大的欧洲却几乎不出产咖啡豆，世界著名产地主要集中在美洲、非洲和亚洲部分地区。这里简要叙述咖啡豆的四个著名产地及代表性名品。

（1）埃塞俄比亚哈拉咖啡豆

埃塞俄比亚是全世界咖啡的原产地和故乡，是世界上咖啡生产的重要国之一。虽然现在埃塞俄比亚咖啡的产量不是世界级的，但其质量和特色却不容置疑，被人们誉为"旷野的咖啡"，给人一种原始的体验。埃塞俄比亚的哈拉（Harrar）咖啡豆是该国所有咖啡中生长地域海拔最高的一种，可分为长咖啡豆、短咖啡豆和单咖啡豆三种。其中，长咖啡豆最受欢迎，质量也最好，有着柔软的口感，带有原野气息的酒香，且略呈酸味，味道厚重浓郁。

（2）牙买加蓝山咖啡豆

牙买加的咖啡豆产量不高，但所产的蓝山咖啡豆却可以卖到世界上最高价格。它是世界上最上乘、最著名、最昂贵的咖啡，是咖啡中的王者和极品，也是咖啡消费者心中的最高境界，一般都作为单品饮用。牙买加蓝山咖啡，因产于牙买加的蓝山山区而得名，产量极少，不是所有的蓝山地区出产的咖啡都被冠以"蓝山咖啡"标志出口。蓝山出产的咖啡有两个等级，即"高山咖啡"（High Mountain）和"蓝山咖啡"（Blue Mountain）。只有种植在海拔 609 米以上的蓝山地区的咖啡才能被授权使用"牙买加蓝山咖啡"标志。而"高山咖啡"，其生长高度低于蓝山咖啡，品质及味道也不及蓝山。牙买加蓝山山区独特的地理环境和气候造就了蓝山咖啡的不同凡响，酸度恰到好处，口味清爽而雅致，有淡淡甜味和绝佳醇度，非常滑润爽口，同时还存有无与伦比的浓烈香味，在近两个世纪以来一直是世界各地咖啡鉴赏家们最满意的上品。

（3）巴西波旁桑托斯咖啡豆

巴西是世界上最大的咖啡生产国，产量、出口量、人均消费量长期居世界榜首，被誉为"咖啡王国"。巴西咖啡业采取的是价格策略，以量计价，以价取胜，影响了咖啡的精心培育，导致咖啡产量虽高、品种繁多，但质量却有缺憾、特优品不多。因此，巴西所产的咖啡大多数需要用来混合其他国家的咖啡，但也有例外。巴西波旁桑托斯咖啡，就是世界上最著名的优质品，因其由圣保罗地区的桑托斯港出口而得名。这里出口的咖啡被认为是最好的巴西咖啡，不仅可以与其他种类的咖啡豆混合制成综合咖啡，也可以用来直接煎熬、制作单品咖啡。桑托斯咖啡的口味温和而滑润、低酸性、醇度适中、有淡淡的甜味，适合普通程度的烘焙和用最大众化的冲调，是制作意大利浓缩咖啡和各种花式咖啡的最好原料。

（4）哥伦比亚特级咖啡豆

哥伦比亚是世界上第二大咖啡生产国。在哥伦比亚的咖啡农场，人们长期沿用传统的小规模、高精度处理方法进行咖啡豆的加工。虽然哥伦比亚咖啡豆的产量低于巴西，但是其品质优良、颗粒饱满、味道香醇。主要品种有哥伦比亚特级咖啡（Supremo）和MAM咖啡等。其中，MAM，即指Medellin（曼特宁）—Armenia—Manizale，为哥伦比亚中部中央山脉地区所产咖啡豆的三个主要品种，它们在咖啡市场上被统称为MAM。哥伦比亚特级咖啡是最好的哥伦比亚咖啡，醇度中等、酸度低、口味偏甜，有最佳的风味和令人喜悦的芳香，既浓厚润滑，又具备特殊的胡桃苦味和坚果味。"特级"这个名称的由来，不仅在于它品质最佳，而且因为这种咖啡豆的个体是最大的。

此外，咖啡豆的著名产地和品种还有许多。如墨西哥，以科特佩（Coatepec）咖啡、华图司科（Huatusco）咖啡和欧瑞扎巴（Orizaba）咖啡最为出名。印度尼西亚，已经成为世界重要的咖啡生产和出口国，这里的咖啡豆口味醇厚、酸度温和、香味持久，被誉为"有甘美药草般的浓香口味"，最著名的是苏门答腊的高级曼特宁咖啡、爪哇岛的阿拉伯咖啡。也门，所产的摩卡咖啡是世界上最古老的咖啡之一，有独特的酒味、辛辣味、坚果味和巧克力味，曾经成为世界上咖啡爱好者追逐的目标，据说当年第一次被带到欧洲的就是这种咖啡。美国，有著名的夏威夷科纳咖啡，口味浓郁芳香，酸度也较均衡适度，最为难得的是具有一种兼有葡萄酒香、水果香和香料香的混合香味。

2. 咖啡的制作工艺

咖啡的制作工艺，虽因制作原料和咖啡品种的不同有所差异，但基本环节是一致，即咖啡豆采摘、初加工、烘焙、研磨、冲调、储存。

（1）咖啡豆的采摘

传统的非洲和阿拉伯地区的农民们，总是等到咖啡果实熟透、坠落在地上才去收获，而经过长期的实践证明，这种方法会破坏咖啡豆的品质。咖啡树的果实一定要适时地采摘，才能确保加工出来的咖啡豆具有上乘的品质。

（2）咖啡豆的初加工

主要是去除包裹在咖啡豆外表的外膜、内果皮、果肉及果壳，制成生咖啡豆，通常有两种方法。第一，干燥处理法。这种方法比较简单，将采摘的咖啡果实晾晒二三周，自然干燥至水分含有率11%～12%时，果实变得十分干燥、呈黑色，再用脱壳机脱去咖啡豆外表之物。采用此法制而成的咖啡豆微酸中略带苦味，而且易受气候影响、混入杂质。随着机械化的程度越来越高，完全采用日晒干燥的地区已经很少，大多以机械干燥为主。第二，水洗处理法。用果肉去除机去除咖啡豆外的果壳和果肉后放进流水水槽，漂洗并去除浮于水面的、脱离了咖啡豆的果肉，然后把咖啡豆放进发酵槽中浸泡半天至一天后取出，去除咖啡豆表面上的胶质，用水清洗后晾晒几天，用干燥机干燥，待水分含有率剩下 12%～14% 时再用脱壳机脱去内果皮和银皮，制成咖啡生豆。采用此法制成的咖啡豆色泽漂亮、杂质较少，但如果在发酵时处理不当会产生异味。

（3）咖啡豆的烘焙

烘焙就是将生咖啡豆进行加温，炒透、炒均匀且不焦煳，使其呈现出独特的色、香、味。它是冲泡可口美味咖啡的关键之一，咖啡的味道有 80% 是取决于烘焙，如咖啡豆仅带有几种不同的芳香成分，经烘焙后其芳香成分就可能增加到数百种。其烘焙方法多种多样，如依据所用热源的强弱可以分为小火、中火、强火三类，依据烘焙程度的强弱可分为轻度、中度、深度三类。一般来说，烘焙越浅则酸味越强，烘焙越深则苦味越重，略带点柑橘味的咖啡可称为咖啡极品。而对于烘焙方法的选择，常常是因地制宜、因人而异，只有这样，才能最大限度地满足消费者的口味和饮用习惯。

（4）咖啡豆的研磨

研磨咖啡最好是在准备烹煮咖啡之前，因为时间过早会损失其香味或因储存不当而串味。研磨后的咖啡风味最多只能保持数天。咖啡豆研磨的粗细对于烹制一杯好咖啡极为关键，常常要根据烹煮的方式确定。通常情况下，咖啡烹煮时间越短，则需要咖啡研磨得越细，反之亦然。咖啡粉中水溶性物质的萃取有它最佳的时间，如果咖啡粉过细、烹制时间又长，造成过度萃取，咖啡就可能会非常浓、非常苦，失去特有香味；反之，则萃取不足，咖啡淡而无味。

（5）咖啡的冲调

冲调方法没有最好的、只有最适合的，但常见的方法有五种，即滤纸式、滤布式、虹吸式、水滴式、滴滤法、活塞壶法，不同的冲调方法满足人们的不同需求。如滤纸式，是典型的家庭方法，实用且简便易行，在冲泡时利用滤纸过滤掉所有的咖啡渣，即可得到清澈香醇的咖啡。虹吸式，是利用蒸汽压力原理，使被加热的水由下面的烧杯经由虹吸管和滤布向上流升，再与上面杯中的咖啡粉混合，将咖啡粉中的成分完全提炼出来，经过提炼的咖啡液在移去火源后便再度流回下杯而成。活塞壶法，操作也非常简单，先将壶预热，放入烘磨好的咖啡（每杯大约 5g），加入热水搅动，待浸泡 4～5min 后推下带网眼的不锈钢活塞，使咖啡末和液体分离、倒出咖啡液。

（6）咖啡的储存

咖啡豆或磨制好的咖啡粉通常不是一次饮用量，剩余部分必须储存，需要注意三点，即防潮、防氧化、防串味，将其放入密封的容器并入冰箱独立冷藏。

（三）咖啡的分类与著名品种

1．咖啡的分类

咖啡作为世界三大饮料之一，类别众多，品种更是数不胜数。但是，如果按照产生的历史和风格进行划分，则主要分为三个类型。

（1）单品咖啡

它是世界上最早产生和饮用的传统咖啡，主要是由一种咖啡原料单独制作而成。它最大限度地保持和发挥着单一咖啡豆独有的特点与风味，成熟优雅，常常需要人们耐心细致地鉴赏和品味。

（2）花色咖啡

它是由多种咖啡原料或其他食物原料混合制作而成的咖啡。花色咖啡的产生是咖啡文化发展的必然。随着社会的发展，单品咖啡虽然成熟优雅，但传统单一的咖啡制作和饮用方式已经不能满足人们对咖啡日趋加深的心理和生理的需求，加上不同区域的文化及生活习性，都促使人们在饮用和制作咖啡的过程中渐渐发明和创造出一些不同以往的咖啡制作和饮用方式，使得制作出来的咖啡无论在口味上、形式上、色泽上都与传统的单品咖啡有了巨大的差异。而这种差异主要是由于多种原料的混合使用造成的，因此，将这类新式咖啡称为"花色咖啡"。它的制作方法可谓千差万别，充分体现了咖啡文化的人性化，满足了不同人群的不同嗜好。可以说，花式咖啡的诞生是咖啡与艺术、咖啡与时尚的完美结合，使人们在饮用时不仅能享受咖啡的特有风味，更能体会到艺术的情趣、生活的乐趣及时尚的妙趣。

（3）速溶咖啡

它是指将咖啡原料用现代特殊的生产工艺加工处理成粉末，并通过加水就能够迅速溶解、冲调而成的咖啡。20世纪30年代，雀巢公司受巴西政府的委托，为其过剩的咖啡寻找保存方法，于1938年成功地开发出新的咖啡生产工艺并在瑞士投产，速溶咖啡也由此诞生，很快地在法国、美国、英国及其他国家进行销售。自速溶咖啡诞生以来，恢复炒磨咖啡的风味和口感一直是速溶咖啡生产者不断努力的方向，并逐步发展了"喷雾干燥咖啡""凝聚增香咖啡""冻干咖啡"等三代速溶咖啡产品。可以说，以雀巢咖啡为代表的速溶咖啡的诞生，在咖啡制作与饮用上具有十分重要的意义，使更多人能够快速方便地享用咖啡。

2．咖啡的著名品种

单品咖啡和速溶咖啡的名品较为单纯。单品咖啡的名品基本上是以其单独采用的优质咖啡豆命名，如蓝山咖啡、哥伦比亚咖啡等，都是用蓝山咖啡豆、哥伦比亚咖啡豆制作并得名的。速溶咖啡最著名的品种非雀巢咖啡莫属。如今，雀巢咖啡在180多个国家都有销售，全球消费者每一秒钟就饮用5800杯。

比较而言，花色咖啡的著名品种众多，最为丰富多彩。其经典名品有卡布奇诺咖啡、拿铁咖啡、摩卡咖啡、绿茶咖啡、勃艮第咖啡、地中海咖啡、欧蕾咖啡等，制法和风味各异。如卡布奇诺咖啡相传是20世纪初期意大利人发明，其传统制法是用半杯意大利浓缩咖啡和半杯打成泡沫状的牛奶混合，再撒上可可粉或肉桂粉即成，因这时的咖啡颜色和形态就像圣芳济教会修士身着的深褐色外衣上覆的头巾（Cappuccino，音译卡布奇诺）一样而得名。卡布奇诺咖啡的风味有着甜中带苦却又始终如一的味道，常被年轻人用于爱情中。拿铁咖啡，是意大利浓缩咖啡与牛奶的经典混合，因为牛奶的温润调味使得咖啡变得更加柔滑香甜、甘美浓郁，是意大利人早餐最常饮用的咖啡。摩卡咖啡，由意大利浓缩咖啡、热牛奶、热巧克力各三分之一混合而成。绿茶咖啡，是在咖啡表面放一勺鲜奶油、撒一些绿茶粉末即成，是具有东方风味的花式咖啡。

（四）咖啡器具与咖啡的鉴赏

1．咖啡器具

（1）咖啡制作工具

由于咖啡豆的采摘、初加工及烘焙大多由咖啡生产商完成，咖啡豆的研磨和咖啡的冲调由餐饮店铺和家庭自己完成、主要使用以下两种制作工具：

一是专业的咖啡制作工具。只适合在专业的咖啡经营场所使用，主要是咖啡机。它通常在 10atm，迫使 90℃ 左右的热水穿过 10g 左右的研细、经过挤压的咖啡粉，汲取咖啡粉中的咖啡脂等芳香物质，并与水达到充分的溶合后流入杯中，整个过程在 18 ~ 28s 内完成。

二是家用的咖啡制作工具。与前者相比，这里工具只是在形制和咖啡的制作分量上较小而已，主要包括磨豆机、咖啡机和咖啡壶等。磨豆机，有手动和自动之分，以手动式磨豆机最为普及。咖啡机，主要有普通咖啡机和浓缩咖啡机之分。前者一般是全自动、容量小，操作简便、价格便宜，但制作品种单一且效果不够理想。后者分手动和自动两种，性价比高，尤以蒸汽加压浓缩咖啡机最为流行。咖啡壶，是传统设备，最受欢迎的摩卡咖啡壶制作效果不次于自动咖啡机。

（2）咖啡盛器

咖啡盛器主要是咖啡杯，品种众多、材质各异、造型优美。从咖啡杯的尺寸可以大致判断一杯咖啡的浓烈程度。咖啡杯的尺寸，一般分为三种：一是 100mL 以下的小型咖啡杯，多半用来盛装意式或单品咖啡，虽然几乎一口就能饮尽，但香醇余味与温度却最能持久萦绕；二是 200mL 左右的咖啡杯最为常见，清淡的美式咖啡多选择这样的杯子，有足够的空间，可以自行调配；三是 300mL 以上的马克杯或法式欧蕾专用牛奶咖啡杯，足以包容其香甜多样的口感。此外，咖啡杯的材质选择也各有不同，但常用的是瓷杯，有利于诠释咖啡的细致香醇。

2．咖啡的鉴赏

咖啡的鉴赏，常常通过观色、闻香、品味进行。由于咖啡香醇浓郁、滋味丰富，因此常用一些特殊术语描述其品质。具体而言，主要有如下术语：

气味（Aroma），是指调理后咖啡所散发出的气息与香味，通常具有特异性和综合性，包括焦糖味、炭烤味、巧克力味、果香味、草味、麦芽味、香辛味等。

酸度（Acidity），指所有生长在高原上的咖啡所具有的酸辛、强烈的特质。与普通的苦味、发酸不同，咖啡的酸度是指促使咖啡发挥提振心神、涤清味觉等功能的一种清新、活泼的特质。

醇度（Body），指饮用调理后的咖啡，在舌头上留有的口感。醇度的变化可分为清淡如水到淡薄、中等、高等、脂状，甚至某些印度尼西亚的咖啡如糖浆般浓稠。

苦味（Bitter），这是咖啡所特有的一种品性，尤其在烘焙中，苦味经刻意营造，能充分体现出来。

清淡味（Bland），生长在低海拔的咖啡，口感通常清淡、无味。咖啡粉分量不足而水太多，也会造成同样的清淡效果。

咸味（Briny），通常用来形容辛香并富有泥土气息的印度尼西亚咖啡。

独特性（Exotic），形容咖啡具有独树一帜的芳香与特殊气息，如花卉、水果、香料般的甜美特质。

风味（Flavor），是香气、酸度、醇度整体印象，形容对比咖啡的整体感觉。

芳醇（Mellow），用来形容低至中酸度、平衡性佳的咖啡。

温和（Mild），表示某些咖啡具有调和、细致的风味。生长于高原的拉丁美洲高级咖啡，通常被形容为质地温和。

柔润（Soft），形容印度尼西亚咖啡中的低酸度咖啡，也可以形容为芳醇或香甜。

发酸（Sour），一种感觉区主要位于舌后侧的味觉，是浅色烘焙咖啡的特点。

香辛（Spicy），指一种令人联想到某种特定香料的风味或气味。某些高原咖啡（尤其是陈年咖啡），蕴含小豆蔻般香甜的气味。

浓烈（Strong），形容经深色烘焙的咖啡所具有的独特的强烈风味。

香甜（Sweet），非常接近水果味的一种味觉，以哥斯达黎加的咖啡最为典范。

狂野（Wild），指咖啡具有的极端的口味特性。

葡萄酒味（Winy），指令人感受到葡萄酒般的迷人风味，它是水果般的酸度与咖啡滑润的醇度所营造出来的对比特殊风味，以肯尼亚咖啡最为典范。

二、西方茶文化

（一）茶的起源与其传入西方的历程

1．茶的起源

中国是茶的发源地这一论点已经为世界所公认。据报道，世界上已经发现的茶树共有 4 个系 37 个种、3 个变种，共 40 种，几乎全部产于中国的南部、西部地区。其中，以云南南部的普洱、西双版纳地区分布最多、最广，拥有 4 个系 32 个种、2 个变种，共 24 种。因此，这一地区为世界茶树原产地，有着古地质学与古植物学的依据。中国也是最早发现、利用、栽培、加工茶叶的国家，并且是从发现野生茶树到利用茶、咀嚼茶树的鲜叶开始的。

关于饮茶的起源假说，归纳起来主要有三种：一是祭品起源说。认为茶最早是作为祭品用的，后来，有人尝食后发现食而无害，才由祭品转为菜食、再为药用、最终成为饮料。二是食用起源说。认为羹汤中留有固体原料的食叶法是其初始形态，因此，同羹汤有勾芡的汤和清汤一样，茶也有两种，从清汤式演变出的饮汁法至少在三国时代的吴国（公元 222—280 年）就已经存在，被称为茗茶，是煎茶之祖。三是药用起源说。《神农本草经》言："神农尝百草，日遇七十二毒，得茶而解之。"这里的"茶"，即后来的"茶"字。唐朝陆羽《茶经》更是以此为依据提出"茶之为饮，发乎神农"。由此，关于茶与药的关系以及茶与神农氏的关系一直充满着种种神秘和传说。据考证，《神农本草经》是后人假托神农氏之名所作，成书时间不晚于西汉时期。这说明中华民族祖先在那时已认识到茶的医药功能。然而，茶的发现和开始利用，应看作是整个神农部落时代的历史活动，而神农氏是中国母系社会向父系社会转变的代表，至少已有六七千年或更久远。

2. 茶传入西方的历程

茶，起源于中国，发展于中国，而随着中外的交流，又传播到西方国家乃至世界各地，并有了独特的发展历程。

（1）初步认识茶

西方人真正知晓中国有一种称为茶的植物，是在 16 世纪。1569 年，葡萄牙多明教会的传教士克鲁兹在《广州记述》中，第一次将"Cha"音引入欧洲，至今的葡萄牙人仍把茶称为"Cha"。1582 年，意大利籍耶稣会传教士利玛窦到中国，晚年把在中国的经历用意大利文记述下来，1615 年，比利时籍耶稣会传教士金尼阁将之译为通行的拉丁文并在德国出版，书名为《耶稣会士利玛窦神父的基督教远征中国史》。此书让许多欧洲人认识了中国的茶和茶文化。

（2）开始输入和饮茶

在西方国家中，最早开始从中国输入茶叶的是荷兰人。1607 年，荷兰人利用自己的船队从爪哇到澳门贩运茶叶，1610 年又将茶叶转运至欧洲，于是开了西方饮茶之风。荷兰在世界茶叶贸易中曾经占有重要地位，在很长时间之内一直是西方最重要的茶叶转运国，阿姆斯特丹是西方最古老的茶叶市场。至 17 世纪中叶，茶已经成为荷兰上流社会的时髦饮料，价格十分昂贵，而且是药店经销。17 世纪后期，茶开始在食品店销售，饮茶成为荷兰全国的时尚，茶室应运而生，并兴起了早茶、午茶、晚茶，同时融入中国以茶待客的礼仪，迎客、入座、敬茶、品茶、寒暄、辞别等步骤都极为讲究，贵族还专门在自己的寓所内建造茶室。

（3）兴起西方茶文化

茶在向西方国家的传播过程中，逐渐形成了各具特色的茶文化。其中，英国茶文化最著名。1661 年，葡萄牙公主卡特琳嫁给英皇查理二世时，将饮茶习惯带入英国皇室，开创了英国饮茶历史纪元。18 世纪初叶，茶已经成为英国人的嗜好和时髦。至 18 世纪中叶，英国开始直接进口中国茶叶。大约在 18 世纪 80 年代，英国植树采集家罗伯特·福琼到中国，将茶树种子放入一个用特殊玻璃制成的便携式保温箱中，偷偷带入当时英国的殖民地印度，并在印度培养了 10 万株以上的茶树苗，形成大规模的茶园，又为英国人大量饮茶打下了一定的物质基础。于是，饮茶之风很快在英国盛行，茶文化也逐渐兴起，英国逐渐成为世界上进口茶叶最多的国家。英国首都伦敦曾经是世界茶叶贸易中心，1839 年建立起茶叶拍卖市场，从 1839 年 1 月 10 日到 1998 年 6 月 29 日最后一次拍卖会，领导着世界茶叶潮流达 150 多年。

至今，英国饮茶已有 300 多年的历史，在数百年的演变中形成了以红茶为特色的英式茶文化，影响遍及欧洲大陆和所有英联邦国家，成为可与中国、日本为代表的东方茶文化相对应的西方茶文化代表。在英国，人们晨起之时要饮早茶，主要是红茶。而自 19 世纪 40 年代，英国女公爵安娜首创饮用下午茶以来，饮下午茶又成为一种时兴礼仪并一直沿用至今。目前，英国人非常重视喝下午茶，许多公司和政府部门都有“饮茶时间”，免费供应红茶，另加少许白糖、牛奶，并且总要配上小圆饼和蛋糕、三明治等点心。当然，正式的晚餐中也少不了茶。英国人饮红茶有其独特的、精美的茶具。茶具多用陶瓷做成，绘有英国植物与花卉的图案，不仅美观而且坚固，很有收藏价值。整套的茶具一般包括茶杯、茶壶、滤勺、广口奶精瓶、砂糖壶、茶铃、茶巾、保温棉罩、茶叶罐、热水壶、茶托等。

除了英国之外，西方其他国家在饮茶方式上也形成了一定的习俗和文化。如荷兰是西方最早贩茶、饮茶的国家，人们习惯于上午喝咖啡，下午和晚上喝茶，爱饮加糖、牛奶或柠檬的滋味浓郁、柔和的红茶。德国人饮茶，要求茶味浓厚、富中和性、体形大的高档红茶。法国人饮茶始于皇室贵族和有闲阶层，他们把茶作为“万能药”和“长生妙丹”，女士喝茶多于男士，巴黎人喝茶又较外省人多，全国有半数茶客喝浓味早茶，大部分人喝下午茶，而晚上则喝比较清淡的草药茶、香味茶。可以说，茶文化在西方国家形成后，最突出的表现是“东方境界融入了西方情调”。

（二）茶的分类与著名品种

1. 茶的分类

茶叶，是以茶树的树叶为原料，经过制造、加工而成，品种繁多，分类方法多种多样，如根据茶叶出口需要划分，则分为绿茶、红茶、乌龙茶、白茶、花茶、紧压茶和速溶茶七大类。但是，最主要、最为流行的分类方法有以下两种。

（1）根据不同的制作方法主要是发酵程度等来分，通常分为不发酵茶、半发酵茶、全发酵茶、后发酵茶。不发酵茶，主要是绿茶，有龙井、碧螺春、珠茶、眉茶和一般绿茶等。半发酵茶，又分轻发酵茶及重发酵茶，前者的发酵程度为15%~20%，有白茶、文山包种茶、铁观音、明德茶等；后者的发酵程度为60%~70%，有乌龙茶等。全发酵茶，主要有红茶，如小叶红茶、阿萨姆红茶（大叶种）等，其发酵程度为95%。后发酵茶的发酵程度为80%，有普洱茶等。

（2）根据茶水颜色进行分类，可分为绿茶、白茶、黄茶、青茶、红茶、黑茶六大类。其中，茶水的颜色由淡渐浓的次序为白茶、黄茶、绿茶、青茶、红茶、黑茶。绿茶，是未经发酵的茶，茶叶和茶水皆为黄绿色，是用烘焙法制成。白茶，是轻度发酵茶，是利用有许多白毛的茶叶芯芽制作而成的。茶叶较白，茶水呈淡黄色。黄茶，是轻度发酵的茶，茶叶外观略带黄色，泡出来的茶水也呈淡黄色，这是一个间于绿茶与青茶之间的类型。青茶，是半发酵茶，一般称为乌龙茶，虽然茶叶并不是青色，但新制成的粗茶外观为略带褐色系的绿色，中国人称这种颜色为青色。红茶，是完全发酵茶，茶叶和茶水皆呈红褐色。黑茶，属后发酵茶，茶叶的颜色为黑褐色或暗绿色，茶水呈黄褐色或红褐色。

在西方国家，尤其是英国，人们主要是饮用红茶。其原因主要有三个方面：一是茶叶的特点。绿茶不易保存，在长时间的漂洋过海、长途贩运中常常发生霉变，即使没有霉变，其色香味也大打折扣；相比之下，红茶不易霉变，且长时间存放也不会改变其品质，自然成为西方人尤其是英国人的首选。二是气候条件。英伦三岛四面环海，阴冷潮湿，日照不足，在这种气候条件下非常适合饮用红茶，因为红茶性暖、绿茶性寒，英国人在红茶中加入牛奶、糖等成分，更是强化了其暖性成分。三是水质特点。英国水质较硬，呈弱碱性，饮用时口感差，但当与红茶混融时，味道就变得芳香浓郁，这最终使红茶成为英国的国饮。

除了红茶，西方人还常常饮用花草茶，并且历史悠久。从严格意义来说，花草茶不能称作真正的茶，因为它不是用茶树叶制作的，而主要是用各种植物的根、茎、叶、花或皮等部位，单独或综合干燥后，加以煎煮或冲泡的饮料。但其饮用历史、作用、效果、方式与茶有着高度的相似，因而也被泛称为茶。花草茶，在西方国家，很久以前就很常用，其历史可以追溯到古希腊时代，有"医学始祖"之称的希波克拉底曾在处方中写着"饮用药草煮出来的汁液"，这可以说是花草茶的起源。目前，西方国家是主要花草茶制造国，常见的花草茶类型较多，从口味上划分，有单一花草茶、综合花草茶、果粒混合花草茶和香料调味花草茶等；从制作形式上划分，有新鲜花草茶、天然干燥的花草茶、花草茶茶包等。新鲜花草茶，是直接采摘或购买的花草鲜品。天然干燥的花草茶，是最为常见的花草茶形式。将新鲜花草干燥后挑选出适合冲泡的部分，便是天然花草茶。花草茶茶包，多是将花草茶用茶包包装。它不同于天然花草茶，大多不是纯花草口味，往往是经其他香料调味精制而成。花草茶清香淡雅，并且每一种花草都有一定的疗效，使人们在饮用时不仅能够享受其芳香也能得到一定保健功效。

2. 茶的著名品种

名茶之所以有名，主要是因为它们除了具有优良的品质、独特的韵味、精湛的制茶手艺外，还往往含有较深的文化底蕴和较悠久的历史。名茶品种十分繁多，这里仅介绍西方人主要饮用的红茶和花草茶的著名品种。

（1）红茶名品

祁门红茶：简称祁红，素以香高、形秀享誉国际，产于中国安徽省西南部黄山支脉的祁门县一带。当地的茶树品种高产质优，种植在肥沃的红黄土壤上，而且气候温和、雨水充足、云雾多、土层深厚、日照适度，所以叶子柔嫩且内含丰富的水溶性物质、酶活性高，以8月份所采收的品质最佳。祁门红茶创制于1875年，以红茶为主，无论采摘、制作均十分严格，故而形质兼美。祁红外形条索紧细匀整，锋苗秀丽，色泽乌润；内质清芳，并带有蜜糖香味，上品茶更蕴含着兰花香，馥郁持久；汤色红艳明亮，滋味甘鲜醇厚，叶底红亮。祁门红茶宜于清饮，最能突出其隽永香气，也适于加奶、糖调和饮用，十分香醇，所以在英国深受皇家贵族的宠爱。在春天饮红茶，以祁门红最宜，用它作为下午茶、睡前茶也很合适。祁门红，在国际上被称为"高档红茶"，在英国伦敦市场上被列为"英豪"。

大吉岭红茶：大吉岭（Darjeeling）原为藏语，意指雷声轰隆作响的高地。大吉岭位于印度东北部喜马拉雅山麓的大吉岭高原一带。当地年均气温在15℃左右，白天日照充足，但日夜温差大，谷地里常年弥漫云雾，是孕育此茶独特高尚麝香葡萄风味与特殊香味的一大因素。3～4月的一号茶多为青绿色，5～6月的二号茶为金黄色且品质最优，被誉为"红茶中的香槟"。大吉岭红茶拥有高昂的身价。其汤色橙黄，气味芬芳高雅，上品尤其带有葡萄香、色泽亮丽、口味香醇、口感细致柔和。大吉岭红茶最适合清饮，但因为茶叶较大，需稍久闷（约5min）使茶叶尽舒，才能得其味。下午茶及进食口味重的盛餐后，最宜饮此茶。大吉岭种植红茶已有150年以上的历史。最初由英国人在此地种植，从1866年的39个小茶园、生产量21t，发展到如今86个茶园、年产量达10000t的大茶区。而根据印度官方的规定，只有从大吉岭茶区所生产的红茶才可以用大吉岭红茶（Darjeeling Tea）的名称。

阿萨姆红茶：产于印度东北阿萨姆邦喜马拉雅山麓的阿萨姆（Assam）溪谷一带。当地日照强烈，需要另外种树为茶树适度遮蔽；由于雨量丰富，因此促进热带性的阿萨姆大叶种茶树蓬勃发育。以6～7月采摘的品质最优，但10月至次年1月产的茶较香。世界产量第一的阿萨姆红茶，以传统制法制作，茶叶外形细扁，色呈深褐；汤色深红稍褐，带有淡淡的麦芽香、玫瑰香，滋味浓，属烈茶，是冬季饮茶的最佳选择。另外，由于其涩味较重，故适合冲泡成奶茶饮用。

锡兰高地红茶：在锡兰高地红茶中，以乌沃茶（Uva）最著名，产于斯里兰卡中央山岳地带的东侧，常年云雾弥漫，由于冬季吹送的东北季风带来雨量（11月至次年2月）不利于茶园生产，因此以7~9月所获的品质最优。产于山岳地带西侧的汀布拉茶和努沃勒埃利耶茶，则因为受到夏季（5~8月）西南季风雨的影响而品质差，以1~3月收获的最佳。锡兰高地茶通常制为碎形茶，呈赤褐色。其中的乌沃茶，汤色橙红明亮，上品的汤面环有金黄色的光圈，犹如加冕一般；其风味具刺激性，透出如薄荷、铃兰的芳香，滋味醇厚，虽较苦涩，但回味甘甜。汀布拉茶，汤色鲜红，滋味爽口柔和，带花香，涩味较少。努沃勒埃利耶茶，无论色、香、味都较前二者淡，汤色橙黄，香味清芬，口感稍近绿茶。

（2）花草茶名品

薰衣草茶：薰衣草茶，是以干燥的薰衣草花蕊为原料，加沸水冲泡，闷5min左右即成。它浓香异常，不加蜂蜜和糖也甘美可口。初泡好时呈淡绿色，而后渐渐变为蓝色或紫色，如果加入数滴柠檬则转为粉红色，非常赏心悦目。

肉桂茶：它是以斯里兰卡肉桂棒为原料，加沸水冲泡，闷20min左右制成。棕色的肉桂茶一入口，即带有甜香而微辣的风味，饮下后便产生暖意，有帮助消化、舒缓腹胀、调理腹泻、提神醒脑等作用。

金盏花茶：它是用干燥的金盏花瓣为原料，加沸水冲泡，闷10min左右制成。茶水色泽金黄，清香袅袅，味道甘中微苦，可加蜂蜜来调味，具有镇痉挛、促消化和血液循环、缓解酒精中毒等作用。

洋甘菊茶：它是用干燥的洋甘菊花为原料，加沸水冲泡，闷10min左右制成。茶水色泽金黄，在浓烈的甜香中含有独特的苦味，可以加蜂蜜、鲜奶或肉桂调味，具有帮助消化、舒解胃胀腹痛、明目养肝等作用。

霜降红葡萄叶茶：这道茶是以经历秋天霜寒而变红的葡萄叶为原料，加沸水冲泡，闷10min左右制成。茶水色泽淡红，弥漫着淡淡的香气，清新爽口，具有强化血管、促进血液通畅、舒缓经脉曲张等作用。

花园茶：它是由玫瑰花、薰衣草、金盏花、矢车菊、蓝锦葵、茉莉、欧石楠和三色堇8种干燥花草调制成混合原料，再加沸水冲泡，闷10min左右制成。茶水色泽金黄，弥漫着清雅香气，味道甘酸适中，具有养颜美容、促进血液循环等作用。

☀ 本章特别提示

本章不仅阐述了西方酒、咖啡的发展历史、制作原料与工艺和它们的类别、著名品种及鉴赏方法，也阐述了茶在西方的传播历史、分类和著名品种，以便使学生能够较为系统地了解和传承西方饮品文化，并不断融合发展。

📝 本章检测

1. 简述葡萄酒、啤酒、鸡尾酒的发展历程、制作原料及工艺。
2. 葡萄酒、啤酒、鸡尾酒的类别、著名品种及主要鉴赏方法有哪些?
3. 咖啡的类别、著名品种及主要鉴赏方法有哪些?
4. 运用西方咖啡文化、茶文化的相关知识进行咖啡、茶的创新品种设计。

🔗 拓展学习

1.（法）米歇尔·爱德华等主编. 品味与鉴赏丛书［M］. 译. 上海: 上海文化艺术出版社，1998.

2.（美）威廉·乌克斯. 茶叶全书［M］. 译. 北京: 东方出版社，2011.

3. 杨铭铎. 饮食美学及其餐饮产品创新［M］. 北京: 科学出版社，2007

📖 教学参考建议

一、本章教学要求

通过本章的教学，要求学生了解和掌握西方酒、咖啡的发展历史、制作原料与工艺、品类及主要鉴赏方法，了解中国茶在西方的传播及形成的茶文化，促进西方饮品文化在中国的融合与发展。

二、课时分配与教学方式

本章共 6 学时，采取"理论讲授 + 实训"的教学方式。其中，理论讲授 4 学时，实训 2 学时。

第七章

西方餐饮环境艺术

🎯 **学习目标**

1. 了解西方餐厅、酒吧、咖啡馆的分类。
2. 掌握西方餐厅、酒吧、咖啡馆的设计原则。
3. 运用茶馆、酒吧、咖啡馆的相关知识进行餐饮场景创意设计。

☆ **学习内容和重点及难点**

1. 本章的教学内容包括两个方面，即西方美食环境艺术、西方美饮环境艺术。
2. 学习的重点和难点是西方餐厅、酒吧、咖啡馆的分类及设计原则。

餐饮环境是指供人们进食菜点及饮品的环境，主要分为美食环境和美饮环境两大类。美食环境包括多种多样的餐厅、酒楼等，大多用于人们进食各种菜肴点心；而美饮环境主要包括咖啡厅和酒吧，大多用于人们进食各种咖啡、酒水等饮品。需要指出的是，美食环境与美饮环境的类型及其功用不是截然分离、毫不相关的，而是有一定联系和交叉的，这里为叙述清晰、方便而进行了大致分类。餐饮环境艺术涉及的内容十分广泛，包括建筑、墙饰、挂件、家具、色彩、灯光、音乐等。但是，无论如何，它同其他许多艺术一样，在设计上都必须遵循形式美的基本原理，在总体风格上都应该是真、善、美的统一。因此，本章在阐述美食环境和美饮环境的相关内容时也将阐述一些艺术设计的美学原理。

第一节　西方美食环境

美食环境，是指供人们进食各种美馔佳肴的环境，主要包括各种餐厅、酒楼。它与人们的饮食生活息息相关，为了满足不同阶层、不同经济条件和口味爱好、审美观念的消费者之需求，餐厅常常分为多种多样的类型和风格，并且进行了相应的装修、装饰等一系列工作。这里仅从西方餐厅的类型及装修、装饰的设计原则等方面作一些阐述。

一、西方餐厅的分类

西方餐厅十分繁多，分类方法多种多样。如按照菜品的风味流派进行划分，有法式风味餐厅、意式风味餐厅、美式风味餐厅等；按照餐厅的经营档次进行划分，有高档餐厅、中低档餐厅；按照餐厅的经营特色与风格进行划分，有正餐厅、快餐厅等，还有古典餐厅与现代餐厅之别。在20世纪70年代以后，又逐渐出现并风行主题餐厅。这里，首先以餐厅是否具有主题为标准，分为主题餐厅和非主题餐厅，然后进一步细分并进行阐述。

（一）主题餐厅的概念及类别

所谓主题餐厅，是以一个或多个历史或其他事件为主题作为吸引标志，而向顾客提供饮食的场所。它起源于20世纪80年代的美国。主题餐厅的特点是有鲜明的主题特色、浓厚的文化内涵和个性化的消费对象等。它必须围绕主题进行设计，餐厅内所有的产品、服务、色彩、造型以及活动都必须为主题服务，使主题成为顾客容易识别的标志和消费的动机。

主题餐厅可以按照不同的标准，细分为众多的类型。若以地理位置和地域特色为标准，可以分为欧洲风情主题餐厅、美洲风情主题餐厅。在欧洲风情主题餐厅中，又可以分为法国风情餐厅、意大利风情餐厅、西班牙风情餐厅等。若以文化类型为标准，可以分为音乐主题餐厅、文学主题餐厅、舞蹈主题餐厅、美术主题餐厅、体育主题餐厅、影视主题餐厅、戏剧主题餐厅、摄影主题餐厅、雕刻主题餐厅、休闲主题餐厅等。以职业和生活环境为标准，可以分为白领餐厅、学生餐厅、大众餐厅和农家风味餐厅等。以年代情感为标准，则有怀旧型餐厅、现代时尚型餐厅、未来梦幻型餐厅。此外，还可以根据年龄、历史等的不同划分主题餐厅的类型。而每一类餐厅之下仍然可以进一步细分。这里叙述五类在西方国家比较普遍的主题餐厅。

1. 休闲主题餐厅

20世纪70年代以来，在西方国家，由于公司年假的普及、物质条件的提高以及人们消费意识的觉醒，也由于现代人精神压力增大，开始重视精神上的休息与放松，则为休闲主题餐厅的产生创造了客观和主观条件。基于这两个方面的原因，休闲理念注入餐饮市场，休闲类主题餐厅逐渐出现并成为时代的新宠。休闲的内容十分广泛，不仅包括各种户内娱乐活动，还包括大量的户外活动；不仅包括人们利用业余时间进行的娱乐活动，而且包括人们利用假期所进行的旅游活动，可以说，几乎囊括了现代人享受业余时间的全部活动和由这些活动而引起的所有社会、经济和文化现象。因此，与其内涵相适应的休闲主题餐厅也出现了歌舞类休闲、体育类休闲、游艺类休闲、益智类休闲等多种多样的主题餐厅。

2. 民族、民俗主题餐厅

民族、民俗既是一个国家文化的重要组成部分，也是吸引其他国家、民族、个人的焦点所在。以民族、民俗为主题的餐厅能够典型而具体地呈现出一个国家、民族的风情风貌。它主要是以某一民族的文化特色为基础，在民族物品、民族服装、民族音乐、民族舞蹈、民族饰品、民族餐具、民族菜肴等方面，全方位地展现民俗文化和民族风情。

3. 文化主题餐厅

文化是人类在社会历史过程中所创造的物质财富和精神财富的总和。人类生存的历史有多长、多丰富，所创造的文化就有多深厚、多丰富。因此，文化主题餐厅的涵盖面非常广泛，能够用来表现的题材也十分丰富，而且极具表现力与亲和力，对人们有着独特的吸引力。

4. 怀旧主题餐厅

岁月是一条流动的河，在不同时期会带有不同的时代烙印，而几乎每一个人都喜欢追忆过去的美好时光，因此以怀旧为主题的餐厅具有极强生命力。历史上的特殊事件、历史上的著名人物、文学作品中的历史事件、特殊的怀旧事物、特殊的一段历史都可以成为怀旧主题餐厅的素材，从而使怀旧主题餐厅别具魅力。

5．农家主题餐厅

回归自然、返璞归真是现代人生活的一种时尚。这一时尚使以农家、大自然为主题的餐厅获得发展机遇。农家主题餐厅，可细分为植物类、动物类和农家生活类这三类主题餐厅。其中，植物主题餐厅通常以具有一定营养价值、为本地或某地所独有且最为出名的植物作为主题吸引物；动物主题餐厅往往选择具有文化象征、观赏价值和一定美感的动物作为吸引物；农家生活主题餐厅则以淳朴的民风和田园气息与现代都市人紧张的生活节奏、冷漠的人情世故形成对比，让人们在质朴的氛围中感受一种悠闲的返璞归真的情韵。

（二）非主题餐厅的概念及类别

所谓非主题餐厅，是相对于主题餐厅而言的，指没有特定的主题而仅仅是向顾客提供饮食的场所。它历史悠久，数量十分繁多，仍然可以按照不同的方法分为多种类型。其中，以经营特色与风格为主来划分，较为普遍而且影响力极大的餐厅类型有如下三种。

1．古典餐厅

古典餐厅，是相对于现代、时尚的餐厅风格而言的，大多具有悠久的历史，以家族式的经营方式经营着具有家庭风味的或传统的独特菜品。其装饰风格简朴、温馨，甚至仅从建筑的古老、典雅、沉稳便可窥见一斑，与传统、古典家庭风味的菜品遥相呼应。如彼得尔在他的《山居岁月》中描写的毕武馆餐馆，就是一家典型的、具有像"祖母厨房"似的传统风味的古典餐厅。

2．正餐厅

正餐厅，是相对于24h待客的快餐厅、小吃店而言的，是只提供午餐和晚餐正规餐食的餐厅。这类餐厅往往装饰华丽、舒适，供应的菜式有相当的品位，力图让来此进餐的客人感觉到贵族式的待遇和享受。在这里，虽然不像古典餐厅一样有家的温馨、仿佛有母亲亲手制作的传统菜品，但却可以享受高品质的服务，享受层出不穷的新菜品和令人惊喜的口味。

3．快餐厅

顾名思义，快餐厅就是一种为人们提供方便、快捷餐食的餐厅。快餐厅大多营业时间长，进餐时间随意，不受正餐时间的约束，所提供的品种较正餐厅单一、简洁。快餐厅装饰讲究色调明快、布置简洁，充满活力和温馨的亲和力，从而使人们乐于一日三餐像进自家厨房一样走进快餐厅。

二、西方餐厅的设计原则

餐厅设计，是一门设计艺术，不仅要遵循着艺术设计的基本美学原理，即统一原理、调和原理、均衡原理、律动原理等形式美的基本原理，同时还必须遵循一定的设计原则，而且不同类型的餐厅，其设计原则也不尽相同。这里仅就非主题餐厅和主题餐厅两大类餐厅的设计原则进行阐述。

（一）非主题餐厅的一般设计原则

非主题餐厅的一般设计原则，主要包括整体性、时代性和功能性三个方面。

1．整体性

整体性，是指在餐厅设计上要对餐厅的各个环节、各种要素进行全方位、多角度、统一的思考与谋划。餐厅的整体性设计原则主要体现为三点：一是对整个餐厅建筑环境的意境应当有统一的设计思想；二是对整个餐厅的装饰量有统一的规划，明确如何装饰及装饰多少艺术品；三是对整个餐厅环境的形态基调有统一的设想，应当形成一种该餐厅独有的格调语言。

具体而言，无论是古典餐厅、正餐厅，还是快餐厅，其装饰、装修设计都必须全面考虑外部空间环境与内部空间环境两大部分。餐厅外部空间环境的装饰、装修设计，包括庭院绿化、建筑小品、雕塑、店面名称等，必须与餐厅建筑相互呼应、相互补充，并与餐厅经营特点形成有机对话。例如，如果是拥有庭院的古典餐厅，就常常考虑将庭院装饰、布置得像家庭花园一样，并适当点缀餐桌，在风和日丽的日子里，人们可以在虽小而不失精当的庭院中进餐，让传统风味的菜品更添味外之味。又如，若是不带庭院、位于大街上的快餐厅，就常常在店面及名称设计上多下功夫，色彩鲜明、简洁的店面，醒目的名称是必不可少的。餐厅内部环境的装饰、装修设计，肩负着体现餐厅经营理念、特点、风格、档次等重任，其中色彩、照明、饰品点缀等都是不可忽视的要素。如快餐厅，常常用冷暖色调相搭配的基本色，既明快简洁又温馨可人；而正餐厅则采用暖色调，强调一种雍容华贵的气氛等。此外，华丽的吊灯与具有品位的油画也是正餐厅吸引格调高雅的客人的装饰手法。

2．时代性

时代性，是指在餐厅设计上应当具有时代特征。任何一种形式的餐厅都是时代的产物，可以说，餐厅也是从一定角度反映某一时代装饰技艺、技术和艺术思潮的窗口。在当今社会，餐厅要反映时代特征，需要注意以下两个方面：一是借助现代科学技术和物质材料，使用新技法、新工艺进行餐厅的装饰、装修；二是学习借鉴当代文化艺术成果，开拓新的时空观念，更新设计理念和丰富装饰艺术语言，从而进行餐厅的装饰、装修。例如，对于具有现代风格、时尚气息的餐厅，尤其应该运用前沿的文化艺术成果及装修、装饰语言，才能真正达到现代、时尚、出奇制胜的效果。而即使是古典餐厅，其对于当代装饰语言的恰当运用，也能起到出人意料的效果。

3．功能性

功能性，是指在餐厅设计上必须满足餐厅本身应有的多重功能。就餐厅的功能而言，最基本的功能是实用功能与经济功能，其次才是审美功能、文化功能、娱乐功能等。任何一种形式的餐厅装饰、装修，必须以很好地满足实用功能为基础，做到实用与审美功能的统一、经济与文化功能的统一、餐厅风格与市场定位的统一。例如，豪华的正餐厅不仅用最精美的绘画、雕塑展示其高雅的格调，并且用最舒适、精美的桌椅以及餐具为顾客提供良好的进餐条件。而快餐厅更是以提供方便、快捷的餐食为己任，实用功能至上，装饰、装修简洁明快。

（二）主题餐厅的设计原则

在主题餐厅，人们以享受环境和感受主题餐厅的文化、内涵、氛围为主，而吃似乎退居稍微次要的地位。因此，主题餐厅在装饰、装修设计上应当更加注重文化、内涵、氛围的营造，不仅要像非主题餐厅一样，遵循艺术设计的基本美学原理，遵循餐厅的一般设计原则即整体性、时代性、功能性，而且必须遵循以下五个特殊的设计原则。

1．主题性

围绕主题、紧扣主题是主题餐厅设计的核心与关键。在餐厅设计中，各种色彩元素、材料元素、音乐元素、形态元素等都必须紧紧围绕着主题服务，从而以十分明确的主题形象吸引顾客。

2．层次性

主题餐厅作为向顾客提供冠以主题的产品和服务的立体空间，在其设计上必须具有层次性。其艺术设计，不仅包括二维设计以及在此基础上形成的三维设计，还应包括四维设计及其意境设计，做到平面设计与立体设计相结合。其中，二维设计是整个餐厅设计的基础。它运用各种空间分割方式，包括餐桌、陈列品的位置、面积以及布局、通道等进行平面布置，通常是根据主题的吸引对象进行合理的二维设计。如餐厅的主题适合朋友闲聊，则无须设置太多的隔离；若餐厅的主题适合情侣，则应考虑其私密性。三维设计及立体空间设计，是主题餐厅设计的主要内容。在三维设计中，常常针对不同的顾客以及主题特色，运用不同质地的材料、协调的色彩以及造型各异的物质设施，对空间界面以及柱面进行错落有致的划分组合，创造出一种使顾客视觉与触觉都感到轻松、舒适的空间环境。如以男士为主的餐厅，可采用一些带铜饰的黑色喷漆铁板作为柱子，以突出坚毅和豪放的气势；以女性为主的餐厅，则应用浅淡的颜色作装饰，以体现宁静与温馨的气氛；而如果采用粗犷的材料进行堆积，则旨在营造一种原始古朴的氛围。四维设计是对空设计，它主要突出的是主题餐厅的时代性和流动性，旨在适应与反映时代潮流，打破拘谨呆板的静态格局，增强主题餐厅的活力和情趣。而意境是主题餐厅整体形象设计的最终表现形式，通常根据消费心理、经营主题等因素确定设计理念，并以此为出发点进行相应的设计。

3．独创性

独创性是主题餐厅的生命。在进行餐厅设计时，必须开掘各类主题，深挖主题内涵，借助全方位的主题文化反思来寻求最佳卖点，突出其特色和独创性。如以民族、民俗风情作为主题的餐厅，在其建筑和装饰上要以现代化的内涵和民族、民俗化的外观做文章，或营造古堡氛围，或突出异域风情，或强调古香古色的气息，绝不雷同。而以植物作为主题的餐厅，通常以本地或某地所独有且最为著名、有一定营养价值的植物作为主题吸引物；以农家生活为主题的餐厅，则突出地营造乡村独有的田园气息和自然、淳朴民风，形成与都市主题餐厅截然不同的特色。

4．经济性

主题餐厅的设计必须重视经济性。其装饰的最终目标是最大限度地吸引客源、增加利润。主题餐厅设计作为一种投资，应当考虑是否值得投入、怎样合理投入，以最小的投入达到较高的设计水平，展示非同凡响的设计理念。设计贵在创意，有时不多的投入反而会取得意想不到的效果。如一些餐厅用各种流行杂志的彩页装饰墙壁和屋顶，将时尚主题流畅地宣泄出来；有的餐厅用各种旧报纸刻意揉搓使之形成细密的折痕，将其贴在墙上，弥漫出一种怀旧的情绪，有的餐厅以原木作为餐桌、餐椅的原料，设计成简单的直线造型，营造出一股浓厚的乡村氛围；有的餐厅则通过一两件古朴的饰品，如油画、雕塑、管风琴、陶器等，展示出悠久的历史文化。

5．灵活性

主题餐厅设计是一个动态调整的过程。任何有创意的餐厅如果缺乏变动，不仅难以吸引顾客持久的注意力，而且会使人觉得枯燥、单调、乏味，甚至产生厌倦的心理。因此，主题餐厅的装饰装修必须具有流动性、灵活性，这样才能引人注目，调节人体内部活跃因子，使人精神愉悦、饱满、振奋。

三、西方餐厅设计的内容与实例

（一）西方餐厅设计的基本内容

无论是非主体餐厅，还是主题餐厅，其装修、装饰设计都必须遵循艺术设计的基本美学原理和相应的设计原则，由餐厅外部环境与餐厅内部环境设计两大部分组成。

1. 餐厅外部环境设计

餐厅外部环境的装饰、装修设计内容丰富，最主要的内容包括餐厅的名称、建筑装饰以及庭院绿化的设计等，必须与餐厅建筑相互呼应、相互补充，并且与餐厅经营特点形成有机对话。其中，最重要而且必须高度重视的是餐厅的名称设计。

2. 餐厅内部环境设计

餐厅内部环境的装修、装饰设计，肩负着体现餐厅经营理念、特点、风格、档次等重任，是餐厅设计的重中之重，必须做到深入、细致而且有创意。餐厅内部环境设计，按照设计要素来划分，大致可以分为餐厅的功能设计、餐厅室内装修设计、餐厅室内物理环境和心理环境设计、室内陈设艺术设计。其中，餐厅室内物理环境和心理环境设计是指对室内物理环境的体感气候、照明、采暖、通风、温湿度调节和人们在餐厅里的心理感受等方面的设计处理。具体而言，餐厅内部环境的装修、装饰设计主要包括三个方面：一是室内装饰、布置和用具等，如大厅、廊壁及其装饰物，包间名称及装饰、陈设，室内色彩、灯光、音乐、家具等方面；二是餐桌布置，如餐巾、餐具、菜单及其他装饰物、用具等；三是餐饮服务设计与特色菜点陈列，如服务人员的服饰、服务方式和服务特色等。

（二）西方餐厅设计实例

所有的餐厅设计包括外部环境设计和内部环境设计两个方面，但是，需要特别注意的是，主题餐厅在设计时还必须首先确定餐厅的主题。因为餐厅的主题是主题餐厅的中心思想与灵魂，常常直接体现出餐厅风格。只有当它确定之后，餐厅的一切设计才能而且必须围绕其主题展开。如以农家生活、田园风光等为主题的餐厅，围绕该主题精心设计、装饰后，餐厅的自然、乡土气息浓郁，表现出质朴的风格；而以文学艺术、怀旧仿古为主题的餐厅，文化底蕴深厚，围绕主题精心设计、装饰之后，将表现出典雅的艺术风格。这里根据餐厅的主题分类叙述一些主题餐厅的设计实例。

1. 休闲主题餐厅实例

休闲主题餐厅成功与否，常常取决于顾客的减压需求、情调要求和宣泄需求能否得到满足。忙里偷闲、寻找机会放松，是顾客的减压需求；在特殊的日子里得到一个精美的小礼品或一个真诚的问候，是顾客的情调需求；在心理承受压力达到一定程度之后，人们自然会产生一种渴望宣泄的需求。休闲主题餐厅应当尽量地满足现代人的这些需求，其独特的艺术气息，常常会带给人们一种松弛的、充满活力的、能够完全释放自己的休闲享受。

"幽暗"餐厅：这是一家以希腊情调为主题的餐厅，位于加拿大的多伦多。餐厅名称所用的"Opa"一词，是一声充满快乐的感叹，是希腊人调动就餐气氛的方法。设计者通过以下四个方面试图为顾客营造一个充满乐趣、充满希腊情调的场所。首先，他选择了站立的纳克索斯人的形象（纳克索斯岛是希腊的一个岛屿，被认为是酒神狄俄尼索斯的故乡），并且吸取了希腊的主要精神，将曲折的主题与奇异的空间情调紧紧结合在一起。其次，在色彩上，金色调的运用，使人想起波光粼粼的大海和金光闪闪的沙滩，墙上铺满了柔软的"金沙"，而地毯和室内装饰品则挑选了海洋深处的暗色基调——从绿松石色过渡到紫色。再次，在空间上，一个巨大的吧台占据着餐厅的主要区域，吧台表面由陶器和玻璃镶嵌而成，着色的胶合板地面镶嵌着花纹，再现了曲折的主题。一座 3m 高的沙滩作品，俨然一副主人的姿态，高出吧台顶部，并通过一个位于吧台顶部的檐槽直接将细流形成喷泉。吧台的弧形曲线与餐桌的边线相似，还有漆成蓝色、绿色的柱子立于吧台的混凝土地面上。最后，在座椅和灯光等方面，座椅外轮廓镶着黑边，与餐厅的绿松石色、紫色的地毯融为一体，椅背顶部与酒吧的横栏由着色的胶合板制成，镶嵌着希腊式的经典图案，同样的手法也运用到金属制品上和楼梯的横栏中；室内装饰品被恰当地命名为"深海"和"阳光"；内置式的长条形软座背面是磨砂玻璃，按惯例安置了照明设备，光线从背面照过来，柱子上、墙上的灯台和吊灯架设备被安置在位于重点部位的桌子和酒吧台顶部。整个餐厅的装饰既体现了古希腊风格，又不失现代气息，让人们在属于自己的海洋、沙滩、阳光中轻松休闲，领略那美丽的希腊文化神韵。

2．民族、民俗主题餐厅实例

不同的国家、地区和民族，有着不同的风俗习惯，在饮食文化上更是百花齐放、各具特色。民族、民俗主题餐厅的设计，就是将这些特色集中、细化、放大，使人们在进餐时，获得美感与好奇心的满足。

"普罗旺斯"餐厅：这是一家以法国南部小镇普罗旺斯的风俗民情为主题的餐厅，位于美国的华盛顿。它将普罗旺斯的风俗民情精致而集中地再现出来，所烹饪的菜点是"将那里的原汁原味的乡村烹饪与高雅的烹饪技艺相结合"。走进普罗旺斯餐厅，一个木制的烧烤架迎接着就餐者，厨师在烹制菜点的过程中加入了芳香的药草，使室内散发出吸引人的植物香气，包括玫瑰、薰衣草、茴香、大茴香和百里香等植物的香味。此外，设计者还采用不同的质地和色彩充实空间，以增加乡村风味。石灰墙极富真实感，有如"勒诺的冬天"，墙上是定做的烛式灯座。地面是用赤土陶瓷砖和石头铺设的，长条形软座上铺了花毯一样的织品，与室内的暖色调以及镶着法式瓷砖的柜台、古老的普罗旺斯家具浑然一体，传达出浓郁的普罗旺斯风情。

3．文化主题餐厅实例

在知识经济时代，文化在餐厅经营中的地位越来越重要。对主题餐厅而言，常常借助文化的魅力进行主题餐厅的经营管理，从而发挥出强大的文化效应。

"亚特兰蒂斯"：这是一家以传说中已经沉没的岛屿为主题的美国餐厅。据说，亚特兰蒂斯曾经位于大西洋直布罗陀海峡以西，后来沉于海底，成为一个神秘的传奇岛屿。亚特兰蒂斯餐厅便以此为主题，专门聘请专家，向顾客讲述亚特兰蒂斯的传说，其中还包括地理、气象、历史、航海等方面的科学知识，使前来进餐的顾客沉浸在浓郁的文化与知识的气氛中而流连忘返。

4．怀旧主题餐厅实例

怀旧是人类普遍的一种情绪，有一丝感伤，有几分甜美。可用于主题餐厅的怀旧题材也极为广泛，每一种题材都可以与人们内心深处的情绪发生碰撞而产生共鸣，这也许就是怀旧餐厅吸引人的深层原因。

"狄克·克拉克"：这是一家以音乐怀旧为主题的餐厅，位于美国的俄亥俄州。首先，这家餐厅的店名选用"狄克·克拉克"，这是美国 20 世纪 60 年代音乐台的同义词。许多年来，美国音乐台一直是展现美国波普文化的舞台，是青少年的精神支柱，他们在那里学跳舞、学穿着、学欣赏摇滚艺术家的表演。狄克·克拉克餐厅便在其入口处醒目地悬挂着 AB 标志（美国音乐台的台标）和餐厅名称。其次，这里的菜单包括了来自全美各地的食谱，并且这些食谱都是由美国音乐台和波普音乐史流传下来的，使得该餐厅成为回忆音乐台和波普文化的场所。此外，餐厅的室内装饰多用木材，呈暖色调；在酒吧前面的区域里，有一个嵌入木地板中、黑白相间的由马赛克拼成的"琴键"就餐区，地毯上饰有唱片图案，客人可在 50 年前的音乐中翩翩起舞，也可在整个进餐体验中享受着怀旧带来的乐趣。

5．农家主题餐厅实例

在一个闹市中心或远离闹市的特殊角落，出现一座村庄、一处森林，以返璞归真的情致让人们贪图别样的乐趣和安宁，这便是农家主题餐厅的魅力。

"幸运的路过"：这是一家以意大利村庄为主题的餐厅，位于加拿大的蒙特利尔。该餐厅的设计理念就是要营造一种意大利村落的韵味。餐厅分为深沉区、轻松区和走廊区，圆形建筑环绕着庞大的螺旋形楼梯间，这便是"链接"的焦点所在。石墙的开口处营造出与开放的厨房相关联的视觉效果，对于那些正在排队等候服务的人来说，这是一种娱乐享受。在开放的厨房里，每一部分或者每一种功能都不同，带遮篷的拱廊、厨房内食品架上真实的食品，都增加了市场的感觉。在餐厅的"深沉区域"，有一个小型的"王自蒂宫殿"，设置了喷泉水池和鸽子观赏处（鸽子是用腊纶和石头塑造而成）。一条拱廊把"城镇"与开放的沐浴在阳光下的走廊区分开，拱廊的柱子以玻璃瓦片为底，包裹着手工绘制的油画布，形成了一种哥特式的柱廊，地上铺有鲜艳的瓷砖、石砖，构成各种图案，是地中海式地板的风格。推开走廊的门，走廊后面的酒吧就成了"室内部分"。在餐厅的末端，有一个金属结构的支架，陈设着一系列按实际比例做成的意大利岛屿、城镇的模型，与窗外的真实景象重叠在一起；墙上贴有赤土陶色石材，糊着灰泥，表现着"古老的村庄"情景。入夜，当灯光减弱或者熄灭时，仿佛有一座意大利的村庄正安静地融入黑夜。

第二节　西方美饮环境

美饮环境，是指供人们进食各种咖啡、酒水等饮品的环境，主要包括各种酒吧、咖啡馆等。为了满足不同阶层、不同经济条件和审美观念的消费者之需求，不论咖啡馆还是酒吧都分为多种多样的类型和风格，并且进行了相应的装修、装饰等一系列工作。这里仅从西方酒吧、咖啡馆的类型及装修、装饰的设计原则等方面作一些阐述。

一、酒吧的分类与设计

酒吧，是西方人饮酒的主要而特定场所。这个词源于古希腊语，原意是指木栅栏。传说公元前 776 年，古希腊人在奥林匹克山区举办第一次正式的古代奥林匹克运动会时，运动员很多，但附近却没有提供酒水的固定场所，组织者就临时用木栅栏围建了一个提供酒水饮料的小场地。于是，世界上第一间酒吧由此诞生。在早期的欧洲，酒吧只是出售酒品的柜台，后来，随着酿酒业的发展则从饭店和餐馆中分离出来，成为专门出售酒水和供客人饮酒的地方。在酒吧，人们会发现，自己执着的、自以为是的经验和无谓的桎梏都被彻底地、温柔地、疯狂地颠覆了，取而代之的是一种幸福和愉悦的回归，灵魂幽幽然回到启程的地方、回到梦想的天堂。这便是现代意义上的酒吧功能和作用的解读。

（一）酒吧的分类

在西方国家，酒吧的数量和种类都非常多，其分类方法也不尽相同，其中，比较常见和主要的分类方法有以下三种。

1．根据酒吧形式进行分类

根据酒吧形式可以分为主酒吧、酒廊、服务酒吧、多功能酒吧等。

（1）主酒吧

主酒吧大多数装饰美观、典雅、别致，设备完善，并备有足够可靠柜吧凳、酒水、载杯以及调酒器具等，种类齐全，摆设得体，特点突出。许多主酒吧都具有各自风格的表演乐队，或向客人提供飞镖游戏。来这里消费的客人大多为享受音乐、美酒以及无拘无束的人际交流所带来的乐趣，因此，这种酒吧对调酒师的业务技术和文化素质要求较高，对装修的档次和风格也有较高要求。

（2）酒廊

这种酒吧形式在饭店大堂和歌舞厅最为多见，装饰风格朴素大方，以经营饮料为主，另外还提供一些美点小吃。

（3）服务酒吧

服务酒吧是一种设置在餐厅里的酒吧，服务对象以用餐客人为主。其装修别致，具有较多的情调，要求调酒师不仅有较高的调酒技术，还必须具有餐酒保管和服务的知识。

（4）多功能酒吧

多功能酒吧大多设置在综合娱乐场所。它不仅能为在午餐、晚餐时用餐的客人提供酒水服务，还能为赏乐、蹦迪、唱歌、健身等不同需求的客人提供种类齐全、风格迥异的酒水及服务。这一类酒吧综合了主酒吧、酒廊、服务酒吧的特点和服务职能。

2. 根据酒吧性质进行分类

根据酒吧性质进行分类，可以分为文化酒吧、商业酒吧、主题酒吧等。

（1）文化酒吧

文化酒吧的特点是清净、富有个性。这类酒吧面积小，分布在相对有文化背景的街区。客人相对单一，具有很强的针对性。这种类型的酒吧生命力旺盛，经常会有光顾10年以上的老顾客，因此往往会成为该地区的一个亮点。

（2）商业酒吧

商业酒吧的特点是热烈和大众化。这类酒吧大多集中在闹市区，面积大，有很好的商业管理和商业操作模式。因此，它常常会更加流行、更占据主流地位，吸引客人的因素也更加多元化。

（3）主题酒吧

现在比较流行的书吧、网吧、休闲吧等均可以称为主题酒吧。这类酒吧的特点是主题突出，提供特色服务，来这里消费的客人主要是为了享受主题和服务，而酒水消费则往往排在次要的位置。

3. 按照酒吧历史与风格进行分类

按照酒吧发展的历史及其装饰风格，可分为古典酒吧与现代酒吧两大类。

（1）古典酒吧

古典酒吧，以英国为首的欧洲小酒馆为代表，其特点是小型、古老、质朴，往往具有家庭经营的风格。在古典酒吧里，装饰十分质朴，甚至没有刻意装饰，当时只是供人们劳累之余来此喝上一杯，并相互交流信息。由于历史的沉淀，这种古老的小酒馆闪烁出特有的文化气息，而更让现代都市的人们寻寻觅觅。

（2）现代酒吧

现代酒吧以美国的装修风格、现代的休闲酒吧为代表。它与古典酒吧形成对照，大型、新颖，其装饰、装修不惜采用一切现代元素，充分运用光、色、声的效果，为人们创造一个如梦如幻的休闲场所。于是，人们来这里更多的不再是喝一杯，而是寻求一种全新的生活方式。现代酒吧让人放松、让人忘却，也许正是如此，才让人着迷。而现代酒吧中的各种主题酒吧，更以其鲜明的主题和服务对象而备受人们喜爱。

除了以上三种主要的分类方法以外，酒吧的分类还有很多。如根据酒吧服务内容进行划分，可分为纯饮品酒吧和提供餐饮的酒吧，如餐厅酒吧、小池形酒吧、宵夜式酒吧、娱乐型酒吧、俱乐部等；根据服务方式进行划分，又可分为立式酒吧（传统意义上的典型酒吧，客人不需要服务员，直接在吧台边喝饮品）和服务酒吧（通过服务员的点单服务）等。

（二）酒吧设计的基本内容与原则

不同的酒吧具有不同的风格、情调，其装饰的手法也各有不同，但装饰的内容都包括内部空间设计、门厅设计、吧台设计以及氛围营造等方面。

1. 酒吧的内部空间设计

空间设计是酒吧设计的基本内容，通常由结构和材料构成空间，采光和照明展示空间，装饰和装修美化空间。酒吧应以其空间的开阔容纳人，以其空间的布置感染人，从而满足顾客的精神需求。在酒吧的空间设计中，最核心的问题是必须针对酒吧经营的特点、中心意图以及目标客人的需求进行空间布局。

（1）内部空间形式的选择

在选择空间形式时，必须对空间的功能、使用要求、希望带来的精神感受和氛围这三者都加以考虑，使其协调一致。不同的空间形式具有不同的风格和特点，也能给人带来不同的空间感受。严谨规整的几何形空间如方形、圆形、八角形等，给人端庄、平稳、肃静的感觉，不规则的空间形式给人以随意、自然、流畅、无拘无束的感觉；封闭式空间以内向、安定、隔世、宁静的气氛吸引客人，开放式空间则给人以自由、流畅、爽朗的气氛；高耸的空间使人感到崇高、肃穆、神秘，低矮的空间使人感到温暖、亲切、富于人情味。如果是为高层次、高消费的客人设计高雅型酒吧，其空间结构就应以方形为主，采用宽敞及高耸的空间布局；如果是以寻求刺激、发泄、放松和娱乐为特色的酒吧，应特别注重舞池位置及其大小，并将其列为空间布局的重点；以会谈、聚会、约会为目的的温馨型酒吧，其空间设计应以圆形或弧形为主，天棚低矮一些，人均占有空间可以略小，尽量体现出空间的随意性。

（2）内部空间形式的处理

在对空间形式进行处理时，也需要根据不同空间的功能、使用要求，尤其是希望带来的精神感受和氛围等因素，采用不同的处理方法。比如，对于一个较高的空间，可以通过安装镜子、使用吊灯等手段使空间在感觉上变得低矮而亲切；而对于一个低矮的空间，则可以通过使用垂直线条，使人在视觉上感觉舒朗、开阔。在设计酒吧的空间时，比例和尺度尤为重要。客人不多而显得空荡的大门厅会使客人无所适从；而人多拥挤的空间，则会使客人感到烦躁。如果将门厅空间分割成适度的小空间，形成相对稳定的区域，不仅可提高空间的实际利用效果，而且会使客人感到舒适、亲切。

良好的空间结构和布局，是表现空间艺术的关键。当空间结构和布局的设计完成以后，便可以通过装修和装饰来美化空间。而酒吧的装修、装饰，都应以空间结构为主，从空间布局出发，使墙面的位置和虚实、隔断的高低、天棚的升降、地面的起伏、色彩的运用和材料质感等的设计，都以空间结构和布局作为依据，创造出富有特色的空间形象。

2．酒吧的门厅设计

最规范的门厅，应当从主入口起就直接延伸到酒吧内部，让客人一进门就可以马上看到吧台、操作台，通常具有交通、服务和休息三种功能，是多功能的共享空间，也是客人对酒吧产生第一印象的重要空间和形成酒吧格调的关键点。门厅是酒吧的脸面，首先映入客人眼帘，客人对酒吧气氛的感受及定位往往是在门厅得到的，因此，门厅是酒吧必须进行重点装饰和陈设的地方，必须具有一种先声夺人的宣传效果和强烈的吸引力。

门厅的装修、装饰设计应当美观、高雅，需要注意三个方面：一是在线条和色彩的使用上，应当大方、简洁，不宜过于复杂，要有一种温馨、热情的氛围。二是在灯光的使用上，无论是何种格调的门厅，宜采用明亮、舒适的灯光，形成明亮的空间感，产生一种凝聚的心理效果。三是在各种物品的陈设上应当以方便交通为依据。门厅是重要的"交通枢纽"，人流频繁，不宜让客人过多地在此停留，所以一些技艺精湛、精雕细刻，需要细加欣赏的艺术品不宜在此处陈设，而应当采用大效果、观赏性的艺术品；绿色植物宜选用与酒吧格调、门厅大小、装饰色彩相适应者，且不宜过大，以免妨碍人行走；沙发作为门厅中的主要家具，可放置于门厅的中心或一侧，也可根据柱子的位置自由设置，但其形状和大小要以不妨碍交通为前提。此外，与门厅相协调并同样重要的是外部招牌及标志设置，它是吸引目标客人的一个重要方面，应根据目标客人的特殊心理进行精心设计。

3．酒吧的吧台设计

（1）吧台的形式

吧台可以说是一个酒吧的核心，酒吧中的所有设施和服务，大都需要围绕吧台来展开。因酒吧的空间形式、结构特点不一样，吧台的样式也各不相同，但主要有三种基本形式：

第一，两端封闭的直线形吧台。这是最为常见的吧台，可突入室内，也可以凹入房间的一端。直线形吧台的长度没有固定的尺寸，一般认为一个服务人员有效控制的最长吧台长度是3m。如果吧台太长，就要增加服务人员。

第二，马蹄形吧台，又称为"U"形吧台。吧台伸入室内，两端抵住墙壁，在"U"形吧台的中间可以设置一个岛形储藏室，用来存入用品和冰箱。"U"形吧台由于具有更大的长度，所以一般应安排三个或更多的操作点。

第三，环形吧台或中空的方形吧台。这种吧台的中部有一个"岛"，供陈列酒类和储存物品用，其好处是不仅能够充分展示酒类，也能为服务人员提供较大的空间。但这种吧台在提供服务时难度增大，若只安排一个服务人员，则必须照看 4 个或多个区域，常常会导致服务区域不能在有效的控制范围之中。此外，吧台还有半圆、椭圆、波浪形等多种形式。

　　（2）吧台的设计原则与细节

　　吧台的设计要因地制宜，至少应当遵循三个原则：第一，视觉显著。客人在进入酒吧时，首先要能看到吧台的位置，感觉到吧台的存在。因为吧台是整个酒吧的中心和标志，客人需要尽快知道他们所享受的饮品及服务是从哪儿发出的。所以，一般来说，吧台应在显著的位置，如正对入口处等。第二，方便服务。吧台的设置，必须保证对酒吧中坐在任何一个角度的客人都能提供快捷的服务，同时也应当便于服务人员服务及走动。第三，空间布局合理。要尽量使有限的空间多容纳客人，又不至于使客人感到拥挤和杂乱，同时还要满足目标客人对环境的特殊要求。酒吧入口的右侧比较容易吸引客人的目光，理想的设置是将吧台放在这一位置，当然必须与门口有一定距离，以免酒吧空间显得拥挤。酒吧入口的左侧，要留有一定的自由空间，以利于服务人员为客人提供服务。这一点往往被忽视，以至于经常出现服务人员与客人争抢空间的现象，导致服务人员由于拥挤而将酒水洒落。

　　在具体设计吧台时，除了遵循以上原则，还必须注意几个细节：第一，酒吧是由前吧、中心吧即操作台及后吧三部分组成的。前吧的高度为 1～1.2m，但这并非是标准高度，应当随调酒师的平均身高而调整。第二，前吧下方的中心吧即是操作台，一般高度为 76cm，但应据调酒师的身高而定，通常应当在调酒师手腕处，这样调酒师操作起来才比较省力。第三，后吧实际上起着储藏、陈列的作用，通常高度为 1.75m 以上，但顶部不可高于调酒师伸手可及处，下层一般为 1.10m 左右，或与前吧吧台等高。后吧上层的橱柜通常陈列酒具、酒杯及各种酒瓶，一般多为配制混合饮料的各种烈酒；下层橱柜存放红葡萄酒及其他酒吧用品，安装在下层的冷藏柜则用于冷藏白葡萄酒、啤酒以及各种水果原料。第四，前吧至后吧的距离，即服务人员的工作走道一般为 1m 左右，且吧台不可有其他设备向走道突出，以免影响服务人员的走动。走道顶部应装有吸塑板或橡皮板，以保证酒吧服务人员的安全；走道的地面铺设塑料、橡胶垫板等，以减少服务人员因长时间站立而产生的疲劳。

4．酒吧的氛围营造

　　在营造酒吧氛围时，主要从以下三个方面进行。

　　（1）陈设设计

　　酒吧的陈设分为两种类型，一种是满足实用功能所必需的，如家具、窗帘、灯具等；另一种是不具备实用功能而只是满足审美需要即精神需要、只起装饰作用的艺术品，如壁画、盆景、工艺美术品等。用具备实用功能的物体以及仅有审美功能的艺术品装饰酒吧，是营造酒吧气氛最直接、最有效的手段，也最能体现酒吧的定位及性质。如果是文化色彩比较浓厚的个性酒吧，在陈设上大多使用民俗用品、器具，如古旧家具、陶瓷器皿等体现风格、营造气氛。

（2）色彩设计

高雅、恰当的配色可以创造出美丽的色彩环境和富有诗意的气氛。在酒吧环境的色彩设计中，应该有鲜明、丰富、和谐、统一的特点。鲜明的色彩可以给人强烈的刺激，引人注目；丰富的色彩可以带给人充实、持久的感觉，而单调的色彩则容易使人厌倦。在设计时，应处理好相似色和互补色的搭配问题，相似色如紫与红、紫与蓝、绿与黄，互补色如红与绿、蓝与橙，将这些色彩有秩序地排列，可以得到十分和谐的效果。此外，还应注意所经营的产品、装饰品和容器色彩的相互作用，因为色彩也能对味觉产生影响，如柠檬色会使人产生酸酸的感觉，粉红色使人产生甜甜的感觉，深绿色或蓝色使人产生清凉感。

（3）光线设计

光线也是营造酒吧氛围应当考虑的重要因素之一，同样能够决定酒吧的氛围与情调。酒吧使用的光线种类很多，常见的有白炽光、烛光以及彩光等，不同的光源可以为酒吧制造出不同的情调效果。就光源而言，白炽光的颜色性较好、光线柔和，它的光色与人类祖先夜晚长期使用的篝火火焰十分接近，使用光线明亮的白炽光，不仅可以让食品、饮料看起来最自然，而且可以营造热烈亲切的气氛，使客人容易表达朋友间的良好意愿。烛光也是酒吧使用较多的光线。这种光线对外具有疏离感，对内则具有凝聚感，宜于营造亲切的、其乐融融的气氛。同时，食品、饮品及顾客在这种光线下看起来也格外漂亮。烛光适用于朋友聚会、恋人约会、节日盛会等。彩色光线会影响人的面部、衣着、室内布置和商品的表现效果。如偏红色的光线对家具、设施和绝大多数饮料和食品是有利的，桃红色、乳白色和琥珀色光线可用来增加热烈亲切的气氛。恰当利用彩光，可以为酒吧创造出特殊的气氛和效果。需要强调的是，在不同性质的场合与环境，人们的行为特点和心理需求不同，对光线和亮度的要求也不同。如在酒吧的门厅，可以使用霓虹灯，以吸引过往行人的注意；在吧台内操作区，其灯光应比其他区明亮，以便于调酒师工作，也便于吸引客人；在鸡尾酒大厅，就要求光线充足，伴随着欢愉、轻松的背景音乐，洋溢着生动活泼、轻松异常的气氛，以满足此种环境中人们的交往。特别需要提醒的是，酒吧最应当使用亮度可以调节的各种灯具。

（三）酒吧的设计实例

1. 古典酒吧

巴尔扎啤酒屋：这家酒吧位于法国巴黎拉丁区卢森堡公园附近，开业于1890年，专门售卖莱茵河畔酿制的啤酒。1931年易主后，啤酒屋进行了重新设计与装修，其格调温馨而典雅。仿漆皮布的长条形沙发，深棕色木制家具，天花板与墙壁的转角处挂着一字排开、呈45°斜角的长镜，室内点缀着大幅的油画和鲜花，没有现代的花哨，没有刻意的装饰，宁静、温暖的气氛既不古板也不声张，让人特别愿意在这里喝一杯啤酒，安享一段个人时光。

力普啤酒屋：这家酒吧位于巴黎，是由力普夫妇始创，原来只有8张桌子，至1920年才扩建为两层楼的酒吧。推开力普啤酒屋厚重的木旋转大门，扑面而来的气氛，令人感觉时光在倒流，似乎回到了1900年的巴黎。橡木餐桌，顶天立地的木圆柱，通往二楼的木制扶手回旋楼梯，怀旧的水晶玻璃吊灯悬在镶嵌着油画的天花板下，两边墙上的大玻璃镜子上绘着鹦鹉与植物图案彩色釉瓷，无不让人带着浓浓的怀旧心情，沉浸在古典的气氛中。此外，深棕红色的基调包围着人们，给人以暖和、雅致的感觉。

2．现代酒吧

米罗酒吧：该酒吧位于英国伦敦，从墙体、天花板到天花板木椽都漆成统一的白色，并且采用了别具特色的灯具，酒吧和接待区内则采用明亮的蓝色和鲜艳的红色与褐色。墙面完全为镜子所覆盖，不仅拓展了空间，而且增加了顾客观察彼此的机会，为就餐者提供更多的乐趣。酒吧将教堂的旧座椅、各色镜子，甚至还有烟囱罐用作入口处的种植花盆。在酒吧内，镶嵌马赛克的装饰柱子是用旧瓷砖砌成的，为了衬托艺术品，接待区使用了豪华的沙发、椅子和灯具。墙体的白色为当地艺术家兜售他们的画提供了巨大的机会，也为在这里品酒的顾客提供了一种艺术享受。

花生壳地毯酒吧：该酒吧位于美国洛杉矶，所有的墙面及天花板全部采用木板装修，深褐色调与灯光交相辉映，呈现出一片暗红的温柔，而地面则铺了一层厚厚的花生壳，像金子一样熠熠生辉，这便是著名的"花生壳地毯酒吧"。顾客进来，踩过厚厚的地毯般的花生壳，在座位上坐定后，立刻会有手端着一盘花生的女郎过来，朝顾客桌面上撒网般的一抡，花生便凌空飞下，均匀地撒满桌面，绝无一粒掉在地上。在这里，啤酒需要花钱买，花生则可以随便吃。桌面上的花生一旦减少，服务人员便会以迅速而优美的动作将更多的花生撒在桌面上。顾客吃花生时，可以将花生壳随手乱抛，享受着一种高雅的懒散、文雅的自由，让金黄色的花生壳铺满地面，在暗红的暖色气氛中形成一种绝妙的创意。

二、咖啡馆的分类与设计

西方一位艺术家说："我不在家里，就在咖啡馆。不在咖啡馆，就在去咖啡馆的路上。"咖啡馆与西方人的生活密不可分。作家斯泰芳·茨威格是咖啡馆的常客，指出：

"咖啡馆是一个真正民主的俱乐部，谁只要花一杯便宜的咖啡的钱，就可以坐在这里几个小时，阅读平时很昂贵的报刊，查阅各种百科全书和词典，工作、写作，或者跟同行交流。"可以说，西方的咖啡馆不仅是喝咖啡的地方，也是产生思想、艺术、文学灵感的摇篮。如今，咖啡馆更是被忙碌的现代人当作休闲、放松的"第三空间"，人们在这里享受咖啡的醇香和咖啡馆的气氛，放松身心，品味生活，使咖啡馆拥有了更加丰富、绚丽的文化内涵。

（一）咖啡馆的分类

咖啡馆几乎遍及西方国家的大街小巷，数量众多，规模和风格各异，分类方法也多种多样，但是主要的分类方法有以下两种。

1．按照经营规模和方式进行分类

按照经营规模和方式可以将经营咖啡的饮食环境分为咖啡厅、咖啡车、咖啡吧或咖啡亭等。

（1）咖啡厅

咖啡厅规模较大，分室内、室外两种，室内装饰典雅、宁静，空间开阔却不乏私密之处；室外则充满各个城市的风情，可以欣赏景物和来往的人群，享受明媚阳光、清新空气。咖啡厅除提供咖啡外，通常还提供丰盛的早餐和快餐，环境幽雅、舒适，往往是人们休闲或与朋友聚会的首选。

（2）咖啡车

咖啡车的规模较小，具有流动特色，灵活性是其成功的主要因素，能最大限度地满足流动人群的需要。因此，咖啡车的装饰往往鲜艳夺目，容易引起人们的注目。咖啡车不仅供应咖啡，而且销售午餐食品、甜食、小吃，甚至供应书籍和咖啡豆。

（3）咖啡吧或咖啡亭

咖啡吧或咖啡亭，与咖啡厅、咖啡车相比，规模小、不具有流动性，但选址灵活，可以在一个非常狭小的空间，将咖啡生意经营得红红火火，而且在操作和管理上比咖啡厅和咖啡车更为容易，所需物品也一目了然。

2．根据经营历史与风格进行分类

根据经营历史与风格可以将咖啡馆分为古典咖啡馆与现代咖啡馆两大类。

（1）古典咖啡馆

古典咖啡馆是指拥有比较悠久的历史与怀旧气氛的咖啡馆。它们主要集中在欧洲大陆，虽然其装修貌不惊人，但是几乎家家都有着悠久而生动的历史，或与某位名人息息相关，或与某个事件紧密相连，或是某一画派或某一名著诞生的摇篮等。这些咖啡馆往往浸透着欧洲悠久而深厚的文化传统，因而让人流连忘返。

（2）现代咖啡馆

现代咖啡馆是指出现在现代社会并且拥有现代风格、气氛和现代经营方式的咖啡馆。它们主要集中在美国，在装修、装饰上往往显得非常现代甚至有些光怪陆离，在经营方式上采取连锁经营来迅速拓展，一扫欧洲古典咖啡馆的怀旧气氛和独立经营的风格，而成为现代人聚会、休闲的场所。

（二）咖啡馆的设计原则

咖啡馆具有多重功能，它不仅是一个为人们提供以咖啡为主的饮品及食品的场所，而且也为人们提供休闲、交流甚至工作的理想场地。因此，咖啡馆的设计就必须兼及两个方面：一是针对实用功能的一般设计，二是针对情趣、享受等功能的气氛营造。

1．咖啡馆的一般设计原则

所谓咖啡馆的一般设计原则，即从咖啡馆作为休闲、交际、进餐场所的实用功能出发，所必须遵循的原则。它与餐厅的一般设计有着相似之处，在空间设计与内部设计上必须考虑整体布局及实用功能。

（1）空间设计原则

咖啡馆的空间布局应根据实际情况合理利用建筑空间，并与咖啡馆的定位相吻合。在空间设计中应遵循组合性、实用性、技术性等原则。

① 组合性原则：它是指用多种形式的空间形态进行组合，以便为咖啡馆带来层次感和流动感。在整体布局中，大中有小，小中见大，既避免了空间形态的单一、乏味，又可广泛适应各种人群的需要。空间间隔可以用固定的间隔，如装饰矮墙、绿色植物等；也可以是虚拟空间的间隔，如以不同的地面色彩、质地而营造出虚拟的空间环境，利用照明及色彩的变幻虚拟出不同的空间感等。

② 实用性原则：这是满足咖啡馆功能性特点的需要。空间大小的分割、各种不同空间形式的组合，都应从实用性出发，做到既实用又合理。例如在间隔空间时，就必须考虑合理利用空间，既不让客人感觉局促，又不浪费有效面积，并留有让人感觉舒适、方便的通道等。

③ 技术性原则：用怎样的材料和结构方式间隔空间，其前提是物质和技术的手段。咖啡馆的空间设计必须符合物质和技术的要求，合理地运用物质和技术手段，创造舒适的空间环境。如声音、光线、空调等都是营造咖啡馆空间、创造舒适环境的重要手段。

（2）内部设计原则

所谓内部设计，是指对咖啡馆内部整体的规划、设计和对具体部位的构想，目的是为人们创造出功能合理、舒适、美观的进餐环境。在内部设计中，应遵循创新性、流动性和可变性、合理性以及人性化的原则。

① 创新性原则：设计最忌千篇一律，因袭前人，即使是功能性的设计，也要求具有创新意识，使内部环境与众不同，让人耳目一新。例如，可以巧妙地利用镜子创造纵深感、神秘感；用人造景窗丰富视觉效果等。

② 流动性和可变性原则：从消费者的习惯出发，咖啡馆装饰应具有流动性，使内部空间可变、流动而不杂乱。特别是带有楼梯的空间，要以顺畅的动感引导客人上楼。如让藤蔓植物攀援楼梯，或楼梯呈现优美的弧线，都会给人愉悦的感觉。

③ 合理性原则：内部空间的合理性，是指解决好门厅、从门厅进入内部的通道、收银台、送餐通道、餐桌等的尺度、比例。通常而言，桌子应采用圆桌或长方桌，圆桌直径在 55~60cm，长方桌为 60~70cm；兼营早餐和快餐的咖啡馆应以 1.5~1.8m²/ 座为宜，座位设置成分散的小空间。

④ 人性化原则：人性化的内部设计，是吸引客人的关键。如何在内部设计中更多地考虑客人的感觉、提供更舒适的进餐区位，如何更利于客人之间的私密性交谈等，都是在咖啡馆内部设计中必须考虑的问题。只有以人为本的设计，才能真正体现咖啡馆作为人们生活的第三空间的特殊性。

2．咖啡馆氛围的营造原则

咖啡馆要达到吸引人并使人们想经常光顾的设计效果，除了其完善的实用性功能外，氛围的设计及营造极为重要，通常需要从以下四个方面进行。

（1）根据顾客喜好来营造

营造咖啡馆气氛的首要原则是让咖啡馆具有家的温馨，而且闲适、自由。这个家，当然是顾客的家，而不是设计者的家。咖啡馆只有被顾客喜欢，像进自己家门一样频繁，才能算是设计成功的。这一原则，看似简单，做起来却很难。它既是在设计时就必须考虑的因素，但又不是一朝一夕就能完成的，常常需要在咖啡馆的经营中逐步积淀而成。这可能也正是老牌咖啡馆吸引人的魅力所在。

（2）通过主题来营造

确立一个主题，以此主题为基调进行气氛营造，是咖啡馆吸引顾客及具有独特文化气质的必要手段。如果以古典雅韵为基调，那么温暖而深厚的色彩、典雅的编织品、古典的灯饰、家具都是很好的选择；如果以艺术为主题，以画展来保持咖啡馆持久的魅力，经常更换画的内容，将渲染不同气氛的色彩涂抹在墙上，并且配上随意摆放的小桌、温柔的背景音乐等，都是营造动人的艺术氛围的手法；如以家的温馨为基调，那么白色的墙壁、老式的家具，像祖母起居室一样布置的风格，都会给人一种温暖的家的感觉。

（3）用装饰品或天然植物来营造

用于营造咖啡馆气氛的装饰品可为两大类：一是实用性饰品，包括窗帘、桌布、餐巾、餐具摆设等；二是装饰性工艺品，包括各种墙饰及绘画、瓶花、各种风格的工艺品等。在咖啡馆中，棉织品、毛织品等使用广泛，覆盖面积大，是营造咖啡馆气氛不可小视的因素。棉织品等具有独特的形态、色彩与手感，往往让人感觉温馨、柔美，使用得当，可提升咖啡馆的品位，并具有很强的亲和力。绿色植物和五颜六色的鲜花，也是一种美化环境、烘托气氛的装饰品，还可以起到间隔固定空间的作用。以花草、葡萄架等天然植物，可形成不同的风格区域；餐桌上摆放小形瓶插，可以调剂色彩、烘托气氛或某一特定主题等。

（4）用灯光和色彩来营造

灯光，能很好地烘托气氛，并且是体现色彩、装饰品等各种审美要素的必要条件。要营造咖啡馆的气氛，灯光仅仅提供照明是远远不够的，还应考虑照明方式及灯光色彩两个方面。就照明方式而言，根据照明的角度可分为一般照明、局部照明、混合照明；根据活动的角度又可分为直接照明、半直接照明、漫射照明、半间接照明、间接照明等。而灯光的色彩有冷暖之分，暖色的照明光能营造一种温暖、华贵、热烈、欢乐的气氛；而冷色的照明光则会给人凉爽、朴素、安宁、深幽的感觉。营造咖啡馆气氛，可根据其主题和目标顾客的喜好选择照明方式和灯光色彩，用好了灯光，往往能点活咖啡馆的主题。

色彩，对于人的心理具有特殊的刺激作用，红色会让人感觉热烈、温暖；蓝色给人以宁静、清冷；白色让人感觉朴素、简单；而黄色则让人感觉明朗、温馨等。其搭配方式有同类色搭配、邻近色搭配、对比色组合搭配、有色彩与无色彩搭配等。在咖啡馆装饰中，色彩搭配恰当，不仅可以改善空间、丰富造型，而且可以在营造氛围中起到极大的作用。

（三）咖啡馆的设计实例

咖啡馆的设计，包括了很多因素，如建筑、墙饰、挂件、家具、色彩、灯光、音乐等，但是，最重要的是整体气氛与风格的设计、营造。下面根据咖啡馆的历史与风格，分类介绍一些咖啡馆的设计实例。

1. 古典咖啡馆

圆穹顶咖啡厅：这家综合性的咖啡馆位于法国巴黎，开业于 1927 年 12 月 20 日。海明威、乔伊斯、萨特、西蒙、波娃曾经都是它的常客。它面对大街的一面为落地式玻璃窗，十分明亮，仿佛展示出一种开放的胸襟。室内以棕黄、棕红为基调，红色天鹅绒的座椅、华丽的吊灯、壁上的油画，无不弥漫着一种温暖而典雅的气氛。宽敞的大厅一气呵成却不让人感觉压抑，而不足一人高的隔断既成了装饰又恰当地为人们留出了足够的私密空间，形成了一种连接而不相互干扰、隔离而不令人憋困的格局。最抢眼的当然是那柱子上著名的油画和雕塑。在大厅中有 32 根顶天立地的柱子，开业之初，曾由 32 名画家以不同的风格在上面绘上了油画，其华丽的色彩、精美的图案，每每让人驻足流连。可惜的是，如今只有夏加尔和布兰库希的画得以保存。与油画遥相呼应的是大厅中央由两个人体组成的球形雕塑，这雕塑和油画仿佛传达出了一种咖啡馆特有的人文气质。

丁香园咖啡馆：这家咖啡馆早在19世纪后期就已经成为法国巴黎文艺沙龙中的翘楚。虽然它不在蒙帕纳斯繁华区内，位置有点偏僻，但在丁香园咖啡馆入口处，长满了绿色的植物，那里还有一个花园，花园中间有一个喷水池，天气不好的时候，人们可以坐在长长的绿廊中，透过明亮的玻璃欣赏园中的景致；天气好的时候，可以移坐廊外，与大自然浑然一体，享用咖啡，也享受美景和美丽的空气。正是由于将自然景致与室内布置巧妙结合，才使这家咖啡馆赢得了波德莱尔、马拉美、左拉、塞尚等文化人的青睐。海明威在他《流动的盛宴》里这样写道："在寒冬里，室内温暖且舒适，而在春天与秋天静谧的树荫下，咖啡香更令人轻松舒畅。"可见，室外空间与室内空间一样重要，如果可能，充分利用室外空间，甚至能起到比室内空间装饰更引人入胜的效果。已有200多年历史的丁香园咖啡馆，至今仍是渴望宁静的人们的休憩之所。

2．现代咖啡馆

哈利·戴维森咖啡馆：这是一家最具有美国现代风格的咖啡馆。在咖啡馆入口处的顶上，有一个比实际尺寸还大的摩托车模型首先映入人们的眼帘，它被当作美国精神的象征，活力无限，激烈而自由。门前空地上的行人交通标志，亦以摩托车为指示标志，人们从这里进入66线路的"驾驶区域"内，该区域的天花板是一张色彩丰富的地图，即使天花板充满了生机，又标明了用于举行摩托车比赛的传统道路。入口的正右边是零售店，售卖哈利·戴维森咖啡馆的帽子、T恤和其他纪念品。哈利·戴维森的名言——"自由生活，自由行动"被镶嵌在半圆形的入口处的地板上。在入口处还有一面美国国旗，灯光使庞大、下坠的国旗充满了活力。进入咖啡馆里面，客人就能看见66线路酒吧、主餐厅以及一个真正展示当今摩托车装配线的展览。66线路酒吧的椅子模仿摩托车座位、头盔、挡风玻璃制作而成，并且排列成行，自然形成了酒吧与餐厅的分隔。栅栏和楼梯采用不锈钢等金属材料；地板上铺设有瓷砖与木质装饰，形成"路标"；一些黑色的皮革用大头钉钉在座椅上或用不锈钢槽压在柱子上，用以包裹柱子，这种颜色与材料体现了重型摩托车的制造方式和工艺。正是由于将都市时尚元素重型摩托车与自由机敏相联系的鲜明主题，才使哈利·戴维森咖啡馆赢得了顾客。

飞鱼咖啡馆：这是一家主要体现科尼岛精神和梦境般造型的咖啡馆，位于美国的佛罗里达。其设计灵感来自科尼岛和20世纪90年代的环形滑车道，如环形滑车道、跳动的降落伞、鱼身和鱼尾、鱼钩状的灯、各种各样的鱼鳞等装饰。"飞鱼"之名来自"飞鱼王国"，一个曾经十分著名的环形滑车道。在飞鱼咖啡馆里，由鱼鳞裹着的柱子反复出现在整座大楼每一个层面的空间里，随时体现着鱼儿在水中畅游、阳光在其身上折射出的光芒。大型的餐厅被分割成许多小间，其形状就像是用于垂钓的座位，由从钢结构上垂下的降落伞的垂直线条隔断；用黄金箔制成的飞鱼造型从降落伞上悬挂而下，形成了这个奇妙的"冒险岛"里最精彩的景致。在飞鱼咖啡馆，到处流光溢彩，地板使用的瓷砖以蓝色和草绿色为主，配以橙红色，营造出海底的幻觉；天花板中心的低电压、定向射灯，投向每张餐桌；树脂灯泡照亮整个咖啡馆，透过光纤照明设备，营造出天幕上闪烁的星光；低电压荧光灯照亮墙面，形成了一种有趣的层次感；带有飞鱼模型的火炬，利用头顶的灯光，增强了飞越的鱼的幻觉。在飞鱼咖啡馆，到处可见让人好奇的生活方式，另一个地方、另一个时代、另一种生活方式，那个地方就是科尼岛，由于"它夸张现实，它带来欢快，它神秘，它奇形怪状，它将你整个吞没"。因此，直到现在，几乎一个世纪过去了，这里仍然是受人喜爱的好去处。

🔆 本章特别提示

本章不仅阐述了西方餐厅、酒吧、咖啡馆的类型、设计原则，而且还对一些具有代表性的餐厅、酒吧、咖啡馆等餐饮环境进行了具体分析，以便学生将理论与实际相结合，进行西方餐饮环境的创意设计。

📝 本章检测

1. 西方非主体餐厅和主题餐厅的设计原则是什么？
2. 西方酒吧和咖啡馆的类型、设计原则有哪些？
3. 运用西方餐厅、酒吧、咖啡馆的相关知识，进行西方餐饮场景创意设计。

🔗 拓展学习

1.（美）马丁·M. 派格勒，等. 咖啡厅设计［M］. 译. 大连：大连理工大学出版社，2001.

2. 侯吉建. 如何开一家成功的咖啡店［M］. 北京：机械工业出版社，2005.

3. 傅生生. 酒吧操作实务［M］. 厦门：厦门大学出版，2013.

一、本章教学要求

通过本章的教学，要求学生了解西方餐厅、酒吧与咖啡馆的类型、不同风情，系统掌握西方餐厅、酒吧与咖啡馆的设计原则，相互吸收借鉴，更好地促进西方饮品文化的融合与发展。

二、课时分配与教学方式

本章共 6 学时，采取"理论讲授＋实训"的教学方式。其中，理论讲授 4 学时，实训 2 学时。

主要参考书目

[1]（德）马勒·茨克. 跨文化交流［M］. 译. 北京：北京大学出版社，2001.

[2]启良. 西方文化概论［M］. 广州：花城出版社，2000.

[3]姜守明，洪霞. 西方文化史［M］. 北京：科学出版社，2004.

[4]张法. 中西美学与文化精神［M］. 北京：北京大学出版社，1994.

[5]祝西莹，徐淑霞主编. 中西文化概论［M］. 北京：中国轻工业出版社，2005.

[6]（美）卡罗琳·考斯梅尔著. 味觉［M］. 译. 北京：中国友谊出版公司，2001.

[7]彭怡平. 隐藏的美味［M］. 石家庄：河北教育出版社，2004.

[8]彭怡平. 开麦拉美味幻想曲［M］. 石家庄：河北教育出版社，2004.

[9]（英）希维尔布希. 味觉乐园［M］. 译. 天津：百花文艺出版社，2005.

[10]（法）布里亚·萨瓦兰. 厨房里的哲学家［M］. 译. 天津：百花文艺出版社，2005.

[11]康志杰. 基督教的礼仪节日［M］. 北京：宗教出版社，2000.

[12]赵林. 西方宗教文化［M］. 武汉：长江文艺出版社，1997.

[13]（法）傅立叶. 傅立叶选集［M］. 译. 北京：商务印书馆，1997.

[14]（美）美国烹饪学院. 特色餐饮服务［M］. 译. 大连：大连理工出版社，2002.

[15]（美）美国烹饪学院. 宴会设计实务［M］. 译. 大连：大连理工出版社，2002.

[16]（美）美国烹饪学院. 专业酒水［M］. 译. 大连：大连理工出版社，2002.

[17]（美）美国烹饪学院. 专业烹饪［M］. 译. 大连：大连理工出版社，2002.

[18]（澳）格汉姆·布朗，等. 餐饮服务手册［M］. 译. 沈阳：辽宁科技出版社，1998.

[19]（英）英埃·唐纳德编. 现代西方礼仪［M］. 译. 上海：上海翻译出版公司，1986.

[20]（法）让·塞尔. 西方礼节与习俗［M］. 译. 上海：上海人民出版社，1987.

[21]（德）阿·克尼格. 克尼格礼仪大全［M］. 译. 北京：中国商业出版社，2004.

[22]（美）索菲亚·O·约翰. 礼仪手册［M］. 译. 北京：中国发展出版社，2003.

[23]高福进. 西方人的习俗礼仪与文化［M］. 上海：上海辞书出版社，2003.

[24]金正昆. 社交礼仪教程［M］. 北京：中国人民大学出版社，1998.

[25]钟敬文主编. 民俗学概论［M］. 上海：上海文艺出版社，1998.

[26]（日）服部幸应主编. 西餐礼仪［M］.

译. 昆明：云南人民出版社，2004.

[27]（美）休·约翰逊. 酒的故事［M］. 译. 西安：陕西师范大学出版社，2004.

[28]（法）德尼兹·加亚尔，等. 欧洲史 ［M］. 译. 海口：海南出版社，2000.

[29]（英）莉齐·博里德. 英国烹饪［M］. 译. 北京：中国商业出版社，1988.

[30]（美）G. C. 佩肯，等. 美国烹饪［M］. 译. 北京：中国商业出版社，1988.

[31]（法）斯科托姐妹. 法国菜点之苑［M］. 译. 上海：上海译文出版社，1997.

[32] 程安琪主编. 多情意大利菜［M］. 北京：中国青年出版社、中国轻工业出版社，2005.

[33] 程安琪主编. 浓情法国菜［M］. 北京：中国青年出版社、中国轻工业出版社，2005.

[34] 程安琪主编. 豪情美洲菜［M］. 北京：中国青年出版社、中国轻工业出版社，2005.

[35] 王大佑. 现代西餐烹调教程［M］. 沈阳：辽宁科技出版社，2002.

[36]（美）美国阿尔滨，等. 菜单设计与制作［M］. 译. 杭州：浙江摄影出版社，1991.

[37]（美）卡罗尔，等. 餐厅与酒吧服务［M］. 译. 杭州：浙江摄影出版社，1991.

[38] 高海薇主编. 西餐烹调工艺［M］. 北京：高等教育出版社，2005.

[39] 王汉明. 意大利菜品尝与烹制［M］. 上海：上海科学技术出版社，2003.

[40] 王汉明. 法国菜品尝与烹制［M］. 上海：上海科学技术出版社，2003.

[41]（英）Adrian Bailey. 美食材料完全指南［M］. 译. 北京：中国友谊出版社，2004.

[42]（英）艾莉森·普赖斯. 完美宴会［M］.

译. 北京：世界图书出版公司，2005.

[43]（英）Michael Edwards. 红葡萄酒鉴赏手册［M］. 译. 上海：上海科学技术出版社，2001.

[44]（英）Michael Edwards. 香槟鉴赏手册［M］. 译. 上海：上海科学技术出版社，2002.

[45]（英）Godfrey Spence. 白葡萄酒鉴赏手册［M］. 译. 上海：上海科学技术出版社，2001.

[46]（英）Stephen Snyder. 啤酒鉴赏手册［M］. 译. 上海：上海科学技术出版社，2002.

[47]（英）Jane Pettigrew. 茶鉴赏手册［M］. 译. 上海：上海科学技术出版社，2002.

[48]（英）Jon Thorn. 咖啡鉴赏手册［M］. 译. 上海：上海科学技术出版社，2000.

[49] 赵丽青，浦江主编. 红葡萄酒之旅［M］. 长春：吉林科学技术出版社，2004.

[50] 赵丽青，浦江主编. 白葡萄酒巡礼［M］. 长春：吉林科学技术出版社，2004.

[51] 古镇煌著. 酒经——葡萄酒的品评和欣赏［M］. 北京：中国建材工业出版社，2001.

[52]（日）稻保幸. 鸡尾酒［M］. 译. 北京：中国建材工业出版社，2003.

[53] 陈尧帝. 新调酒手册［M］. 广州：南方日报出版社，2003.

[54]（德）克劳士·提勒多曼. 咖啡馆里的欧洲文化［M］. 译. 北京：团结出版社，2005.

[55] 洪宇. 香浓咖啡［M］. 北京：燕山出版社，2004.

[56] 黄仁达. 小二，再来一杯咖啡［M］. 北京：新星出版社，2005.

[57]侯吉建. 如何开一家成功的咖啡店 [M].
　　 北京：机械工业出版社，2005.

[58]乐加龙主编. 餐饮酒吧装饰 [M]. 杭
　　 州：浙江科技出版社，1995.

[59]黄浏英. 主题餐厅设计与管理 [M].
　　 沈阳：辽宁科技出版社，1995.

[60]陈世望，等. 饭店装饰艺术 [M]. 北
　　 京：旅游教育出版社，2001.

[61]（美）马丁. M. 佩格勒. 娱乐餐饮空
　　 间 [M]. 译. 南昌：江西科技出版
　　 社，2003.

[62]（日）武滕圣一. 欧洲餐厅设计 [M].
　　 译. 北京：中国旅游出版社，2000.

[63]（西）蒙特兹. 咖啡厅设计名师经典
　　 [M]. 译. 昆明：云南科技出版社，
　　 2002.